U0290257

科 学 史 译 丛

自然科学与
社会科学的互动

〔美〕I.伯纳德·科恩 著

张卜天 译

商務印書館
创于1897 The Commercial Press

I. Bernard Cohen

INTERACTIONS:

Some Contacts between the Natural Sciences and the Social Sciences

根据麻省理工学院出版社 1994 年版译出

Copyright © 1994 I. Bernard Cohen

《科学史译丛》总序

现代科学的兴起堪称世界现代史上最重大的事件，对人类现代文明的塑造起着极为关键的作用，许多新观念的产生都与科学变革有着直接关系。可以说，后世建立的一切人文社会学科都蕴含着一种基本动机：要么迎合科学，要么对抗科学。在不少人眼中，科学已然成为历史的中心，是最独特、最重要的人类成就，是人类进步的唯一体现。不深入了解科学的发展，就很难看清楚人类思想发展的契机和原动力。对中国而言，现代科学的传入乃是数千年未有之大变局的中枢，它打破了中国传统学术的基本框架，彻底改变了中国思想文化的面貌，极大地冲击了中国的政治、经济、文化和社会生活，导致了中华文明全方位的重构。如今，科学作为一种新的"意识形态"和"世界观"，业已融入中国人的主流文化血脉。

科学首先是一个西方概念，脱胎于西方文明这一母体。通过科学来认识西方文明的特质、思索人类的未来，是我们这个时代的迫切需要，也是科学史研究最重要的意义。明末以降，西学东渐，西方科技著作陆续被译成汉语。20 世纪 80 年代以来，更有一批西方传统科学哲学著作陆续得到译介。然而在此过程中，一个关键环节始终阙如，那就是对西方科学之起源的深入理解和反思。应该说直到

20世纪末,中国学者才开始有意识地在西方文明的背景下研究科学的孕育和发展过程,着手系统译介早已蔚为大观的西方科学思想史著作。时至今日,在科学史这个重要领域,中国的学术研究依然严重滞后,以致间接制约了其他相关学术领域的发展。长期以来,我们对作为西方文化组成部分的科学缺乏深入认识,对科学的看法过于简单粗陋,比如至今仍然意识不到基督教神学对现代科学的兴起产生了莫大的推动作用,误以为科学从一开始就在寻找客观"自然规律",等等。此外,科学史在国家学科分类体系中从属于理学,也导致这门学科难以起到沟通科学与人文的作用。

有鉴于此,在整个20世纪于西学传播厥功至伟的商务印书馆决定推出《科学史译丛》,继续深化这场虽已持续数百年但还远未结束的西学东渐运动。西方科学史著作汗牛充栋,限于编者对科学史价值的理解,本译丛的著作遴选会侧重于以下几个方面:

一、将科学现象置于西方文明的大背景中,从思想史和观念史角度切入,探讨人、神和自然的关系变迁背后折射出的世界观转变以及现代世界观的形成,着力揭示科学所植根的哲学、宗教及文化等思想渊源。

二、注重科学与人类终极意义和道德价值的关系。在现代以前,对人生意义和价值的思考很少脱离对宇宙本性的理解,但后来科学领域与道德、宗教领域逐渐分离。研究这种分离过程如何发生,必将启发对当代各种问题的思考。

三、注重对科学技术和现代工业文明的反思和批判。在西方历史上,科学技术绝非只受到赞美和弘扬,对其弊端的认识和警惕其实一直贯穿西方思想发展进程始终。中国对这一深厚的批判传统仍不甚了解，它对当代中国的意义也毋庸讳言。

四、注重西方神秘学（esotericism）传统。这个鱼龙混杂的领域类似于中国的术数或玄学，包含魔法、巫术、炼金术、占星学、灵知主义、赫尔墨斯主义及其他许多内容，中国人对它十分陌生。事实上，神秘学传统可谓西方思想文化中足以与"理性"、"信仰"三足鼎立的重要传统，与科学尤其是技术传统有密切的关系。不了解神秘学传统，我们对西方科学、技术、宗教、文学、艺术等的理解就无法真正深入。

五、借西方科学史研究来促进对中国文化的理解和反思。从某种角度来说，中国的科学"思想史"研究才刚刚开始，中国"科"、"技"背后的"术"、"道"层面值得深究。在什么意义上能在中国语境下谈论和使用"科学"、"技术"、"宗教"、"自然"等一系列来自西方的概念，都是亟待界定和深思的论题。只有本着"求异存同"而非"求同存异"的精神来比较中西方的科技与文明，才能更好地认识中西方各自的特质。

在科技文明主宰一切的当代世界，人们常常悲叹人文精神的丧失。然而，口号式地呼吁人文、空洞地强调精神的重要性显得苍白无力。若非基于理解，简单地推崇或拒斥均属无益，真正需要的是深远的思考和探索。回到西方文明的母体，正本清源地揭示西方科学技术的孕育和发展过程，是中国学术研究的必由之路。愿本译丛能为此目标贡献一份力量。

张卜天

2016 年 4 月 8 日

目　　录

序　言

本书考察社会科学与自然科学之间的一些历史互动，[①]希望借此能给讨论社会科学的逻辑基础、哲学基础和"科学"基础的越来越多的文献补充某个必要的视角。关于这些话题，无论对于一般的社会科学还是各门社会科学，大多数讨论并未采用一种历史视角。其结果是，除了一些明显的例外，大多数作者在考察社会科学方法时，往往都是与现有的物理科学和生物科学方法进行比较和对比，而忽视了社会科学家与当时自然科学的历史相遇和互动。（本书中的"自然科学"指物理科学和生物科学以及数学和地球科学。）

研究各门社会科学史的文献迅速增长，由罗斯（Barbara Ross）主编的该领域重要期刊《行为科学史杂志》（*Journal of the History of the Behavioral Sciences*）现已出到第 13 卷。然而，关

[①]　这几章本来是 I. Bernard Cohen（ed.）：*The Nature Sciences and the Social Sciences：Some Critical and Historical Perspectives*，Boston Studies in the Philosophy of Science，vol. 150（Dordrecht：Kluwer Academic Publishers，1994）这本文集的一部分，该著作讨论了自然科学与社会科学互动的几个不同方面。书中各章由 I. Bernard Cohen，Ian Hacking，Victor L. Hilts，Bernard-Pierre Lécuyer，Camille Limoges，Theodore M. Porter，Giuliano Pancaldi，Margaret Schabas，Noel M. Swerdlow 和 S. S. Schweber 等人撰写。

于社会科学的大多数研究和论述无论本身多么有价值,都是要么考察该学科的内部发展,要么研究某一门社会科学与更大的思想社会环境之间的关系。很少有研究联系物理和生物科学的同时发展来分析社会科学的发展。例如,索罗金(Pitirim Sorokin)的《当代社会学理论》(*Contemporary Sociological Theories*)和熊彼特(Joseph Schumpeter)的《经济分析史》(*History of Economic Analysis*)这两部非常有用的概论性著作几乎没有提及物理科学或生物科学。在索罗金对 19 世纪有机体论(organismic)社会学家的分析中,这种缺失非常明显。事实上,这些社会学家大量借鉴了流行的或当时最新的生物学进展,比如细胞学说、关于哺乳动物胚胎发育的发现、"内环境"(milieu intérieure)生理学、病菌理论,等等。这种缺失也明显表现在熊彼特对边际主义经济学奠基人的介绍中,而这些奠基人的概念和方法乃是基于理论力学的概念和方法。这种脱漏的一个极端例子是斯塔克(Werner Stark)重要的历史分析著作《社会思想的基本形式》(*The Fundamental Forms of Social Thought*),它在许多地方长篇引用了生物科学中的进展(比如菲尔绍[Rudolf Virchow]的工作),但却没有讨论这些生物学原理,没有暗示它们在自然科学发展中的重要性,也没有指出它们作为自然科学与社会科学之间互动的范例意义何在;同样,社会学家们在大量摘录或叙述物理科学的用处时,也从不探究这些内容除修辞以外的用处。甚至像罗斯(Dorothy Ross)最近的《美国社会科学的起源》(*The Origins of American Social Sciences*)这样极富洞见的著作也没有真正注意到她所研究的社会学家实际利用的物理科学和生物科学。诚然,这些作者并非旨

在考察社会科学与物理和生物科学的互动,但他们的著作的确
以显著的方式表明,我们需要更好地理解,自我们今天所谓的
"科学"出现以来,社会科学与物理和生物科学在这几个世纪里
是如何互动的。

在过去若干年里,一些关注社会科学史的学者开始认识到社
会科学与自然科学的互动,他们的著作对我本人的研究很有价值。
特别是,我得益于科学史家波特(Theodore Porter)、理查兹(Rob-
ert Richards)、施朗格(Judith Schlanger)、斯托金(George Stock-
ing)和怀斯(Norton Wise)的著作甚多。[①] 一些经济学家正在研究
新古典主义或边际主义经济学在物理科学和生物科学中的基础,
他们的工作对本书也很重要。这些人包括米劳斯基(Philip Mi-
rowski)、温特劳布(Roy Weintraub)、马奇(Neil de Marchi)、梅纳
尔(Claude Ménard)、福利(Bernard Foley)、沙巴斯(Margaret
Schabas)、克拉梅尔(Arjo Klamer),[②]特别是伊斯雷尔(Giorgio

[①]　波特和怀斯的研究对于理解 19 世纪"精确"科学(主要是物理学和数学)与经
济学的互动十分重要。具体说来,波特一直在考察整个社会科学中计算能力和量化的
某些方面,而怀斯则阐述了 19 世纪主流物理学与经济学的互动方式。理查兹分析了
19 世纪社会理论(特别是在英国和美国)在其一般的思想文化和社会背景下的某些方
面,追溯它在同时代科学中的根基。施朗格考察了隐喻在整个有机体理论中扮演的角
色。斯托金则在重新组织人类学史,显示了人类学与其他社会科学以及自然科学某些
主要方面的联系。

[②]　他们的许多著作在第一章的各个部分都有引用。参见 Neil de Marchi (ed.):
Non-Natural Social Science: *Reflecting on the Enterprise of More Heat than Light*,
Supplement to volume 25 of *History of Political Economy* (Durham: Duke University
Press, 1993); 以及 Philip Mirowski (ed.): *Natural Images in Economic Thought*:
Markets Read in Tooth and Claw (Cambridge, England: Cambridge University Press,
1994)。

Israel)和因格劳(Bruna Ingrao),①他们的重要工作与我本人的研究平行,对于我在自然科学和社会科学方面的思想发展非常重要。此外,哈金(Ian Hacking)、斯蒂格勒(Stephen Stigler)、达斯顿(Lorraine Daston)、科尔曼(William Coleman)、吉格兰策(Gerd Gigerenzer)、克吕格(Lorenz Krüger)以及比勒费尔德小组所作的统计学研究为核心技巧与社会问题和社会理论之间的关系提供了新的视角。虽然本书并不讨论人类学,但我想指出,最近出现了一些重要的人类学著作,尤其是斯托金创建和主编的系列出版物——《人类学史》(*History of Anthropology*)。② 特别是,波特、怀斯、伊斯雷尔、斯托金和梅纳尔的著作对我本人在这一领域的思考有重要影响。

xi　　　　本书并不试图涵盖所有社会科学分支。一些重要的互动几乎未被提及或根本没有讨论。例如,我没有讨论心理学和人类学,也没有讨论历史学。政治学主要是在 17 世纪科学革命的背景下出现的。此外,未讨论类似密尔(John Stuart Mill)那种方法论著作也是一个局限之处。

我对社会科学与自然科学互动的兴趣源于以前有关科学创造

---

① 尤其是他们的 *The Invisible Hand*: *Economic Equlibrium in the History of Science*, translated by Ian McGilvray (Cambridge: The MIT Press, 1990)一书。

② 由于这里的介绍旨在探讨方法论问题,而非进行全面的考察,我不得不略去许多有趣的话题,比如人类学和心理学的发展,这两个领域的历史学术成就日新月异。在这方面应当指出,人类学有书写历史的传统,心理学也产生了大量著名的历史著作。参见 *Journal of the History of the Behavioral Sciences*。至于政治学,我只引用了 17 世纪的例子(见第 2 章),而没有考虑政治学史上几乎各个阶段的大量文献。出于同样的理由,我没有讨论涉及历史和科学的文献。

性的研究，该研究关注的是各门科学相互影响的不同方式。把这
种考察延伸到自然科学与社会科学的互动只有一步之遥了。我开
始从事这项研究时曾经天真地以为，讨论社会科学历史方面的大
量文献能为我这个目的提供有用而方便的（如果不是经过彻底消
化的）可靠材料。在两部多卷本的社会科学百科全书中充斥着关
于主要论题的传记、参考书目和历史阐述，我似乎不必像在我自己
的科学史领域中那样做所有的一手文献研究。毕竟，社会科学代
表着一种可以直接追溯到柏拉图和亚里士多德的光荣的古代职
业。我天真地以为，社会科学家会注意到他们的学科在科学革命
以后的几百年里与自然科学之间的互动！①

　　我还知道，某些社会科学（特别是心理学、政治学、经济学和社
会学）经常在本科生和研究生课程中包括其学科史的课，其中一些
还在教学与研究中创造性地使用了过往大师们的文本。我觉得，
这些教育工具肯定能使我的工作轻松很多。

　　另一个让我以为我的工作会比实际情况更容易的因素是，各
种社会科学——主要是经济学和社会学——一直在声称自己的科

---

　　①　虽然几乎没有关于自然科学与社会科学互动的一般性著作，但有许多重要的
专论和文章讨论了这个一般话题的特定方面。特别需要注意的有 Paul Lazarsfeld：
"Notes on the History of Quantification in Sociology," *Isis*，1961，52：277—333；Ber-
nard Lécuyer and Anthony R. Oberschall："The Early History of Social Research," *In-
ternational Encyclopedia of the Social Sciences*，vol. 15（1968），pp. 36—53；A. R.
Oberschall（ed.）：*The Establishment of Empirical Sociology*（New York：Harper &.
Row，1972）；以及 Theodore Porter 简要但却中肯的介绍："Natural Science and Social
Theory," pp. 1024—1043，载 R. C. Olby，G. N. Cantor，J. R. R. Christie, and M. J. S.
Hodge（eds.）：*Companion to the History of Modern Science*（London/New York：
Routledge，1990）。

学地位。这自然使我误以为，社会学家在研究过去时，一定会特别
强调前人是以何种方式利用当时的自然科学家以及哲学家和社会
科学家的工作的。

　　然而我一开始研究就发现，我这些预想全错了。几乎没有什
么文献讨论过过去三百年来①社会科学家试图以何种方式应用自
然科学的概念、原理、理论或方法。而且，社会科学对自然科学发
展的影响几乎被彻底忽视，有时甚至被否认。唯一认真作过这类
研究的重要领域是经济学。②

　　我不明白为什么会这样，直到我后来碰巧重读了默顿（Robert
Merton）为其论文集《社会理论与社会结构》（*Social Theory and
Social Structure*）所作的序。在序言中，默顿在"社会学理论的历
史"与"社会学家现在暂时使用的某些理论的分类学"之间作了重
要区分。将真正的历史研究与回溯性地寻求"可资利用的社会学
理论"混在一起，这影响了许多社会学史的写作。一个典型例子是
我已经提到过的索罗金的回溯性考察《当代社会学理论》。该书声
称要对 19 世纪和 20 世纪初那些先驱者的观念进行分析、批判和
总结，从而为当前的知识状况提供背景信息。索罗金的目标与其

---

　　① 这里和正文中（特别是第二章）一样，我在"社会科学"和"社会科学家"这些词
被实际使用之前很久就提到它们，这是有些时代误置的。关于这一主题，参见本书中
"关于'社会科学'和'自然科学'的注释"。

　　② 关于这一主题，参见 Neil de Marchi（ed.）：*Non-Natural Social Science*：*Re-
flecting on the Enterprise of More Heat than Light*，Supplement to volume 25 of *His-
tory of Political Economy*（Durham：Duke University Press，1993）；Philip Mirowski
（ed.）：*Natural Images in Economic Thought*：*Markets Read in Tooth and Claw*
（Cambridge，England：Cambridge University Press，1994），以及 *History of Political
Economy* 杂志中的诸多文章。

说是理解过去的思想,不如说是从一种"现世主义者"的立场去批评之前时代的所有著作,并且寻找一切可能仍然有效的有用原理。因此,这本书与其说是历史研究,不如说是一部实用的社会学方法论。

　　默顿的分析也适用于其他社会科学。大部分经济学史是联系经济学理论来构想的,被认为可以直接用于理解或讲授经济学。该领域往往受制于所谓的辉格史观,即试图用现在的标准来评判过去的观念,而不是在其历史语境下考察这些观念。这可见于一个事实,即许多经济学史著作都在关注今天感兴趣的专业话题,而不是它在过去某个时代的性质。当然,也有一些重要的例外。例如,熊彼特的《经济分析史》就是一种立足于一手知识和历史洞见的高度个人化的陈述。这部伟大著作是最有趣的社会科学通史之一,其中充满了基于作者价值观和当时经济学状况的个人判断。

　　从长时段的历史观点来看,自然科学对社会科学的影响并不是一种诞生于科学革命的新现象,而是和科学观念本身一样古老。亚里士多德在《政治学》(*Politics*)中建议,[①]对制度和"政府形式"的研究应当模仿"不同动物物种"的分类方法。根据罗斯(David Ross)爵士的说法,亚里士多德甚至试图对"城邦"作出"他在《动物志》(*Historia Animalium*)中对动物类型所作的那种精确描述"。[②]

　　在中世纪和文艺复兴时期,通过与人体解剖学和盖伦生理学进行类比,政治[身]体(body politic)的观念解释了政府的功能。

---

① 　1290^b21—1291^b13.

② 　*Oxford Classical Dictionary*, 2nd ed., p. 116, § 9.

从这种生理学式的政治理论中留下了许多概念，国家"首脑"概念便是其中之一。到了 17 世纪，哈维（Harvey）的发现和笛卡儿（Descartes）的影响把政治［身］体的观念转变成为我们今天熟知的更加现代的形式。

在文艺复兴时期，人们以当时天球（celestial spheres）体系的天文学图景为蓝本描绘了伊丽莎白女王的权力。伊丽莎白一世（统治着"公民球体［或领域］"［spherae civitatis］）成了该体系的第一推动者，内部球体代表着她的德性或"行星"属性：丰裕、雄辩、仁慈、虔诚、坚毅、审慎和威严。① 科学革命造就了一幅修改的星空-政治图景，在这幅图景中，路易十四的皇权被描绘在哥白尼的日心宇宙体系中，而不是描绘在亚里士多德的地心宇宙体系背景中。行星体系处于一系列笛卡儿涡旋之中，从而使宇宙论得到升格。君主的诞辰被当作计算皇家天宫图的基础。② 路易十四的称号"太阳王"援引了天界现象与政治权力之间的类比，就像哈维关于国王查理一世的角色与心脏功能之间的类比利用了生物科学一样。将关于国家或社会组织的理论与当时的科学观念联系在一起显然有着悠久的传统。

我在第二章表明，格劳秀斯（Hugo Grotius）十分仰慕伽利略，并且本着几何学著作的精神和方式来构想其论述国际法的著名论著。无论是旧版的《社会科学百科全书》（*Encyclopaedia of the*

---

① 关于这幅伪天文学图景的细节和复制品，参见我的 *Revolution in Science* (Cambridge：Harvard University Press，1985)。

② 同上。

Social Sciences，1932)还是较新的《国际社会科学百科全书》(*International Encyclopedia of the Social Sciences*，1968)，"格劳秀斯"词条都没有提到他著作的这一方面。然而，他的几何学理想之所以关乎对其工作的评价，是因为这一特征决定了他处理的是抽象事例，而不是历史上或同时代的实例——他常常因为表述的这个方面而受到严厉指责。

　　哈林顿(James Harrington)的情况有些类似，其政治—社会思想见于《大洋国》(*Oceana*)等著作，在 18 世纪引起了广泛关注，影响了多位美国国父，并且体现在美国宪法中。尽管哈林顿的体系明显建基于哈维的新生理学，但《社会科学百科全书》却没有提到哈维或他的科学。《国际社会科学百科全书》虽然顺带提到了哈维的影响，但不会使读者明显感到他对哈林顿的实际影响。①

　　一个同样引人注目的例子是莱布尼茨(Leibniz)的一篇早期文章，该文为波兰国王的选立方法提供了一种数学证明。值得注意的是，政治思想史的标准阐述并未重视这篇文章，最近的一部研究莱布尼茨政治著作的书甚至没有提到它。

　　即便某种社会思想的科学成分得到了介绍，其意义也可能会因为缺乏理解而丧失。第一章讨论的一个例子涉及贝克莱(Berkeley)所构想的牛顿引力宇宙论的一个社会类比。贝克莱的叙述表明他完全理解牛顿天体动力学的原理，他将行星的轨道运动解释为一个持续的中心加速力与一个沿切线作直线惯性运动的

------

　　①　关于细节，参见我的"Harrington and Harvey：A Theory of the State Based on the New Physiology," *Journal of the History of Ideas*，1994，55：187—210。

未经减小的初始分量的合成。索罗金在考察贝克莱的牛顿式社会学时，将贝克莱正确的物理学归结为向心力与离心力之间不正确的"平衡"，这个教科书上的典型错误给物理学教学造成了麻烦。索罗金将贝克莱正确的牛顿物理学表述成，当所谓的离心力小于向心力时，那种稳定性就会出现。贝克莱知道（而索罗金显然不知道），在这样一个假想的例子中，不平衡的离心力会导致不稳定性，并且产生一个向内落向太阳或其他力心的加速运动。凯里（Henry Carey）关于牛顿引力物理学的社会类比模型是一个不无类似的例子，我所看到的几乎每一部社会理论历史著作都会提到或讨论它。不止一部著作认识到，凯里在陈述作为其社会科学基础的牛顿定律时犯了一个基本的错误。

有大量文献论述了 19 世纪末和 20 世纪初的有机体论社会学家，比如布伦奇利（J. C. Bluntschli）、利林费尔德（Paul von Lilienfeld）、舍夫勒（Albert Schäffle）、斯宾塞（Herbert Spencer）、沃德（Lester Ward）、基尼（Corrado Gini）、坎农（Walter Bradford Cannon）、洛威尔（A. Lawrence Lowell）和罗斯福（Theodore Roosevelt）等。对社会学理论著作所作的历史考察在讨论这些人时，除斯宾塞以外，都没有提到他们利用了当时先进的生物学和医学理论。鉴于利林费尔德、舍夫勒和坎农等学者的社会学论述中包含了许多生物医学讲解，这种缺失就显得更加突出。因此，无论这些有机体论社会学家的观念在我们今天看来是多么过分，我们的判断也不应囿于今天的概念和标准。相反，我们应当按照当时的标准来评判这些理论，注意到其作者对最新的生物学概念和理论有着深入而透彻的认识。

　　自然科学与社会科学之间的互动有一个方面几乎完全不见于社会科学史和自然科学史,那就是社会科学对生物科学和物理科学的影响。有三个例子可以表明这种"反转的"互动。众所周知,达尔文在提出他的自然选择概念时受到了马尔萨斯(Malthus)人口增长观念的影响。我们还从施威伯(S. S. Schweber)的研究中得知,达尔文的思想深受农学家的影响。达尔文从社会科学中获得的另一个观念是劳动分工,这个观念在19世纪细胞学说的背景下变得尤为重要。斯密(Adam Smith)的著作使这一概念流行起来,尽管此前配第(William Petty)和富兰克林(Benjamin Franklin)都提出过它。我们从利摩日(Camille Limoges)的研究中得知,这种劳动分工的社会概念在法国生物学家布朗-塞卡尔(Edouard Brown-Séquard)的思想中尤为重要,他将这一概念与个体细胞在有机体论生理学中所起的作用联系在一起。这个概念从他那里传到了涂尔干(E. Durkheim),后者撰写了一部论述社会劳动分工的重要著作。更引人注目的也许是统计学,波特的研究使我们得知,比利时社会统计学家凯特勒(Adolphe Quetelet)对麦克斯韦(Maxwell)和玻尔兹曼(Boltzmann)的物理学产生了重要影响。

　　也许可以把凯特勒的重要性和社会科学中统计学思考的兴起看成数学技巧与社会思想之间互动的一个特殊案例。后一主题引起了一些学者的注意。我们知道,统计学观点的引入曾经引起过相当大的警惕。密尔(John Stuart Mill)和孔德(Auguste Comte)等许多思想家都认为,统计学是一门不完整或有缺陷的科学,不能在原因与结果之间产生那种简单的牛顿式的一一对应关系。孔德不仅嘲笑凯特勒等人采用统计学的观点，而且还放弃了自己最初使用的"社会物理学"这个名称，并用"社会学"取而代之，因为凯特勒曾在一种概率论的框架下使用过"社会物理学"一词。可以认为，社会思想的许多后续发展都反映了孔德与凯特勒思想之间的张力，反映了显示简单因果关系的社会科学与基于统计学考虑的社会科学之间的张力。

　　本书的一个重要主题是类比在社会科学发展中的作用。我将提出类比与同源的区分，以及类比和同源与隐喻之间的区分。我还会关注社会科学在使用自然科学的概念、定律或理论时所产生的问题。19世纪有两个著名的例子：一个例子是杰文斯（Jevons）、瓦尔拉（Walras）和帕累托（Pareto）以理论力学和能量物理学为模型发展出来的数学的边际主义经济学；另一个例子则涉及有机体论生理学家对细胞学说以及生物学和医学的某些方面的应用。

　　我的目标始终是考察方法论议题，因此我所关注的是19世纪关于社会模型的争论中的一些主要人物。这里的争论是指，应把社会看成一种物理机制还是看成一个有机体。我很清楚，要想作出全面的考察，需要考虑马基雅维利（Niccolò Machiavelli）、洛克（John Locke）、韦伯（Max Weber）等重要的先驱者。我也略去了声称创建了一门新的社会"科学"的马克思。同样，虽然我联系经济学与理论力学的类比介绍了帕累托的想法，但我并没有足够的篇幅去讨论同为意大利人的经济学家、统计学家和社会学家基尼（Corrado Gini），他无疑是重要的有机体论者（organicist）。

　　虽然基尼今天主要以经济学家和统计学家而为人所知，但他也被认为是 20 世纪拥护社会有机体论的一个重要人物。^①在其有机体论社会学中,基尼不仅提出了一般的类比(比如医学的病理学和社会或经济的病理学),甚至还"提出了一种社会新陈代谢理论",显示了有机体新陈代谢的所有本质特征^②——这是社会科学家运用自然科学的一个显著实例。

最后,任何研究自然科学与社会科学之间关系的人都会意识到,这并不是一个纯学术话题,而是与政策问题密切相关。首先,社会科学通过它们与自然科学的相似度以及能在多大程度上包含自然科学的特征、概念、定律或理论来寻求合法性。由于大多数人在思考科学应该是什么样子时会想到物理学,所以当社会科学有广泛的数值基础或者能像物理学那样展示出数学步骤时,就能给普通公众留下非常深刻的印象。对于那些与自然科学发生互动或者模仿自然科学的社会科学来说,在"科学"的庇护之下对社会科学进行公共支持,比如美国国家科学基金会,看起来就会非常恰当,也更容易成为现实。这些考虑直接关乎社会科学给自然科学家留下的印象,在国会就创建国家科学基金会举行听证会时产生了很大影响。

近几十年来,自然科学家开始关注社会科学的当前状况和未来需求。这一广泛主题与本书的主要任务不无关系,但太过复杂,

^①基尼在其 *Il neo-organicismo*:*Prolusione al corso di sociologia*(Catania:Studio Editoriale Moderno,1927)中完整地表述了他的有机体论社会学。基尼还在关于"经济病理学"的研究中介绍了有机体论社会科学,载于他的 *Patologia economica*(Turin:Unione Tipografico-Editrice Torinese,1923;5th ed.,1952)。

^②在这一理论中,他得出结论说:"繁殖率低的上层阶层将会趋于灭亡,除非从繁殖率更高的下层阶层那里得到新成员。"

单独一章难以备述。于是，我重新组织了我对布鲁克斯（Harvey Brooks）的一系列访谈，构成了本书最后一章。读者可以从布鲁克斯教授的个人经历、知识和洞见中获益，他在国家政策领域耕耘多年，曾任总统科学顾问委员会、国家科学委员会和美国科学院科学与公共政策委员会委员。这种形式使我能够记录他在推动社会科学发展过程中所起的非常重要的作用，而他自己作品的某一章是起不到这个效果的。

1. 对自然科学与社会科学互动的分析

1.1 导言

自亚里士多德时代以来,自然科学和医学一直在为政府研究、宪法分类和社会分析提供类比。科学革命的成果之一在于设想有一种关于社会的科学——一种关于政府、个体行为和社会的科学——将在凯歌高奏的诸科学中占有一席之地,产生出它自己的牛顿和哈维。它并非旨在成为一门像物理学和生物学那样具有确定知识基础的科学;人们认为,方法有一种共通性,在物理科学和生物科学中一直管用的方法也能把社会科学推向前进。任何一门这样的社会科学都应以实验和认真观察为基础,成为定量的,并最终具有科学的最高形态——表达为一系列数学方程。

到了 18 世纪末,显然没有任何社会科学能与牛顿的物理学、哈维的生理学和以富兰克林(Benjamin Franklin)为先驱的新实验电学相比。富兰克林曾多次表示,他意识到了社会科学(或"道德"科学)与公认的物理和生物科学之间的差异。在 1780 年写给友人和科学同仁普里斯特利(Joseph Priestley)的一封信中,富兰克林提到"真科学正在迅速发展",并希望"道德科学也能取得不错的进展"。到了 18 世纪末,人们对于社会科学或道德科学能与自然科学平起平坐萌生了新的希望。这种梦想的一个标志是,法国大革命之后,旧的皇家科学院被解散,成立了法兰西学院(National Institute in France)。新的法兰西学院有若干个"学术院"(classes),其中一个学术院在成员上与旧科学院相同,另一个学术院则是新的"道德与政治科学学术院"(classe des sciences morales et politiques),是与之平等的搭档。自 1773 年以来,富兰克林一直是旧科学院的"外籍院士";1801 年,杰斐逊(Thomas Jefferson)当选这个新部门或新学术院的"外籍院士"。

从这个新的"道德与政治科学"学术院的最终命运可以看出困扰着社会科学的问题。由于社会科学家——特别是政治学家——不得不处理富有争议的议题,他们的观点和结论也许会冒犯国家的统治者。新"学术院"刚刚成立没几年,法兰西学院中社会科学家的社会政治观点就激怒了拿破仑。他下令彻底撤销这个学术院,从官方上割断了社会科学与科学地位之间的纽带。有组织的物理科学和生物科学不处理这些有争议的议题,代表旧的铭文与美文学院(Academy of Inscriptions and Belles Lettres)成员利益的群体也不处理这些议题。

无论对社会科学与物理和生物科学之间的关系作什么历史研究,都会立刻触及一些社会科学的合法性。一个基本的争论议题是,这种合法性是源于一味去适应某一门自然科学(通常认为是物理学)的概念、原理、理论和方法,还是说这些"其他"科学也拥有自己独立的方法论和标准?在考察这个问题以及与之相关的方法论和合法性问题时,我们会重点关注 19 世纪末,正是在这一时期,经济学和社会学这两门社会科学自称拥有科学合法性,因为它们分别使用了物理学和生物学的概念、原理和方法。这两门学科之所以自称完全有资格成为公认"科学"家族的成员,一个重要的理由在于,它们与业已接受的物理和生物科学据说有一种总体的相似性,在概念上也有一定程度的对应性,比如能量(对应于效用)或细胞(对应于个人或家庭等社会实体)。经济学甚至会自豪地列出在形式上与物理学方程相同的方程。下面我们将会看到这两种发展是如何阐明合法性以及概念和方法的转移这两个主题的。

　　关于自然科学对社会科学的影响,本文的考察引出了几种不同的思路。我们将会看到,在 19 世纪末、20 世纪初,物理科学和生物科学服务于两个截然不同的目的:一是要证明方法论的有效性,二是要保证结果。在这方面,新经济学——今天所谓的边际主义经济学或新古典主义经济学——的许多创立者都选择模仿物理学,而社会学的一个重要学派则更偏爱生物科学。由 19 世纪末边际主义经济学派的创立者之一瓦尔拉(Léon Walras)的例子我们可以清楚地看到,要想声称一门社会科学是有效的,可以表明它很像一门公认的自然科学。正如我们将会看到的,瓦尔拉在 19 世纪发展其经济学体系时,只了解非常初等的数学和很少一点物理学。只是到了后来,即 20 世纪初他渴望得到认可时,他才学了很多数学和物理学,以宣称他的经济学是"科学的"和精确的,因为它能给出与理论力学这门精确科学在形式上类似的方程。杰文斯(William Stanley Jevons)甚至更早就已经尝试证明把微积分引入经济学是正当的了。他指出,这种数学曾被成功地应用于理论力学,这暗示经济学之所以与物理学类似,是因为二者都能作同一种数学处理。不仅如此,杰文斯还介绍了一些例子来表明经济学可以像物理学那样来处理,他甚至把经济学的"效用"概念等同于物理学的"能量"概念。

把生物科学当作范式的那些社会学家也在寻求类似的辩护。在作这种模仿时,他们从"细胞病理学"的创立者、医学生物学家菲尔绍(Rudolf Virchow)的例子中汲取了力量。菲尔绍曾把一些社会概念引入了他的医学思想,从而证明把细胞学说与社会理论联系起来是正当的。基于当时的生物学发展(比如细胞学说、劳动分工的生物学概念、正常与病态的医学概念、"内环境"的生理学等),这些社会学家,尤其是利林费尔德(Paul von Lilienfeld)、舍夫勒(Albert E. Schäffle)、斯宾塞(Herbert Spencer)和沃尔姆斯(René Worms),利用这种联系构建了一种社会学。他们甚至还作了一点生物学讲解,以表明他们的观念与当时顶尖的生物学家是一致的。

关于数学的使用,边际主义经济学家的看法有很大分歧。例如,奥地利经济学家门格尔(Karl Menger)就没有利用物理学和数学。该领域的"伟人"之一马歇尔(Alfred Marshall)也更偏爱生物学模型而非数学物理模型,尽管他在剑桥读本科时研究过数学和物理学。杰文斯、瓦尔拉、帕累托(Vilfredo Pareto)、费雪(Irving Fisher)等人虽然都声称自己的学科与物理学相当,但在对高等数学、理论力学的数学物理学和能量的了解上,他们彼此之间差异很大。杰文斯和瓦尔拉对数学只有最基本的了解,而帕累托则受过工程师训练,因此与杰文斯和瓦尔拉不同,帕累托很了解数学,也懂点物理学。费雪在耶鲁大学获得博士学位,是吉布斯(J. Willard Gibbs)的学生,也有资格称为数学家。帕累托和费雪用数学来实际发展自己的思想，而瓦尔拉和杰文斯则并非如此，他们引入数学更多是把数学当成一种合法化手段，而不是当成发现工具。但是把高等数学（即微积分）应用于经济学的实际创始人乃是生活在19世纪初的库尔诺（Antoine-Augustin Cournot），[①]他在数学技能上肯定无可挑剔。我们将会看到，彭加勒（Henri Poincaré）、洛朗（Henri Laurent）、沃尔泰拉（Vito Volterra）等数学家都批评了边际主义经济学家的数学建构，质疑他们的经济学是否果真如其所说显示了物理学的数学可靠性（mathematical integrity）。

　　一个奇特的悖论是，虽然我们不能因为有机体论社会学家的科学而指责他们，但在我们今天看来，他们的著作显得荒谬可笑。边际主义经济学家眼下正受到种种严厉批评，其中之一便是他们并不完全理解自己正在模仿的科学，但他们的思想仍然是当今经济学基础的一部分。此外，与这些经济学家相联系的那种物理学如今已经过时，取而代之的是相对论和量子力学中的概念，而相对论和量子力学似乎并未渗透到当今的主流经济学之中（如果能够渗透的话）。很奇怪，19世纪的生物学比物理学更好地经受住了时间的考验，虽然它也需要进行修正和扩展，但却无需像物理学那样进行彻底重建，而建立在生物学基础上的社会学却不像与物理学相联系（至少是部分相联系）的经济学那样表现良好。被模仿科学的正确性与由此产生的社会科学的恒久价值之间似乎并无内在

---

　　① 　关于库尔诺在数理经济学上的重要贡献，参见 Claude Ménard：*La formation d'une rationalité économique：A. A. Cournot* （Paris：Flammarion，1978）以及 Joseph Schumpeter：*History of Economic Analysis* （New York：Oxford University Press，1954）。

关联。

要对自然科学影响社会科学的各种方式进行比较和评价，至少需要一种关于互动的粗略的类型学。我们将会看到，把隐喻（metaphor）区别于类比（analogy）和同源（homology），以及把类比区别于同源，有时不无裨益。隐喻的使用也许蕴含着价值的转移，比如证明经济学是一种牛顿科学；类比蕴含着功能上的相似性，比如用一种大统一定律来解释社会，就像用万有引力定律来组织地界和天界的力学现象一样；而同源则蕴含着形态或结构的同一性。应当注意，这种相似性可能是纯形式的。也就是说，同样的方程或原理也许会出现在两种不同的科学中，这意味着将会存在同一种形式，其中唯一的区别就是方程中实际使用的字母或符号，或者原理中概念的名称。我们将会看到，在一个非常典型的例子中，为了理解关于"公司"经济学的争论，可以区分对一般生物进化类比的使用和一组特定的同源性（包括像突变和遗传这样特定的概念）问题。于是，正如我们将要指出的，功能与形态的区分往往会与更一般之物与更具体之物的区分共存，或者转变成更一般之物与更具体之物的区分。

在另一个例子中，我们将会看到为什么在社会理论方面，敏锐的分析者区分类比与同源能够有所帮助。19世纪的两位重要社会学家利林费尔德和舍夫勒都认为，有必要借用生物细胞学说的类比来发展一种有益的社会理论。然而在特定同源性的问题上，他们的结论却不尽相同。在生物细胞的社会同源物（homologues）是个人还是家庭这个问题上，他们的看法大相径庭。在表明类比物（analogues）与同源物的区分为什么重要的另一个例子中，我们发现坎农（Walter Cannon）有一种值得称道的想法，那就是把他的生理学研究成果用于社会分析。他想找到他在实验室里一直在研究的动物和人的自我调节机制的社会类比物。到这里没有什么问题！但在试图引入特定的同源性时，他却误入了歧途。

事实从未证明，社会科学家所使用的类比物、同源物和隐喻的正确性能够保证任何社会科学的有效性或有用性。一门社会科学即使不试图模仿某种自然科学（比如物理学或生物学），也并不因此就不够有效。因此我们将会看到，要想判断某一门社会科学是否有效，以及它的用处有何根据，其最终标准必定不依赖于它是否是一门类似于物理学或生物学的学科。无论是何种评价，更重要的是这门学科是否具有自身的完整性，是否内在融贯，其结果是否可以检验，其假设是否可以作理性解释。也就是说，如果一种社会理论首先依赖于神的干预这一假定，我们就不会把这种理论当作科学接受下来。当然，与此同时，一门社会科学如果并未利用出自于自然科学的有用和相关的应用，也会遭到严厉批评。但某一自然科学分支如果类似地忽视了其他学科中有用和相关的工作，也会遭到同样的批评。事实上，社会科学内部的某一进展如果忽视了另一门社会科学中有用和相关的进展，也会遭到同样的指责。然而，无论是从科学家还是非科学家的角度来看，像经济学那样的社会科学——在定量方面，在尝试用数学形式表达原理方面，在使用数学工具方面，它"看起来"有点像物理学——都往往比社会学或政治学等不太像"精确科学"的社会科学地位更高。

1.2 定义和问题

一些基本困难困扰着对自然科学与社会科学之间关系的研究，首先是"自然科学"和"社会科学"这两个术语的含义。传统上，自然科学包括物理科学和生物科学、地球科学、气象学，有时也包括数学。当我不加限定地提到自然科学时，我指的是从生物学和地质学到化学、物理学和数学的所有这些科学。

一般认为，社会科学包括人类学、考古学、经济学、历史学、政治学、心理学和社会学。传统上还有第三组科学，即"人文科学"，包括哲学、文学研究、语言研究等学科，有时也包括历史学。科学或自然科学的范畴往往被扩展到这样一些学科，它们通常被视为社会科学或人文学科的一部分，除（体质）人类学和（实验）心理学以外，这一范畴可能包括像语言学、考古学和经济学这样大相径庭的领域。有时地理学被视为社会科学，有时则被视为自然科学。在过去 40 年里，一些（但并非所有）传统社会科学被归入了"行为科学"这一范畴之下。①

定义的问题很复杂，因为这些划分在各种语言和文化中并非一致。即使是像"科学"或"自然科学"这样的称呼也会引起混乱，因为英文词"science"、德文词"Wissenschaft"和法文词"science"的

---

① 关于行为科学概念的历史，参见 Bernard Berelson on "Behavioral Sciences" in *International Encyclopedia of the Social Sciences*, ed. David L. Sills, vol. 2 (New York: The Macmillan Company & The Free Press, 1968), pp. 41—45；以及 Herbert J. Spiro: "Critique of Behavioralism in Political Science," pp. 314—327 of Klaus von Beyme (ed.): *Theory and Politics*, *Theorie und Politik*, *Festschrift zum 70. Geburtstag für Carl Joachim Friedrich* (The Hague: Martinus Nijhoff, 1971)。

用法各不相同。① 在英语国家，没有任何限定词的"science"往往只表示与社会科学相分离的自然科学。英国国家"科学"协会即英国皇家学会并没有社会科学类别的成员，②在这方面，它甚至要比美国国家科学院更为严格，后者目前的确有一类成员资格是给社会科学家的。法国科学院和英国皇家学会一样不包括社会科学，在非科学家的准入方面甚至要更为严格。③ 然而在德国，主要的科学院（由莱布尼茨在 17 世纪末创建的柏林科学院）一直有广泛的成员基础。④

---

① John Theodore Merz: *A History of European Thought in the Nineteenth Century* (Edinburgh/London: W. Blackwood and Sons, 1903—1914; reprint, New York: Dover Publications, 1965; reprint, Gloucester: Peter Smith, 1976), vol. 1, chs. 1, 2, 3 对这三种用法的差异做了出色的讨论。

② 参见 Marie Boas Hall: *All Scientists Now: the Royal Society in the Nineteenth Century* (Cambridge/New York: Cambridge University Press, 1984)；以及 Dorothy Stimpson: *Scientists and Amateurs: A History of the Royal Society* (New York: Henry Schuman, 1948)。但最初皇家学会会员中有很大比例不是科学家，比如诗人（如约翰·德莱顿）、医生和贵族。1847 年改组之后，非科学的成员类别被取消，尽管仍有例外（比如菲利普亲王和金融家-慈善家艾萨克·沃尔夫森）。

③ 参见 Roger Hahn: *The Anatomy of a Scientific Institution: The Paris Academy of Sciences* (Berkeley: University of California Press, 1971)。

④ 起初有四类："物理学"（Physica，包括化学、医学和其他自然科学）、"数学"（Mathematica，包括天文学和力学）、德国哲学和文学（尤其是东方文学）。后来这些类别被重新分成了两大类：自然科学和数学，以及"哲学和历史的"领域。参见 Erik Amburger (ed.): *Die Mitglieder der Deutschen Akademie der Wissenschaften zu Berlin, 1700—1950* (Berlin: Akadernie-Verlag, 1960); Kurt-Reinhard Biermann & Gerhard Dunken (eds.): *Deutsche Akademie der Wissenschaften zu Berlin: Biographischer Index der Mitglieder* (Berlin: Akademie-Verlag, 1960)。关于德国科学院的历史和变迁，参见 Werner Hartkopf & Gerhard Dunken: *Von der Brandenburgischen Sozietät der Wissenschaften zur Deutschen Akademie der Wissenschaften zu Berlin* (Berlin: Akademie-Verlag, 1967)；标准的历史著作是 Adolph Harnack: *Geschichte der Koniglich Preussischen Akademie der Wissenschaften zu Berlin*, 3 vols. (Berlin: Reichsdruckerei, 1990)。

在德国文化中往往存在这样一个二分,即"Wissenschaft"(科学或知识)可以分成"Naturwissenschaften"(自然科学)和"Sozial-wissenschaften"(社会科学),或者分成"Naturwissenschaften"和"Geisteswissenschaften"(精神科学)。

此外,即使在某一种语言或文化内部,与科学相关的术语也并不总是具有其现在的含义。比如在 18 世纪和 19 世纪初的英格兰,"实验"(experimental)和"科学"不仅具有与我们现在相近的含义,而且也在一般意义上被使用,分别指"基于经验"和"知识体系"。① "实验"和"科学"的较早含义可见于 1833 年麦考利(Thomas Babington Macaulay)的一则陈述,他说"政治科学是一门实验科学"。② 麦考利并非是说这门学科要建立在实验室研究的基础上,也不是说它完全像物理学或生物学那样。在他看来,政治科学是一个有组织的思想分支,建立在可靠经验的基础之上,尤其是被历史记

---

① 参见 Samuel Johnson: *A Dictionary of the English Language*, 2 vols. (London: printed by W. Strahan for J. and P. Knapton, T. and T. Longman, C. Hitch and L. Hawes, A. Millar and R. and J. Dodsley, 1755; photo-reprint, New York: Arno Press, 1979)。

② *The Works of Loard Macaulay*, ed. Lady Trevelyan, vol. 5 (London: Longmans, Green, and Co., 1871), p. 677. 1829 年麦考利写道(同上, p. 270),"崇高的政治科学"是"所有科学中……对国家福利最重要的",这门科学"往往最能扩展和振奋精神"。他还宣称,"政治科学"之所以在"所有科学"中令人瞩目,是因为它"从哲学和文学的每一个部分汲取养料和装饰,而后又把养料和装饰分发给所有部分"。另见 Stefan Collini, Donald Winch, & John Burrow: *That Noble Science of Politics* (Cambridge: Cambridge University Press, 1983), passim, but esp. pp. 102—103, 120。麦考利说法的反面版本出现在常被引用的 1863 年 12 月 18 日俾斯麦在普鲁士议会所说的"政治学并非精确科学"(Die Politik ist keine exakte Wissenschaft)中。18 世纪初,斯威夫特(Jonathan Swift)在《格列佛游记》(*Gulliver's Travels*, 1726)中对无知的大人国臣民尚未"把政治学归结为一门科学"甚感遗憾。

录所揭示。在 18 世纪的政治语境中对"实验"常有类似的使用。一个例子是伯克(Edmund Burke)写给贝德福德公爵(Duke of Bedford)的一封信,他主张政治学是"实验哲学"的一个"光荣学科"。另一个例子是休谟(David Hume)《人性论》(*A Treatise of Human Nature*,1739)的副标题:"将实验推理方法引入道德主体的一种尝试"。此外,在这本书的导言中,休谟提到了"逻辑、道德、批评和政治这四门科学",暗示这些学科都是有组织的知识体系。[①] 在休谟的时代,被我们称为科学的知识领域一般被称为"自然哲学"或"自然知识"。[②]

<hr />

① "A Letter to a Noble Lord," in Edmund Burke: *The Works* (London: John C. Nimmo, 1887; reprint, Hildesheim/New York: Georg Olms Verlag, 1975), vol. 5, p. 215; David Hume: *A Treatise of Human Nature*, ed. L. A. Selby-Bigge (Oxford: Clarendon Press, 1896 and reprints), pp. iX and XiX - XX. 在 *An Inquiry Concerning the Human Understanding*, ed. L. A. Selby-Bigge (Oxford: Clarendon Press, 1894), pp. 83—84 中,休谟说历史"记录"是"许多实验的集合,政治家或道德哲学家通过它们来确定其科学原理,就像医生或自然哲学家通过相关的实验来熟悉植物、矿物和其他外部对象一样"。关于休谟和政治科学,Duncan Forbes 的研究最为重要,尤其是他为休谟的 *History of Great Britain* (Harmondsworth: Penguin, 1970)重印本所写的导言;"Sceptical Whiggism, Commerce and Liberty," pp. 179—201 of A. S. Skinner & T. Wilson (eds.): *Essays on Adam Smith* (Oxford: Oxford University Press, 1976); "Hume's Science of Politics," pp. 39—50 of G. P. Morice (ed.): *David Hume*, *Bicentenary Papers* (Edinburgh: Edinburgh University Press, 1977)。另见 James E. Force & Richard H. Popkin: *Essays on the Context*, *Nature*, *and Influence of Isaac Newton's Theology* (Dordrecht/Boston/London: Kluwer Academic Publishers, 1990), ch. 10, "Hume's Interest in Newton and Science" (by J. E. Force)。

② John Harris, *Lexicon Technicum* (London: printed for Dan. Brown, Tim. Goodwin, John Walthoe,…, Benj. Tooke, Dan. Midwinter, Tho. Leigh, and Francis Coggan, 1704; reprint, New York, London: Johnson Reprint Corporation, 1966—The Sources of Science, no. 28)把"科学"定义为"基于清晰、确定和自明的原理或通过它们而获得的知识"。Harris 说,"自然哲学等同于通常所谓的'物理学'(*Physicks*),即沉思自然的力量、自然物的性质及其相互作用的那门科学"。

现在所说的"科学"以及与之相联系的"科学家"这一称呼直到 19 世纪才在英语中出现,直到 19 世纪 50 年代才成为一般用法的一部分。

在历史学家看来,自然科学与社会科学之间一个引人注目的差别在于,社会科学家仍然可以通过阅读其领域中的经典之作而受益。他们发现,考察其创始人的观点对于今天的学科是有启发性的,有时甚至是必要的,以至于詹姆斯·科尔曼(James Coleman)声称,今天大学中的"社会理论"课程不过是社会思想史罢了:"不友好的批评家会说,社会理论的流行做法是吟诵古老的咒语和援引 19 世纪理论家的说法。"①而自然科学家一般被认为不需要阅读旧时作品。

通过考察论述自然科学与社会科学之间关系的文献,可以看出人们一直都非常关注社会科学是否是自然科学意义上的科学。多年的经验表明,这并不是一个富有成果的问题。普特南(Hilary Putnam)等许多分析人士都坚持认为,并不存在一种明确适用于所有自然科学的单一范式。在大多数日常话语中,身为一门"科学"就是要像物理学那样。这样一种态度也是诸多科学家话语的典型特征——当然,博物学家除外。但即使是像物理学一样也有它的问题,因为这个范畴包含各种不同的学科,比如理论力学、实验光学、理论物理学,等等。不仅如此,还要在牛顿物理学、爱因斯

① James S. Coleman: *Foundations of Social Theory* (Cambridge: The Belknap Press of Harvard University Press, 1990), p. xv. 关于这个一般论题,参见 Robert K. Merton: *Social Theory and Social Structure* (Enlarged edition, New York: The Free Press, 1968), ch. 1, "On the History and Systematics of Sociological Theory".

坦物理学或量子力学的物理学之间作出选择。大多数自然科学家可能都会同意这个问题的一个方面,那就是自然科学与社会科学之间存在着差别,特别是,社会学并不是一门"科学"——某些社会学家也认同这种观点。

使社会科学是否是"科学"这个问题变得更为复杂的是,对这个问题的回答依赖于历史时期,因为科学的形象在不同时代是不同的。此外,某种社会科学可能与某一门自然科学非常相似,而与其他自然科学又有很大不同。由于很难制定严格的规则来判定是否值得把某种理论看成"科学"的一部分,不难理解为什么默顿(Robert Merton)会说,社会科学家已经让这个问题"自生自灭"了,他们更加实际地把注意力集中在产生"科学成果"上。[①]

然而必须指出,在过去几十年里,定义和划界的一般问题一直对政策问题有着实际影响。例如,1950 年美国国会创建国家科学基金会的首要意图显然是为"科学"的基础研究和培养提供联邦资助,这里的"科学"是指传统的自然科学(包括数学)和工程。[②] 当时有许多自然科学家都直言不讳地反对给予社会科学任何资助。例如,在就创建国家科学基金会展开辩论时,对科学政策问题发挥着极大影响的物理学家、诺贝尔奖获得者拉比(I. I. Rabi)直截了

[①]　Robert K. Merton: "The Mosaic of the Behavioral Sciences," pp. 247—272 of Bernard Berelson (ed.): *The Behavioral Sciences Today* (New York/London: Basic Books, 1963), esp. p. 256.

[②]　A. Hunter Dupree: *Science in the Federal Government: A History of Policies and Activities* (Cambridge: Belknap Press of Harvard University Press, 1957; revised reprint, Baltimore: Johns Hopkins University Press, 1986).

当地告诉国会,对社会科学进行政府资助是不恰当的,因为它会"加强一种先入为主的观点或者某种特定的看法"。此外他还指出,"社会科学家所谈论的大多数事物或许多事物都是有争议的"。拉比说,这一特征并不适用于物理科学,"因为它非常客观"。① 拉比担心社会科学家的工作如果得到新基金会的资助,会对自然科学家的优秀工作产生不利影响。大多数科学共同体都认同这些态度。

关于国家科学基金会的听证会表明,许多国会议员都反对资助社会科学,因为他们往往把"社会科学"与"社会改革"等同起来,把"社会学"与"社会主义"等同起来,这种混乱之源困扰了社会科学至少一个世纪。② 曾任大学教授的参议员富布赖特(Fulbright)试图向他的同事们说明,社会科学并不是社会主义或"某种形式的社会哲学"③的代名词。最终,将社会科学正式纳入国家科学基金会的尝试宣告失败,由国会创建的国家科学基金会并没有为社会科学提供任何特定资助。不过作为妥协,国家科学基金会主任和国家科学委员会有权在基金会内部完全自行决定对某些社会科学工作予以资助,这一职位是官方"许可的,而不是强制性的"。

---

① Reported in Henry W. Riecken: "The National Science Foundation and the Social Sciences," *Social Science Research Council Items*, Sept. 1983, 37(2/3): 39—42, esp. p. 40*a*.

② 例如, Albion W. Small & George E. Vincent: *An Introduction to the Study of Society* (New York/Cincinnati/Chicago: American Book Company, 1894), pp. 40—4 讨论了"社会学"与"社会主义"的联系,声称"系统性的社会主义无论在直接意义还是在间接意义上都推动了社会学的发展"。

③ Henry W. Riecken: "The National Science Foundation and the Social Sciences," *Social Science Research Council Items*, Sept. 1983, 37(2/3), p. 40*b*.

在基金会初创的那些年里,社会科学几乎没有得到资助。接着,一项内部行政决定提供了象征性的支持,允许直接资助社会科学领域中的一些精心选择的研究。沿此方向迈出的第一步是将生物科学的统治权进行拓展,使之包含一些"行为科学",并且在1955年(以极少的拨款)创建了一个很小的物理学分支,并且委婉地冠以"社会–物理科学"(socio-physical sciences)这一中性名称。我们一干人代表科学史、科学哲学和科学社会学以及考古学、人类学、比较解剖学、政治学、社会学、社会心理学和数理经济学有幸加入了这一分支的首届咨询小组。在随后若干年里,研究经费稳步增加,我们这些学科于1959—1960年并入了一个门类齐全的社会科学办公室,它于1961年被重新改组为社会科学部,在地位上——虽然不是在威望、权力或资金上——等同于基金会的其他科学与教育部门。[①] 国家科学基金会迅速成为在这些社会科学领域进行研究和培养的主要资金来源之一。由著名社会学家里肯(Henry W. Riecken)领导的这个部门的存在表明,社会科学——不同于人文科学——终于在财政上被正式认可为这一自然科学机构的成员(虽然可能只是"副"成员)。

1.3　互动的类型

11

自然科学对社会科学的影响涉及各种不同成分和因素。指定

---

① 参见本书第三章:"社会科学、自然科学与公共政策——I. 伯纳德·科恩与哈维·布鲁克斯对谈"。

有待影响的社会科学领域,选择作为模仿来源的科学领域,都属于决定性成分。这两种成分往往一起被选择出来。另一种成分则是更一般的科学气氛。

我们可以用几个例子来说明某种特定的社会科学和自然科学是如何选择出来的。在 17 世纪,哈林顿以哈维(William Harvey)的新生理学为蓝本提出了自己的社会理论。① 到了 19 世纪末,经济学家杰文斯在某种程度上以牛顿的理论力学模型为基础创建了一种新经济学。在过去一百年里的以下三个例子中,是科学家本人指出他们的工作可能在哪个社会科学领域得到广泛应用。德国物理化学家奥斯特瓦尔德(Wilhelm Ostwald)努力创建一种新的基于能量学的社会科学,他把这种科学称为"文化科学"(Kulturwissenschaft),而不是业已接受的"社会科学"(Sozialwissenschaft)。② 类似地,美国生理学家坎农将他对人体自我调节过程的研究拓展到社会理论,试图改造和复兴传统的政治[身]体(body politic)概念。在我们这个时代,威尔逊(E. O. Wilson)通过推广他

---

① 本章各节简要提及的科学家和社会科学家的工作在后面几章或本章其他几节有更详细的讨论,并附有参考文献。

② Wilhelm Ostwald: *Energetische Grundlagen der Kulturwissenschaften* (Leipzig: Verlag von Dr. Werner Kilinkhardt, 1909). 关于奥斯特瓦尔德的"文化科学",参见 Philip Mirowski: *More Heat than Light: Economics as Social Physics, Physics as Nature's Economics* (Cambridge/New York: Cambridge University Press, 1989), pp. 454—57, 132—133, 268。

有许多科学家和社会科学家都认为新的"能量学"是重建经济学、社会学、历史学等学科的基础。一个显著的例子是亚当斯(Henry Adams),他试图把吉布斯(J. Willard Gibbs)的研究报告《异质物质的平衡》用作研究《适用于历史的相律》的基础。这篇文章连同亚当斯的"致美国历史教师的一封信"重印于 Brooks Adams (ed.): *The Degradation of the Democratic Dogma* (New York: The Macmillan Company, 1920)。

对进化生物学和蚂蚁群体行为的研究而发展了社会生物学。

英国哲学家贝克莱(George Berkeley)提供了一个略为不同的例子,他在 18 世纪的工作也是从自然科学转向社会科学。他试图证明,也许可以用牛顿的理论力学来产生一种关于社会交往的科学。这类似于牛顿的同时代人克雷格(John Craig)尝试寻找万有引力定律的一种社会类比。19 世纪的社会统计学先驱凯特勒(Adolphe Quetelet)是一位职业天文学家,他在社会数量领域中看到了一个可以应用统计学研究模式的富有成果的领域。涂尔干则走了相反的道路,他从关于自杀的社会数据中看到了一门社会学的统计基础。[①]

更一般的决定性成分是科学气氛,我们几乎可以在自然科学影响社会科学的每一个事例中注意到它。在 17 世纪,新数学——解析几何、微积分、连分数和无穷级数的使用——的创建以及数学观点在物理学和天文学中的大获成功营造了一种数学气氛,其影响显见于社会科学。[②] 格劳秀斯(Hugo Grotius)以伽利略新的运动物理学为理想,在其关于国际法的名著中显示了数学思维方式的影响。在这种气氛下,法国工程师沃邦(Vauban)认识到需要一

12

---

① 参见 I. Bernard Cohen (ed.), *The Nature Sciences and the Social Sciences: Some Critical and Historical Perspectives* (Dordrecht: Kluwer Academic Publishers, 1994)中 Ian Hacking 的文章。

② 参见 John Brewer: *The Sinews of Power: War, Money and the English State, 1688—1783* (Cambridge: Harvard University Press, 1988), ch. 8, "The Politics of Information, Public Knowledge and Private Interest"; Keith Thomas: "Numeracy in Early Modern England," *Transactions of the Royal Historical Society*, 1987, 37: 103—132。

种建立在数值基础上的治国方略。也许这种数学气氛最明显的效果是,格朗特(Graunt)和配第(Petty)及其 18 世纪的继承者发展出一种处理政府问题的数值方法,配第称之为"政治算术"(political arithmetic)。[①]

到了 18 世纪末,科学气氛在某些方面甚至更为数学。在这个时代,数学对自然科学有两种不同影响:一是运用实际的数学程序,从可靠的公理中推导出科学原理;二是将科学建立在数值或数量考虑的基础之上。甚至是自然科学中数学最少的学科——自然史,也开始有了一些定量特征,正如我们从布丰著名的《自然史》(*Histoire naturelle*)中看到的,该书对人类学的讨论突出了圣莫尔(Jean-Pierre Emile Dupré de Saint-Maur)关于死亡率的统计研究。[②] 在 1812 年拉普拉斯《分析概率论》(*Théorie analytique des probabilités*)的显著推进下,一门成熟的概率科学发展起来,这是此时定量科学气氛的另一个非常重要的方面。当然,它也显著对应于收集各种人口统计数据和社会统计资料。[③]

数学气氛的影响亦可见于孔多塞(marquis de Condorcet)的"理想人"概念,这个概念预示了凯特勒后来的"平均人"(l'homme

---

① 参见本书第 2 章第 3 节。

② 参见 Jacques Roger: *Buffon* (Paris: Fayard, 1989), pp. 234, 296。

③ Stephen M. Stigler: *The History of Statistics: The Measurement of Uncertainty before 1900* (Cambridge: The Belknap Press of Harvard University Press, 1986), ch. 3, "Inverse Probability." 另见 Helen M. Walker: *Studies in the History of Statistical Method* (Baltimore: The Williams & Wilkins Company, 1929; reprint, New York: Arno Press, 1975), pp. 31—38; Hyman Alterman: *Counting People: The Census in History* (New York: Harcourt, Brace & World, 1969)。

moyen)概念。正如贝克(Keith Baker)所表明的,[①]孔多塞的社会
科学模型体现了新的概率论哲学,这种哲学使这一知识领域变得
像物理科学那样可以计算,从而朝着最终通向凯特勒建立在统计
基础上的"社会物理学"(physique sociale)[②]迈出了重要一步。贝
克指出:"18 世纪的科学话语结构不仅产生了一种明确适用于社
会事务的概率论科学模型,在某些情况下还要求通过这样的应用
来证明科学知识的有效性。"[③]

此外,思想气氛还包括知识标准和价值体系,它们构成了一套
隐喻,决定了从业人员可以接受的一种做科学的方式。将数学方
法从物理学引入经济学表明,从自然科学中选择隐喻如何可能决
定这种可接受性。19 世纪下半叶和 20 世纪初的"新古典主义经
济学理论的祖先们"希望"维护古典遗产,并且按照新观念来刷新
自己的思想",因而他们"大胆复制了占统治地位的物理学理论"。
这些话总结了米劳斯基(Philip Mirowski)富有争议的发现,他在
19 世纪 70 年代和后来一直在探讨数学物理学与经济学理论的互
动。米劳斯基声称,这些"新古典主义的东西并未以一种散漫或肤

---

① Keith M. Baker: *Condorcet, from Natural Philosophy to Social Mathematics*
(Chicago: University of Chicago Press, 1975), ch. 4.

② 除了 Stigler 的 *History of Statistics*, ch. 5,还可参见 Theodore M. Porter:
The Rise of Statistical Thinking, 1820—1900 (Princeton: Princeton University
Press, 1986), esp. pp. 2, 4; Ian Hacking: *The Taming of Chance* (Cambridge/New
York: Cambridge University Press, 1990), chs. 13, 14, 19, 21; Frank H. Hankins:
Adolphe Quetelet as Statistician (New York: Columbia University Press, 1908; re-
print, New York: AMS Press, 1968)。

③ Keith M. Baker: *Condorcet, from Natural Philosophy to Social Mathematics*
(Chicago: University of Chicago Press, 1975), p. 202.

浅的方式来模仿物理学",而是"基本上逐字逐符号地复制了他们的模型"。[1] 经济学家杰文斯、帕累托和费雪宣称自己的目标是把经济学变成一门"真正的"科学。之所以选择物理学作为模型,是因为这是他们所知道的最好的科学,物理学以其知识上的成功而备受尊敬。广泛运用数学是其典型特征,这些经济学家认为这正是使一门学科成为科学的首要特征。[2] 在这个过程中,我们不仅看到思想气氛或科学气氛的压力为经济学确定了一个数学和物理学模型,而且也看到,科学家选择的特定科学模型是有价值负载的。经济学家们之所以青睐数学物理学(主要是能量物理学和理论力学),不仅因为这部分自然科学似乎提供了最富有成效的应用来源,而且也因为他们愿意模仿地位最高的那部分精确科学,从而可以赋予他们自身的努力以合法性,表明其学科显示出了精确科学的特征。[3]

但不能由此得出结论说,即使在像经济学这样与物理学如此类似的学科中,引入精确科学的技巧和话语以表明一个人的工作是"科学的"或者赢得经济学共同体同仁的尊敬就是一种容易被接受的手段。在谈论把数学热力学的技巧引入经济学的经验时,萨

---

① Philip Mirowski: *More Heat than Light*: *Economics as Social Physics*, *Physics as Nature's Economics* (Cambridge/New York: Cambridge University Press, 1989), ch. 5. 米劳斯基的论点并没有被经济学家普遍接受。它不仅被认为是极端的,而且被认为有错误,因为它并不适用于新古典主义经济学的所有奠基人,比如门格尔,甚至是瓦尔拉(见下一个注释和 § 1.5)。

② 另见 § 1.6。我们将会指出,瓦尔拉主张经济学与理论力学的相似性,但只是在他提出了自己的经济学体系之后才这样认为。也就是说,他创建其经济学并非是通过对理论力学的模仿。

③ 参见 § 1.5。

缪尔森(Paul Samuelson)指出,他的批评者怀疑他试图"夸大经济学的科学有效性",甚至"想用花言巧语去说服那些自然无法判断物理复杂性的普通经济学家"。并非如此!"事实上,"他继续说,"这种数学偏离影响了声誉,而不是提高了声誉。"①他必须避免给人留下这样一种印象,以为他是一个自以为是的年轻人,毫不在意其职业已经商定的修辞、隐喻和技术话语标准。

除了我们一直在考虑的决定性成分,自然科学对社会科学的影响还涉及各种限定性因素,包括所选择的社会科学部分在多大程度上允许所期望的自然科学输入,自然科学的发展在多大程度上可以作这样一种应用,以及这种匹配(fit)的正当性。关于所选择的社会科学部分是否允许所期望的自然科学输入,政治算术同样是一个例子。虽然格朗特和配第旨在把政治组织问题归结为数学考虑是值得称赞的,但人口统计数据并不足以实现这一目标,因此并不允许作所期望的应用。相比之下,19世纪中叶的经济学则很适合运用数学技巧,这可见于埃奇沃思(Edgeworth)、杰文斯和瓦尔拉等经济学家成功地建构了以数学为基础的理论。

所选择的社会科学部分是否适合应用某一特定输入,往往与某一学科在某一时间的发展状态有关。在创建一门建立在统计基础上的社会科学方面,凯特勒之所以比配第或18世纪的政治算术学家更为成功,一个原因在于,社会科学的实际原材料——人口统计、人口普查和社会数据——在19世纪要比18世纪更为丰富和

---

① William Breit & Roger W. Spencer (eds.): *Lives of the Laureates*: *Seven Nobel Economists* (Cambridge: MIT Press, 1986), p. 74. § 1.6 还会继续讨论这个话题。

可靠。[①] 当然,在 18 世纪末和 19 世纪初还有一个因素,那就是现代统计方法被创造出来(在一定程度上是被社会科学家自己创造出来)。凯特勒的成功和配第的失败的这两个原因都是相关社会科学的发展状态这一制约因素的一部分。

　　第二个限定因素与第一个相反,那就是自然科学在多大程度上已经发展到了允许作所期望应用的状态。政治算术的例子显示了这个因素,因为无论是算术还是初等代数都不足以对人口统计或社会数据进行分析,后者需要一种可被应用于统计数据的新数学,即概率数学。那些在 19 世纪试图创建一门基于数值的社会学的社会科学家并没有等待物理学或生物科学中出现一种合适的应用统计学模型。而凯特勒等人认识到统计学的数学方法已经发展到可以广泛应用的程度,所以他们继续向前迈进,创建了一门基于统计的社会科学。接着,他们所造就的高水平的统计社会科学就成了模

---

　　① 除了前引 Stephen M. Stigler: *The History of Statistics*: *The Measurement of Uncertainty before 1900* (Cambridge: The Belknap Press of Harvard University Press, 1986); Helen M. Walker: *Studies in the History of Statistical Method* (Baltimore: The Williams & Wilkins Company, 1929; reprint, New York: Arno Press, 1975); Hyman Alterman: *Counting People*: *The Census in History* (New York: Harcourt, Brace & World, 1969); Theodore M. Porter: *The Rise of Statistical Thinking*, *1820—1900* (Princeton: Princeton University Press, 1986); Ian Hacking: *The Taming of Chance* (Cambridge/New York: Cambridge University Press, 1990); Frank H. Hankins: *Adolphe Quetelet as Statistician* (New York: Columbia University Press, 1908; reprint, New York: AMS Press, 1968)等著作,另见 Gerd Gigerenzer, Zeno Swijtink, Theodore Porter, Lorraine Daston, John Beatty, and Lorenz Krüger: *The Empire of Chance*: *How Probability Changed Sciences and Everyday Life* (Cambridge/New York: Cambridge University Press, 1989); William Coleman: *Death is a Social Disease*: *Public Health and Political Economy in Early Industrial France* (Madison: University of Wisconsin Press, 1982)。

仿精确科学——麦克斯韦和玻尔兹曼的物理学——的一个典范。

这两个限定因素涉及这种匹配之正当性的相反方面。这里重要的是，社会科学的某个部分与自然科学的一些基本概念之间的类比有多大程度的精确性，这个话题我们将在后续章节中进一步探讨。或者，社会科学的某个部分（比如经济学）的结构可能在形式上与自然科学（比如理论力学）的某个方面非常相似，以至于类似的方程、定律和原理适用于两者。在自然科学中，我们很熟悉这种状况，比如事实证明，表达交流电的方程在形式上等同于表达振荡摆的方程。19世纪末，在生物学背景下发展起来的广义进化概念与社会或文化研究之间形成了这样一种匹配。事实证明，无论是紧密的匹配还是糟糕的匹配，许多匹配都有两个非常不同的方面，我们可以称之为类比和同源。

1.4　类比与同源

在考虑自然科学与社会科学的互动时，不妨在类比与同源之间以及这两者与隐喻之间作出区分。今天，我们一般用"类比"来指多种相似性，而在自然科学中，类比指的是功能、关系或性质的一种对应性或相似性。例如，布鲁斯特（David Brewster）在1833年称波动或起伏是"声音的一种性质，在光中也有其类比"。[1]

16

---

[1]　David Brewster：*Letters on Natural Magic*（New York：Harper & Brothers，1843），p. 181. 在 *The Glaciers of the Alps*（Boston：Ticknor & Fields，1861），p. 285 中，丁铎尔（John Tyndall）写道，"因此，沿着蜿蜒的山谷移动的河流与冰川的类比是不完备的"。

　　这种特殊的类比含义在自然史著作中特别重要,例如表达在不同物种中看似不同的器官在功能上的相似性。鸟的翅膀与蝙蝠的翅膀相比便是一个例子。每一种翅膀都能使其拥有者飞行,因此翅膀是类比物;也就是说,翅膀在这两种动物身上发挥着相似的功能,尽管鸟的翅膀上覆盖着羽毛,而蝙蝠的翅膀则是拉伸的皮肤膜。

　　在生命科学的语言中,"同源"一词有一种特定的含义,它与类比的含义非常不同,即指形态上的相似性,而不是功能上的相似性。① 一旦把注意力集中在结构(解剖学构造)而非功能(在行动中的作用),这种区分就变得很清楚了。② 对骨结构的解剖学比较表明,蝙蝠的翅膀类似于鸟的翅膀、四足动物的前肢和人的手臂。因此,鸟的翅膀和蝙蝠的翅膀、四足动物的前肢和人的手臂(以及

――――――――――

　　① 欧文(Richard Owen)把这两个术语定义如下:类比物——"动物的一个部位或器官,它与不同动物的另一个部位或器官具有相同的功能";同源物——"不同动物在每一种形态和功能下的相同器官"。Richard Owen: On the Archetypes and Homologies of the Vertebrate Skeleton (London: Richard & John E. Taylor, 1848), p. 7. 虽然欧文这样说,但我们可以用"形态的相似性"或"结构的相同性"来表示"相同器官"所体现的那种相似性。见 Ernst Mayr: The Growth of Biological Thought: Diversity, Evolution, and Inheritance (Cambridge: The Belknap Press of Harvard University Press, 1982), p. 464。

　　② 在达尔文的进化论中,类比是平行适应的结果,是不同生物体在不同但平行的进化阶段彼此独立地发展出不同方式来"适应相同的外部情况"或需求。一个例子是视觉器官,其晶状体把光集中在特殊的敏感组织上。洛伦茨(Konrad Lorenz)指出,这种"发明"是四种不同门的动物独立做出的,在其中两种门的动物(脊椎动物和头足类动物)那里,这种"眼睛"已经"演化成真的、图像投影式照相机,我们透过它而看到世界"。参见 Konrad Z. Lorenz: "Analogy as a Source of Knowledge," Science, 1974, 185: 229—234。

鱼的胸鳍和海豹的鳍状肢)是同源物。应当指出,在进化生物学中,[①]"同源"有一种严格的含义:因拥有某个共同遥远祖先而导致的不同有机体的部位或器官在结构类型上的一种对应。[②]

接下来,"类比"和"同源"这两个词将分别指功能上和形态上的相似性。但我们将会表明,这两种相似性的差异可能会导致仅仅暗示一般相似性的类比与表示具体相似性的同源之间一种相关的、有时更为明显的差异。这些区分将有助于表明社会科学是如何利用自然科学的以及自然科学是如何利用社会科学的。从不同自然科学的彼此利用中亦可看出相同的特征。[③]

我们可以以几条社会科学的定律为例来说明类比物与同源物的区分。人们在人类行为学、社会学和经济学等领域提出了几条社会定律,作为牛顿万有引力定律的类比物或同源物。牛顿定律解释了不同种类的天地现象,包括行星、卫星和彗星的轨道运动,

17

---

① 参见 Ernst Mayr: *The Growth of Biological Thought : Diversity, Evolution, and Inheritance* (Cambridge: The Belknap Press of Harvard University Press, 1982), p. 45,其中指出,"'同源'一词早在 1859 年之前就已存在,但直到达尔文建立了共同起源理论,它才获得了大家目前认可的含义。根据这一理论,生物学上最有意义的'同源'定义是:'当两个或多个分类单元中的某个特征来自其共同祖先的相同的(或相应的)特征时,就说它是同源的。'"

② "同源"(Homology)一词在一些科学中具有特殊含义。除一般的进化含义或生物学含义以外,还有化学用法(指一族有机化合物,其中每一个成员都通过某个恒常的因素而区别于序列中的下一个成员,特别是 CH_2 组),数学用法(一种拓扑分类),以及遗传学中的一种特殊用法(指两个或两个以上的染色体中相同的线性基因序列)。

③ 应当指出,在当前的语境下,我们并不是在进化生物学的严格意义上来使用"类比物"和"同源物"的,因为我们在分析社会科学与自然科学的互动时没有考虑"共同起源"。此外,由于"类比"常常被用来指不同类型的对应关系,所以有时(尤其在引用或转述他人的工作时)有必要用这个词来表示更一般意义上的相似性,而不是上述特定意义上的相似性。

海洋中出现的潮汐,在任何地方不同重量的物体都以相同的速率下落,物体在地球上的重量随纬度而变化,以及其他许多现象。牛顿定律指出,任何两个物体之间的引力与物体质量的乘积成正比,与物体之间距离的平方成反比。

　　法国经济学家瓦尔拉以及美国经济学家和社会学家凯里(Henry C. Carey)在19世纪中叶提出的定律可以说是牛顿定律的类比物,因为两者在社会学或经济学中发挥的基本功能等同于牛顿定律在理论力学和天体力学中发挥的基本功能。凯里定律是"人必然倾向于受其同胞的吸引"这条一般社会引力原则的推论。其推论是:"在给定的空间内聚集的[人]数越多,在那里施加的引力就越大。"①和牛顿定律一样,凯里定律表达了一种"引力"的属性。凯里的力与两地的人数成正比,这在形式上对应于牛顿的力与两个质量成正比。也就是说,一种力被假定为与两个变量的乘积成正比;在这个意义上,两种定律之间有一种同源性。不过在凯里定律中,力与距离成反比,而在牛顿定律中,力与距离的平方成反比。② 因此,这

---

　　①　Henry C. Carey: *Principles of Social Science* (Philadelphia: J. B. Lippincott &. Co. , 1858), vol. 1, pp. 42—43.

　　②　凯里的原话是:"引力在这里和在物质世界中的任何其他地方一样,与质量成正比,与距离成反比。"在第3卷第55章第644页,凯里扼要重述了他的物理学和社会科学。他先是陈述了"支配所有形式物质的简单定律,它们是物理科学和社会科学所共有的"。其中第一条定律是:"所有物质粒子都相互吸引,吸引力与质量成正比,与距离成反比。"顺便说一句,可以看到凯里也误解了牛顿对向心力作用下轨道运动或曲线运动的解释,比如行星在太阳引力作用下所作的运动加上它自己的惯性运动。凯里说:"一切物质都受到向心力和离心力的作用——一个力倾向于产生作用中心,另一个力则倾向于破坏这类中心,一个力倾向于产生一个大的中心质量,它只服从于一个定律。"我们注意到,凯里还引入了不同于正比和反比的比例。在第1卷第389页,他写道:"社会的运动和人的力量往往以几何比例增加……"

两种定律并非真有相同的形式，其匹配并不完美。这种同源性的失败可以被视为一个错配的（mismatched）同源性例子，在某种意义上有些类似于怀特海所说的"具体性误置"（misplaced concreteness）这一谬误。

　　此外，凯里定律中的人数是牛顿定律中质量的一种不能令人满意的同源物。质量是牛顿物理学或经典物理学的典型概念，是牛顿发明出来的。牛顿物理学中的质量是每一个物体的恒定属性，当物体被加热或冷冻，弯折或扭曲，拉伸或压缩，或者移到另一个位置（无论是地球上的另一个点，还是太空中的某个地方，甚至是月球或另一颗行星上的某个地方）时，物体的质量都不发生改变。就这个特征而言，质量不同于像重量那样的局域属性，因为重量会随着地球纬度而变化，也会随着移到月球或其他行星而变化。① 虽然凯里的概念并非牛顿质量的同源物，但在他的定律中，　18这个概念发挥的功能与牛顿的概念在万有引力定律中发挥的功能相同，也就是说，它表明社会的运作方式类似于牛顿所表明的物质

---

　　① 　牛顿的质量概念有两个不同的方面：一个（爱因斯坦之后的术语"惯性质量"）是物体抵抗被加速或发生"状态"改变的量度，另一个（"引力质量"）则是物体对某一给定重力场的响应（即重量）的量度。详见我的 *The Newtonian Revolution*：*with Illustrations of the Transformation of Scientific Ideas*（Cambridge/London/New York：Cambridge University Press，1980）。

　　牛顿认识到，在普通的（即非相对论的）理论力学中，这两种质量概念或质量量度为什么会相等没有逻辑上的解释。因此，他用一系列实验表明，一个质量总是正比于另一个质量，在任何给定的位置质量都正比于重量。对这些实验的描述见《自然哲学的数学原理》第三卷命题 6，其中报告了他如何用"金、银、铅、玻璃、沙、普通盐、木材、水和小麦"做实验，即使有小到千分之一的变化他也很容易检测出来。当然，牛顿并没有使用"引力质量"或"惯性质量"这样的术语，但他的确证明，对于所有这些材料来说，"重量"与"物质的量"（或质量）之比是相同的。

运作方式。简而言之,这两个概念虽然并不同源,用法却可以类比。但要想对比较进行详细说明,特别是试图明确无误地断言他的定律与牛顿定律之间具有形式上的相似性,我们就不得不说,凯里定律涉及一种不成功的同源性。

现在我们来谈谈瓦尔拉定律。1860 年,瓦尔拉在其职业生涯之初写了一篇短文《数学在政治经济学中的应用》。在该文中,他尝试提出一种牛顿式的经济学定律,即"商品的价格与供应量成反比,与需求量成正比"。[①] 可以认为,这条定律是牛顿引力定律的类比物,因为据说它在市场理论中所起的重要作用就像牛顿定律在行星运动理论中所起的作用一样;也就是说,它显示了经济学量之间的一种函数关系,这种关系发挥着与牛顿定律相同的功能。然而,尽管这两条定律可以因为功能上的对等而被视为类比物,尽管瓦尔拉定律在形式上很像牛顿定律,但瓦尔拉定律和牛顿定律并非真正同源。首先,瓦尔拉定律依赖于简单反比(价格与供应量成反比),而牛顿定律则是平方反比(力与距离的平方成反比)。其次,瓦尔拉定律涉及与单一的量或参数(需求量)成正比,而牛顿定律则涉及与两个量(质量)成正比。此外,瓦尔拉定律还假定价格正比于一个被相同种类或量纲的另一个"量"所除的量,也就是说,正比于一个无量纲的商或纯数值比率。显然,无论这条定律还有

　　① 　　William Jaffé: "Léon Walras's Role in the 'Marginal Revolution' of the Late 1870s," pp. 115—119 of R. D. Collison Black, A. W. Coates, and Craufurd D. W. Goodwin (eds.): *The Marginal Revolution in Economics: Interpretation and Evaluation* (Durham: Duke University Press, 1973).

其他什么特征,它都例证了一种错配的同源性。[1]

　　也许可以把凯里和瓦尔拉的牛顿式的社会定律与贝克莱尝试创建一门以万有引力为基础的社会科学进行对比。根据我前面对决定性成分的讨论,也许可以说,贝克莱的出发点是自然科学,而凯里和瓦尔拉的出发点则是社会科学。此外,与凯里和瓦尔拉不同,贝克莱是牛顿头脑敏锐的学生。[2] 他在 1713 年写作时先是正确地阐述了牛顿天体力学的原理。这绝非易事,因为 18 世纪的许多社会科学家,比如孟德斯鸠,[3] 都对牛顿的天体物理学持一种完全错误的看法。他们认为,行星和其他作轨道运动的天体处于一种平衡状态,[4] 据信这

19

----

[1]　关于瓦尔拉后来尝试论证其经济学可以类比于牛顿的理论力学,参见 Philip Mirowski & Pamela Cook:"Walras''Economics and Mechanics':Translation,Commentary,Context," pp. 189—224 of Warren J. Samuels (ed.):*Economics as Discourse* (Boston/Dordrecht/London:Kluwer, 1990)。

[2]　例如,贝克莱对牛顿的流数理论即牛顿版本的微积分作了非常重要的批判。他的《西里斯》(*Siris*)试图"把牛顿的概念吸收到化学和动物生理学更为复杂的现象中。"在《论运动》(*De motu*)中,他分析了"牛顿的引力、作用和反作用以及一般的运动概念"。参见 Gerd Buchdahl:"Berkeley, George," *Dictionary of Scientific Biography*, vol. 2 (New York:Charles Scribner's Sons, 1970), pp. 16—18。

[3]　参见 § 1.9。

[4]　对牛顿而言,由力的平衡所产生的运动只可能是匀速直线运动,而不会是沿行星轨道的曲线运动。牛顿对轨道运动或曲线运动的分析基于两个独立分量的概念上。一个是初始的惯性(或线性)运动,另一个则是向内落向力心的不断加速的运动。当然,行星或其他作轨道运动的物体实际上并没有向内偏离轨道,即使它不断落向中心;原因是,沿切线的向前运动以这样一个速度携带着该物体,使之不断从切线"落"向轨道。牛顿说,他把指向中心的力称为"向心力"(vis centripeta),以纪念曾经使用过相反的力即"离心力"(vis centrifuga)的惠更斯(Christiaan Huygens)。参见我的 *The Newtonian Revolution:with Illustrations of the Transformation of Scientific Ideas* (Cambridge/London/New York:Cambridge University Press, 1980)。由于轨道运动涉及不断向内(或指向中心)的下落加速,所以没有平衡状况。

是向心力与离心力之间的平衡。① 贝克莱断言,②社会是牛顿物质
宇宙的类比物("平行事例"),"人的精神或心灵"中存在着一种"吸
引力原则"。③ 这种社会引力倾向于把人吸引到一起,变成"社区、
俱乐部、家庭、友谊以及各种社会类别"。此外,正如在相等质量的
物体中,"彼此最近的那些[物体]之间吸引力最强",所以就"人的
心灵"而言——在其他条件不变的情况下——"关系最近的那些人
之间……吸引力最强"。他从他的类比中得出了一些关于个人和
社会的结论,比如父母对孩子的爱,一个国家对另一个国家事务的
关注,一代人对未来一代人的关注,等等。虽然贝克莱引入了社会
吸引的概念,并认为"人的心灵"及其密切关系在社会中扮演着与
质量和距离类似的角色,但他并未尝试发展出一种严格的概念同
源性,也没有把他的道德力定律加以量化。也许他由此避免了任

---

① 贝克莱完全理解牛顿的解释。他用正确的牛顿理由解释了为什么行星没有实
际向内落向中心。他写道,"造物主赋予每颗行星的直线运动使得行星没有聚集在共同的
重心"。他继续说,这个切向的或直线的组分"与吸引力原则同时起作用",产生"各自围
绕太阳旋转的轨道"。他认为,如果这个直线的运动组分能够停止,"现在得不到实现的
万有引力定律就会把它们都吸引成一个质量"(George Berkeley: "The Bond of Socie-
ty," *Works*, ed. A. A. Luce and T. E. Jessop, vol. 7 [London/Edinburgh: Thomas Nel-
son and Sons, 1955], pp. 226—227)。

② 同上,pp. 225—228;参见 George Berkeley: "Moral Attraction," *Works*, ed.
Alexander Campbell Fraser, vol. 4 (Oxford: Clarendon Press, 1901), pp. 186—190。

③ 关于贝克莱的牛顿式社会学的更多材料,参见我的"Newton and the Social
Sciences, with special reference to Economics: The Case of the Missing Paradigm," in
Philip Mirowski (ed.): *Markets Read in Tooth and Claw* (Cambridge/New York:
Cambridge University Press, 1993)—Proceedings of a Symposium at Notre Dame on
"Natural Images in Economics," October 1991。

何可能的错配的同源性。[①]

　　休谟的《人性论》(1738)提供了一个与贝克莱类似的例子,这个例子中存在着与牛顿万有引力定律的一般类比物,但没有任何同源性。休谟旨在提出一门与牛顿自然哲学相当的关于个人道德行为的新科学。[②] 他说他已经在心理学的"联想"律中发现了"一种引力,我们将会发现,它在心灵世界中产生的效果会像自然世界中那样非凡,并以各种不同形态显示出来"。[③] 简而言之,他认为心理现象展示出了相互吸引的诸方面。但他并没有提出一种心灵引力定律作为牛顿定律的直接对应,也没有提出与牛顿《自然哲学的数学原理》的那些概念同源的概念。[④]

　　除了说明类比和同源的诸方面,上述例子还说明了自然科学

---

　　① 著名社会学家索罗金(Pitirim A. Sorokin)把贝克莱正确的牛顿物理学变成了各种不正确的前牛顿解释。索罗金不仅让贝克莱利用了离心力与向心力平衡的错误观念,而且还继续嘲笑说,贝克莱认为"当向心力大于离心力时社会是稳定的"。即使在牛顿之前的物理学中,这显然也是无稽之谈;如果向心力大于离心力,那么显然就不会有稳定,而是会不稳定,缺乏平衡,正如贝克莱明确表示的,在这样的情况下将会产生向内运动。参见 Pitirim A. Sorokin: *Contemporary Sociological Theories* (New York/London: Harper & Brothers, 1928), p. 11。

　　② 参见前引 Duncan Forbes 和 James E. Force 的著作。

　　③ David Hume: *A Treatise of Human Nature*, ed. L. A. Selby-Bigge (Oxford: Clarendon Press, 1896 and reprints), pp. 12—13.

　　④ 如果真像休谟所认为的,人的行为和社会活动都受社会法则的规定,那么这就意味着有可能有一种社会科学,(如休谟所说)"有时可以导出几乎与数学科学同样普遍和确定的推论"。休谟试图建立一种个体行为的心理学,他似乎已经在构想一门最终可以付诸实践的新理论科学。关于堪比数学的社会定律的确定性,参见 David Hume: "That Politics may be Reduced to a Science," *Essays: Moral, Political, and Literary*, ed. T. H. Green & T. H. Grose (London: Longman, Green and Co., 1882; reprint, Aalen [Germany]: Scientia Verlag, 1964), vol. 1, p. 99。

是如何影响社会科学的。在每一种情况下都有人尝试创建一门牛
顿式的社会科学。他们引入一些概念或定律,旨在成为牛顿理论
力学中那些概念或定律的同源物。也许可以说,凯里和瓦尔拉提
出了不成功的同源物,而贝克莱和休谟则仅仅提出了类比物。在
18、19 世纪还有一些社会科学家,他们表达的目标没有那么明确:
仅仅在像牛顿科学组织物理现象和宇宙现象那样组织社会现象的
意义上,创建一门与牛顿体系相当的社会科学。

　　像这样尝试创建牛顿科学的一种类比物而没有任何同源物,
一个显著的例子可见于 19 世纪初的傅立叶(Charles Fourier)系
统。傅立叶声称发现了一种与引力定律相当的适用于人性和社会
行为的东西。在把自己的发现与牛顿的发现作对比时,傅立叶甚
至声称他的发现是由一个苹果引出来的。他夸口说自己的"吸引
演算"是他发现的"牛顿错过的万有运动定律"的一部分。[①]

　　1803 年,傅立叶宣布他发现了一种"和谐演算"(calculus of
harmony)时,宣称自己的"数学理论"优于牛顿的理论,因为牛顿

---

　　① 参见 *Design for Utopia*: *Selected Writings of Charles Fourier*, intro.
Charles Gide, new foreword by Frank E. Manuel, trans. Julia Franklin (New York:
Shocken Books, 1971)[orig. *Selections from the Works of Fourier* (London: Swan
Sonnenschein & Co., 1901]), esp. p. 18; *The Utopian Vision of Charles Fourier*: *Se-
lected Texts on Work*, *Love*, *and Passionate Attraction*, trans., ed., intro. Jonathan
Beecher and Richard Bienvenu (Boston: Beacon Press, 1971), esp. pp. 1, 8, 10, 81,
84; *Harmonian Man*: *Selected Writings of Charles Fourier*, ed. Mark Poster, trans.
Susan Hanson (Garden City: Doubleday & Company—Anchor Books, 1971)。关于傅
立叶,参见 Nicholas Y. Riasanovsky: *The Teachings of Charles Fourier* (Berkeley/Los
Angeles: University of California Press, 1969)and Frank E. Manuel: *The Prophets of
Paris* (Cambridge: Harvard University Press, 1962)。

及其他科学家和哲学家只找到了"物理运动定律",而他却发现了"社会运动定律"。傅立叶的社会物理学基于一个由 12 种人类情感组成的系统和一条基本的"情感吸引"定律,他由此得出结论说,只有一定数量的个人才能"和谐"地共同生活在他所谓的"聚居区"(phalanx)中。[①] 这种牛顿主义基于一种非常一般的牛顿式类比,不包含与来自牛顿物理学的概念或定律同源的任何东西。

涂尔干提供了另一个例子,即自称发现了牛顿万有引力定律的一种社会类比物。这种对牛顿物理学的模仿更令人惊讶的地方在于,它似乎倾向于涂尔干《社会分工论》(*Division of Labor in Society*)一书的结论,该书展示了对社会的有机体类比物(即生物学和医学的类比物)的广泛使用,甚至引入了生物细胞、生理机能、神经系统的作用以及其他解剖学和形态学要素。涂尔干的牛顿式社会定律依赖于两个社会因素:"相关[en rapport]个体的数目以及它们在物质和道德上的接近。"对他来说,这些因素也是"社会的体积和密度",它们的增加产生了"文明的强化",或如他在一则注释中表达的同样想法,"社会大众[mass,或译'质量']和密度的增长""决定了劳动分工的进步和文明的发展"。涂尔干把他发现的社会学定律自豪地称为"社会世界中的引力定律"。[②] 他对这一定

21

① 事实上,一些理想主义者的确按照傅立叶所建议的古怪思路建立了傅立叶主义的乌托邦聚居区,傅立叶主义在一些国家有相当大的政治势力。

② Emile Durkheim: *The Division of Labor in Society*, trans. George Simpson (New York: The Free Press, 1933; reprint 1964), p. 339. 参见 Durkheim, *De la division du travail social : étude sur l'organisation des sociétés supérieures* (Paris: Félix Alcan, Éditeur, 1893), p. 378; Durkheim, *De la division du travail social*, 5th ed. (Paris: Librairie Félix Alcan, 1926), p. 330. 第一版和第五版在这一点上是相同的。

律的表述显然是对牛顿的呼应:"劳动分工的变化与社会的体积和密度成正比,如果它在社会发展过程中不断进步,那是因为社会变得越来越致密,总体上体积越来越大。"①

涂尔干的定律说,"社会大众的所有聚集,特别是如果伴随着人口的增加,必然决定着劳动分工的进步"。② 也就是说,社会体积或密度的任何增加都必然会加剧类似职业群体之间的竞争,这将导致更大的劳动分工或职业专门化。③ 涂尔干并未提供详细的数值证据来支持他的牛顿式定律,也没有把它奠基于物理学原理,而是主要通过一种生物学类比、一条达尔文定律来为这条定律作辩护。④

涂尔干的"社会世界中的引力定律"在部分程度上类似于牛顿定律,因为它所援引的概念与牛顿所说的质量、体积和密度类似。但涂尔干的定律并未以牛顿的方式来处理两个群体或社会

① Emile Durkheim: *The Division of Labor in Society*, trans. George Simpson (New York: The Free Press, 1933; reprint 1964), p. 262. 在《自然哲学的数学原理》中,牛顿定义了物质的量度,他称之为"物质的量"(用作"物体"或"质量"的同义词),并说它与体积和密度成正比。涂尔干似乎都在体积的意义上使用了体积和质量。例如参见 pp. 262, 266, 268, 339。

② Emile Durkheim: *The Division of Labor in Society*, trans. George Simpson (New York: The Free Press, 1933; reprint 1964), p. 268. 不仅如此(p. 270),"劳动分工是……生存斗争的结果,但它是一个成熟的结局。它使对手们不必战斗到底,而是可以共存。此外,它根据自己的发展,为在更同质的社会注定会灭绝的更多的人提供了维持生存的手段"。

③ Emile Durkheim: *The Division of Labor in Society*, trans. George Simpson (New York: The Free Press, 1933; reprint 1964), pp. 256—282.

④ Emile Durkheim: *The Division of Labor in Society*, trans. George Simpson (New York: The Free Press, 1933; reprint 1964), p. 266.

的相互作用，或者处理这样一对要素之间的距离。他大概只是想暗示，他的社会引力定律与牛顿物理定律有一种基本特征上的相似性。他宣称他关于"劳动分工进步的主要原因"的"发现"揭示了"所谓文明的本质因素"，以此来断言这一发现的重要性。[①]

　　和休谟、贝克莱的例子一样，涂尔干和傅立叶的例子也显示出类比与同源之间区分的一个重要特征。类比可以有用或无用，恰当或不恰当，适度或过度，可以根据相关性对其进行评价。而同源则要通过正确性而非相关性来进行评价，因为同源蕴含着形式或结构上的同一性。凯里和瓦尔拉提出的定律意在成为牛顿式的，但——根据客观标准——与原型并不匹配。它们也非常具体，可以判断所涉及的同源性是否紧密匹配。贝克莱和休谟都满足于非 22 常一般的类比，因此不能根据适用于凯里和瓦尔拉的理由来指责他们。傅立叶和涂尔干也是如此。

　　虽然傅立叶和涂尔干的社会学中并未出现同源性的错误，但错配的同源性却是 19 世纪社会思想的另一潮流及其 20 世纪余波的典型特征，即试图创建社会有机体论。这些例子可见于卡莱尔（Thomas Carlyle）、布伦奇利（Johann Caspar Bluntschli）、利林费尔德、舍夫勒、沃尔姆斯、洛威尔（A. Lawrence Lowell）、罗斯福、斯

[①]　Emile Durkheim: *The Division of Labor in Society*, trans. George Simpson (New York: The Free Press, 1933; reprint 1964), p. 336; cf. p. 339.

宾塞和坎农等人的作品。[①]

错配的同源性是卡莱尔在《衣裳哲学》(*Sartor Resartus*,1833—1834)中对社会问题进行分析的一个显著特征。他对皮肤的社会类比的讨论提供了一个例子:

> 这样说吧,如果政府是国家的外在皮肤,把整体拢在一起加以保护,如果你们所有的手艺行会以及体力或脑力工业联盟都是肉衣裳,是政府皮肤之下的肌肉织物和骨织物,社会借此建立起来并运作下去,那么宗教就是最内在的心包织物和神经织物,这织物维持全身的生命循环。没有这个心脏织物,(工业的)骨骼和肌肉就没有活力,或只有在电击的作用下才有一些生气。皮肤会变成干瘪的皮囊,或迅速腐烂的生皮,而社会本身则成了没有生命的尸体,应该被掩埋掉。[②]

卡莱尔似乎沉迷于这些得自解剖学和医学领域的有机体比较。在

---

① 关于有机类比的使用,参见§1.7。关于罗斯福,参见他的 *Biological Analogies in History* (New York: Oxford University Press; London: Henry Frowde, 1910);以及 *Works*, vol. 12 (New York: Charles Scribner's Sons, 1926), pp. 25—60。洛威尔的有机体论社会观可见于许多著作,特别是"An Example from the Evidence of History," pp. 119—132 of *Factors Determining Human Behavior* (Cambridge: Harvard University Press, 1937)。

② Thomas Carlyle: *Sartor Resartus*, introd. H. D. Traill, *The Works of Thomas Carlyle*, 30 vols. (London: Chapman and Hall, 1896—1899; reprint, New York: AMS Press, 1969), vol. 1, p. 172. 参见 Frederick W. Roe: *The Social Philosophy of Carlyle and Ruskin* (New York: Harcourt, Brace & Co., 1921);以及 David George Hale: *The Body Politic: A Political Metaphor in Renaissance English Literature* (The Hague/Paris: Mouton, 1971), pp. 134—135。

他看来,英国正怀着"病态的不满","发烧在床,无力地"扭动,他当时世界的邪恶是一种"社会坏疽"。[1]

19世纪还有一位社会思想家着迷于过度的有机体比较,那就是曾在海德堡任教授数年的瑞士裔德国法学家布伦奇利。[2] 他写了许多著作讨论国家和社会,但其主要理论著作是《国家理论》(*The Theory of the State*,1851—1852;6th ed., 1885—1886),最极端的著作则是《关于国家和教会的心理学研究》(*Psychological Investigations concerning State and Church*,1844)。[3] 布伦奇利深受神秘主义心理学家罗默(Friedrich Rohmer)的影响,[4]赋予了

---

[1]　Thomas Carlyle: *Past and Present* (London: Chapman and Hall, 1843); Thomas Carlyle: *Sartor Resartus*, introd. H. D. Traill, *The Works of Thomas Carlyle*, 30 vols. (London: Chapman and Hall, 1896—1899; reprint, New York: AMS Press, 1969), vol. 10, p. 137; "Chartism," *Works*, vol. 29, p. 129.

[2]　*Encyclopaedia of the Social Sciences*, vol. 2 (New York: The Macmillan Co., 1937), p. 606 有 Carl Brinkmann 对布伦奇利的生平和职业生涯的简要叙述。另见 Francis William Coker: *Organismic Theories of the State* (New York: Columbia University; Longmans, Green & Co., Agents; London: P. S. King & Son, 1910—Studies in History, Economics and Public Law, vol. 38, no. 2, whole n. 101), pp. 104—114. 此外还可参见 J. C. Bluntschli: *Denkwürdiges aus meinen Leben*, 3 vols. (Nördlingen: C. H. Beck, 1884); 以及 Friedrich Meili: *J. e. Bluntschli und seine Bedeutung für die moderne Rechtswissenschaft* (Zurich: Drell Füssli, 1908)。

[3]　Johann Caspar Bluntschli: *Lehre vom modernen Staat*, 6th ed. (Stuttgart: J. G. Cotta, 1885—1886),其中第一卷有英译本 *Theory of the State* (Oxford: Oxford University Press, 1892); *Psychologische Studien über Staat und Kirche* (Zurich/Frauenfeld: C. Beyel, 1844). 布伦奇利还写了一部广为引用的参考书 *Deutsches Staats-Wörterbuch* (Stuttgart/Leipzig: Expedition des Staats-Wörterbuchs, 1857—1870)。

[4]　关于罗默,参见 Francis William Coker: *Organismic Theories of the State* (New York: Columbia University; Longmans, Green & Co., Agents; London: P. S. King & Son, 1910—Studies in History, Economics and Public Law, vol. 38, no. 2, whole n. 101), pp. 49—60。

国家 16 种心理功能,他认为这些功能都是人类特有的。[①] 他确信国家和教会都是与人相似的有机体,于是非常合乎逻辑地得出结论说,二者必定具有包括性特征在内的所有主要人类属性,国家代表"男性要素,教会代表女性要素"。这种对性的归属使他基于社会–性(social-sexual)的发展提出了一种历史理论,认为社会和国家的历史"进化"模式都遵循着个人的"进化"模式。他将教会和国家的性史从童年(古亚细亚帝国)经由青春期(犹太人的圣经时代)追溯到成年初期(古典希腊),发现在希腊,[②]"教会组织""比政治制度"成熟得更早,就像"女孩比男孩成熟更早"一样。布伦奇利错配的同源性甚为极端,读者很难想象他的以下说法是在与社会进行对应:"女孩的性器官要比男孩的性器官发育更早。年轻的乳房开始膨胀,芳华初绽的处女成了一位美人。美是希腊人狂热崇拜的灵魂。"[③]布伦奇利对性的态度使他断言,教皇使国家隶属于教会的愿望就像"在家庭中让丈夫隶属于妻子"一样"不自然"。他设想在不久的将来,"男性国家能够充分实现自我","人类的两大权力,国家和教会,将会彼此欣赏和热爱,缔结庄严的婚姻。"[④]

　　类似的怪诞想法可见于俄国社会学家利林费尔德的社会有机

---

　　①　Charles E. Merriam: "The Present State of the Study of Politics," *The American Political Science Review*, 1921, 15: 173—185 嘲笑了布伦奇利对国家的 16 种心理功能的讨论。Merriam (p. 183)写道"布伦奇利那可怕而奇妙的'政治心理学',他将人体的 16 个部位与政治[身]体的同样数目的器官进行了比较"。

　　②　*Psychologische Studien über Staat und Kirche* (Zurich/Frauenfeld: C. Beyel, 1844), pp. 54, 86—87, 引自 Werner Stark: *The Fundamental Forms of Social Thought* (London: Routledge & Kegan Paul, 1962), pp. 61—62 中的英文翻译。

　　③　同上。

　　④　同上。

体概念,他是在比较一个患歇斯底里症的女性的思想和道德状态与一种社会状况时提出这一概念的。[①] 他特别把在医学、心理学和医学史方面有过大量著述的迪普伊博士(Dr. Edmond Dupouy,约1845—1920)报告的研究结果当作这种相似性的生理基础。引用迪普伊博士时,利林费尔德描述了患歇斯底里症的女性的状况。[②] 他指出,她们"情绪不定","时而流泪,时而欢笑,时而喜悦异常,时而过度悲伤,时而热情温柔,时而倨傲愤怒,时而贞洁,时而放荡"。此外,这些女人还"喜欢引起公众注意,为了被人谈论而不惜采取一切手段:骂骂咧咧,装作虚弱或生病的样子,作出极端的敌对反应"。她们快乐地装作是"受害者,声称自己遭到了强奸"。为了"实现自己的目标,她们欺骗了每一个人:丈夫、家庭、告解神父、预审法官和医生"。[③]

　　不熟悉有机体论社会学文献的读者也许会好奇,这些症状可能对应于哪些社会表现。在作这种比较时,利林费尔德提出了一系列对应,它们显然必须被称为同源物,即使他指的是类比。他先是夸张地问,患歇斯底里症的女性的行为是否"与一座大城市的人口在金融危机期间或内乱之际的表现不无类似"。他从这些女性的行为中看到了"选举期间党派混乱无序的一幅真实画面"。他问,我们在思考过去时,难道没有看到在"人类的所有宗教革命、经

24

① 关于利林费尔德的生平和职业生涯,参见§1.8。
② Paul von Lilienfeld: *La pathologie sociale* (Paris: V. Giard & E. Briere, 1896), p. 59.
③ Paul von Lilienfeld: *La pathologie sociale* (Paris: V. Giard & E. Briere, 1896), p. 59.

济革命和政治革命"期间,"社会神经系统对立而抽搐的反射作用所导致的"同样混乱无序的行为模式吗?[1] 这一套复杂的错配的同源性无需评论。

　　还有两位分别来自 19 世纪和 20 世纪的类型迥异的作者也提供了案例史,表明社会思想易受错配的同源性的影响。第一位是斯宾塞(Herbert Spencer),一个自学成才的社会学家和哲学家;第二位是坎农,一个涉足社会学的杰出科学家。

　　斯宾塞[2]沉迷于类比和同源。斯宾塞将"盎格鲁-撒克逊王国凝聚成英格兰"比作甲壳类动物的形成,这是错配的同源性的一个极端例子,甚至连同情他的传记作者也不得不承认,这是"加在沉

　　[1]　Paul von Lilienfeld: *La pathologie sociale* (Paris: V. Giard & E. Briere, 1896), pp. 59—60.

　　[2]　J. D. Y. Peel: *Herbert Spencer: The Evolution of a Sociologist*, (New York: Basic Books, 1971); J. W. Burrow: *Evolution and Society: A Study in Victorian Social Theory* (Cambridge: Cambridge University Press, 1970); David Wiltshire: *The Social and Political Thought of Herbert Spencer* (Oxford: Oxford University Press, 1978). Robert J. Richards: *Darwin and the Emergence of Evolutionary Theories of Mind and Behavior* (Chicago/London: The University of Chicago Press, 1987)对斯宾塞的分析属于完全不同的类型。理查兹基于广泛的阅读和分析对斯宾塞的思想作了认真研究;特别是,他联系斯宾塞生前这些领域中的主要思潮使我们重新理解了斯宾塞的社会观点和生物学概念。一种反斯宾塞的观点参见 Derek Freeman: "The Evolutionary Theories of Charles Darwin and Herbert Spencer," *Current Anthropology*, 1974, 15: 211—221。另见 John C. Greene: *Science, Ideology and World View: Essays in the History of Evolutionary Ideas* (Berkeley/Los Angeles/London: University of California Press, 1981), ch. 4, "Biology and Social Theory in the Nineteenth Century: Auguste Comte and Herbert Spencer";反驳参见 Ernst Mayr: *Toward a New Philosophy of Biology: Observations of An Evolutionist* (Cambridge/London: The Belknap Press of Harvard University Press, 1988), essay 15, "The Death of Darwin?"。

闷乏味的社会学之上的……一个可疑的生物学"案例。① 这里他正在介绍自己奇特的想法,即甲壳类动物和昆虫一样是"复合动物",其体节是连接在一起的独立生命单元。②

虽然斯宾塞也从物理科学中提取类似之处,但他的社会学著作中充斥着生物关联。③ 在产生同源物方面,他的两个极端例子是:(1)把"布须曼人(Bushmen)未曾分化和片段化的结构"与"原生动物"相比较;(2)把"统治阶层、交易或分配阶层和群众"比作"肝吸虫的黏液系统、血管系统和浆液系统"。④ 其极端情形也许是,他称法国的两大国立学校是一个"双腺",旨在"分泌工程学教员为公众之用"。⑤ 斯宾塞的最后这个例子类似于沃尔姆斯在 20 世纪初基于海星等海洋动物的再生而提出的一个例子。沃尔姆斯把斯宾塞引作权威,将司法大臣莫普(Maupou)解散巴黎高等法院

25

---

① J. D. Y. Peel：*Herbert Spencer：The Evolution of a Sociologist*，(New York：Basic Books，1971)，p. 178.

② J. D. Y. Peel：*Herbert Spencer：The Evolution of a Sociologist*，(New York：Basic Books，1971)，p. 178；参见 Herbert Spencer：*Essays：Scientific，Political，and Speculative*，vol. 1 (New York：D. Appleton & Co.，1883)，"The Social Organism,"pp. 287—289。

③ 参见 J. D. Y. Peel：*Herbert Spencer：The Evolution of a Sociologist*，(New York：Basic Books，1971)，ch. 7 "The Organic Analogy",其中比较了斯宾塞使用物理学类比的例子。关于斯宾塞类比的语境,参见 Robert J. Richards：*Darwin and the Emergence of Evolutionary Theories of Mind and Behavior* (Chicago/London：The University of Chicago Press，1987)。

④ Herbert Spencer：*Essays：Scientific，Political，and Speculative*，vol. 1 (New York：D. Appleton & Co.，1883)，"The Social Organism," pp. 277—279，283—286.

⑤ Herbert Spencer：*Essays Scientific，Political，and Speculative*，vol. 3 (New York：D. Appleton & Co.，1896)，"Specialized Administration," pp. 427—428.

并且用一个新的会议取而代之比作某些动物置换残损器官。[①]

　　坎农是他那个时代最著名的科学研究者之一,他的例子比斯宾塞的例子更有趣。他的第一篇生物社会学文章(1932)题为"生物内稳态与社会内稳态的关系"(Relations of Biological and Social Homeostasis),[②]探讨了是否可以在"工业、家庭、社会等其他组织形式"中找到动物有机体中"稳定过程"的对应物,这不禁让人想起19世纪斯宾塞等有机体论者。坎农把生活在"原始条件"下的人类小群体的状况比作"孤立的单细胞生命",把人聚集成"大的集合体"比作细胞"聚集成有机体"。[③]他报告说,只有在高度发达的有机体中,"自动的稳定过程"才能"迅速而有效地"起作用。这一比较似乎表明,我们目前的社会系统类似于进化程度较低或尚未充分发育的有机体,在这两者之中,"维持内稳态(homeostasis)的生理学手段起初并未得到充分发展"。

　　坎农的主要科学研究领域是研究人(和动物)身体中的自我调节过程,强调"内环境"的作用。因此,他宣称研究社会体系是为了在"国家或民族"中找到"动物有机体的液体基质(fluid matrix)"的"对应物"。正是在这里提出一种类比时,坎农显示了其社会思想的幼稚。他写道,在社会身体中,与在生命体中维持内稳态的液体基质(在功能意义上)相对应的是

---

① René Worms: *Organisme et société* (Paris: V. Giard & W. Brière, 1896), p. 73.

② Walter Cannon: "Relations of Biological and Social Homeostasis," pp. 305—324 in his *The Wisdom of the Body* (New York: W. W. Norton & Company, 1932; revised in 1939).

③ Walter Cannon: "Relations of Biological and Social Homeostasis," pp. 309—310. 细胞学说作为社会理论的类比物来源的意义见 § 1.8。

它各方面的分配体系——运河、河流、道路和铁路。船只、卡车和火车如同血液和淋巴一样充当着共同的载体,来回运送着农场、工厂、矿山和森林的产品。[1]

　　虽然坎农试图把他的比较仅限于功能类比,但由于他的类比太过实际,他无意中陷入了错配的同源性的陷阱。当他把有机体中的细胞比作社会群体的成员,或者把淋巴和血液比作运河、河流、道路和铁路系统时,他根本无法抑制去引入同源性。

　　坎农的文章说明,使用表面上的相似性很危险。在一般类比的层面上可以认为,他关于社会像一个有机体的说法颇具原创性和启发性,至少在暗示社会的稳定性来源于某些自我调节机制。但我们也许会同意默顿(Robert Merton)的看法,认为坎农错误地引入了"生物有机体与社会系统之间实质性的类比和同源"。默顿甚至称坎农的成果是"一个无与伦比的……例子,表明即使是一个卓越的人,也会走向徒劳无益的极端"。更使这一评论意味深长的是,它出现在默顿的《显功能与潜功能》一文中,[2]默顿在这篇文章中认为,"坎农关于生理学过程的逻辑"是社会学研究者的一个典范,并推荐读者研读坎农的《身体的智慧》(*Wisdom of the Body*)一书,同时也提醒他们"那个讨论社会内稳态的结尾部分不能令人满意"。

---

　　[1]　Walter Cannon："Relations of Biological and Social Homeostasis," pp. 312, 314.

　　[2]　参见 Robert K. Merton：*Social Theory and Social Structure* (Enlarged edition, New York：The Free Press, 1968), ch. 3, pp. 101n, 102—103。

　　近十年以后,坎农又回到了这个话题,这是他在 1941 年 12 月
担任美国科学促进会主席的就职演讲的主题。[①] 在准备新版本的
过程中,坎农从职位比他低的同事、社会学家默顿那里寻求帮助和
建议,默顿寄给他一些书和文章,涉及社会有机体这一主题。坎农
现在收回了他关于细胞与社会成员相似性的早期断言,宣称"生理
身体与政治[身]体"(body politic)的比较已经名誉扫地,因为这些
比较错误地集中在"结构的细枝末节"上。[②] 对于他认为是荒谬的
(我们会说"错配的")同源性,他公开予以严厉批驳。他说,"把体
力劳动者比作肌肉细胞,把制造商比作腺细胞,把银行家比作脂肪
细胞,把警察比作白血球"是不会给我们启发的。因此,他将不去
关注结构,而是宁愿考察"生理学领域和社会领域中功能的实现"。
然而,当他再次提出之前的问题,即什么东西"在国家中对应着身
体的内环境"时,他的回答本质上和以前一样:"最接近的类比物似
乎是商品生产和分配的整个复杂系统。"

27　　　在给出身体液体基质的国家对应物时,坎农现在省略了运河
和船(尽管还保留了河流),增加了"在服务于经济往来的庞大网状
循环系统中生产和分配商品的人为和机械的所有因素"。他以不
像以前那么华丽的文笔写道:"农场和工厂、矿山和森林的产品在
其来源处进入了这个移动之流,被运送到其他地方。"他所展示的

---

① Walter Cannon: "The Body Physiologic and the Body Politic," Presidential
Address to the American Association for the Advancement of Science, in *Science*, 1941,
93:1—10.

② Walter Cannon: "The Body Physiologic and the Body Politic," Presidential
Address to the American Association for the Advancement of Science, in *Science*, 1941,
93:1—10.

实质性类比或错配的同源性和在较早的展示中一样不幸。正如律师所说,"事实自证"(*Res ipsa loquitur*)。

在考虑这些错配的同源性的例子时,敏锐的读者会觉得它们显得怪诞,如果注意到个中原因,我们的评价也许会有所改进。为什么我们读到布伦奇利、利林费尔德和斯宾塞等有机体论社会学家的著作时会觉得好笑,并且持一种居高临下的态度,而在遇到像杰文斯的杠杆或瓦尔拉的经济机器(接下来会讨论)那样的物理模型,或者看到有人无数次尝试在社会科学领域中寻找牛顿宇宙的类比物时却不会这样呢?原因并不只是其中一组基于生物学,而另一组基于物理学。凯里后来试图基于电学提出一种与他的太空社会学(astro-sociology)相匹敌的社会学,也许会和有机体论者的体系一样容易招致我们的嘲笑。①

我相信我们对某些社会比较的负面评价至少部分是基于这样一个事实,即生物学上的对应物通常是一个实际对象、一个实际的生命,它被赋予了各种生命力,会遇到生命中的所有问题,如疾病、衰老、焦虑等。而物理学上的相似物则不是具体的,而是抽象的和理论的。杰文斯所说的杠杆实际上是一种数学杠杆,因此并没有颜色、硬度、重量等物质属性或长度以外的物理量纲。建立在引力宇宙基础上的关联利用了抽象概念,就像牛顿在《自然哲学的数学

---

① Henry C. Carey: *The Unity of Law* (Philadelphia: Henry Carey Baird, 1872), pp. 116—127;嘲弄的批评参见 Werner Stark: *The Fundamental Forms of Social Thought* (London: Routledge & Kegan Paul, 1962), pp. 156—160。

原理》第一卷中所做的那样。① 也就是说,在第一卷中,具有物质尺寸、形状和类似属性的实际行星并不存在,存在的只有质点,其属性是数学空间中的位置、质量以及产生引力并且受引力作用的能力。因此,与来自地球生物的比较来源不同,来自物理学的比较来源往往是抽象的,②甚至可能主要充当方程的来源。③

布伦奇利、利林费尔德和斯宾塞认为,社会本身是一个有机体或者很像一个有机体,而杰文斯、瓦尔拉、帕累托、费雪等"机械经济学家"(mechanical economists)则宣称,经济学与力学类似,因为经济学方程与经典力学方程非常相似。因此,有机体论者的社会观的问题不在于他们在生命系统中发现了类似物,而在于他们没有像那些从物理学中提取类比的人那样把自己的思考放在一个抽象层面上。他们之所以走过了头,是因为他们的目标是创建一种同源,而不是创建一般的类比。他们的程序很像怀特海所说的"误

---

① 参见 § 1.5 结尾对牛顿风格的讨论和我的"Newton and the Social Sciences, with special reference to Economics: The Case of the Missing Paradigm," in Philip Mirowski (ed.): *Markets Read in Tooth and Claw* (Cambridge/New York: Cambridge University Press, 1993)。

② 事实上,一些基于物理学模型的社会思想体系似乎和那些基于生物学模型的社会思想体系一样荒谬可笑,比如凯里过分的电学类比。另一类极端模型见 Bradford Peck: *The World a Department Store: A Story of Life Under a Cooperative System* (Lewiston [Me.]: B. Peck, c1900)。

③ 参见 Claude Ménard: "La machine et le coeur: essai sur les analogies dans le raisonnement economique," in *Analogie et Connaissance*, vol. 2: *De la poésie à la science* (Paris: Maloine éditeur, 1981—Séminaires Interdisciplinaires du Collège de France), pp. 137—165 对这些话题的重要讨论;以及 Pamela Cook & Philip Mirowski 翻译的"The Machine and the Heart: An Essay on Analogies in Economic Reasoning," *Social Concept*, December 1988, 5 (no. 1): 81—95。由于此翻译略去了数学附录和讨论,所以最好是查考原文。

把抽象当具体"，即误把对社会理论的抽象当成了一个具体的实际生物有机体。在讨论整个社会、政治制度或经济制度时利用有机体类比并非谬误。人们常常使用来自政治［身］体的生物概念，比如国家元首、政府神经、社会或经济的健康状态、消耗、动脉和其他许多东西。社会有机体论最严厉的批评者之一施塔克（Werner Stark）虽然说利林费尔德的理论是"疯话"和"胡说"，却也承认在谈论社会的某些方面时，

> 我们常常试图用有机体的比喻来表达它们：诸如"一个部门跛行在后"或"一个部门与其余部门脱节"这样的表述往往像是在人的头脑中自发形成，并试图付诸人的笔端。单凭这一点就表明，有机体有很深的根源，其基本隐喻并不荒谬，即使它的支持者把它变得如此。①

今天关于社会、社会问题或社会思想系统，关于政治制度和国家的许多话语仍然在继续使用与生命系统有关的意象，即使通常不再像 19 世纪有机体论者及其在 20 世纪初的一些继承者那样极端。当前的使用往往在类比和隐喻的层面，而不在同源的层面，使用的是一般和抽象的东西，而不是特定和具体的东西。②

---

① Werner Stark：*The Fundamental Forms of Social Thought* (London：Routledge & Kegan Paul，1962)，pp. 73—74。

② 这里我们再次会想到怀特海所说的"具体性误置的谬误"；参见 Alfred North Whitehead，*Science and the Modern World* (New York：The Macmillan Company，1931)，ch. 4，pp. 82，85。

1.5　隐喻

29　　到目前为止,我们一直在考虑类比和同源,但尚未提出一般的隐喻问题。① 当我们联系自然科学与社会科学的互动来讨论隐喻时,有时不妨区分涉及比较的四个话语层次。一个极端层次是隐喻,另一个极端层次是同一性,类比和同源则是中间两个层次。我们很容易通过社会科学中利用的生物学和物理学来说明这四个话语层次。

　　首先是同一性。"什么是社会?"斯宾塞问。他的回答是,"一个有机体"。② 另外两个信仰"同一性"的人是布伦奇利和利林费尔德。我们已经看到,布伦奇利把性赋予了社会及其机构,我们也将会看到,利林费尔德——比如在他的一部重要著作的标题中——明确宣称,他认为社会是一个"实际的"有机体。舍夫勒(尽

---

① 讨论隐喻的著作包括 Max Black: *Models and Metaphors: Studies in Language and Philosophy* (Ithaca: Cornell University Press, 1962); Arjo Klamer (ed.): *Conversations with Economists* (Totowa, [N. J.]: Rowman & Lilienfeld, 1983); Donald N. McCloskey: *If You're So Smart: The Narrative of Economic Expertise* (Chicago/London: The University of Chicago Press, 1990); 以及 Andrew Ortony: *Metaphor and Thought* (Cambridge/London/New York: Cambridge University Press, 1979)。关于从古到今隐喻使用的一部简要但却清晰的历史,参见 Mark Johnson (ed.): *Philosophical Perspectives on Metaphor* (Minneapolis: University of Minnesota Press, 1981)。这个话题也出现在经济学讨论中,特别是 Philip Mirowski (ed.): *Markets Read in Tooth and Claw* (Cambridge/New York: Cambridge University Press, 1993)。

② Herbert Spencer: *The Principles of Sociology*, 3rd ed. (New York: D. Appleton and Company, 1897), vol. 1, part 2, § 1, "What is a Society?", § 2, "A Society is an Organism."

管他在理论中作了一些限定）和沃尔姆斯（至少在其早期阶段）同样要归于此类。信念处于另一个极端的那些人只是比喻性地声称，社会总体上像一个有机体，或者在某些特定方面像一个有机体；他们采用了一种有机体隐喻，比如涂尔干、坎农和晚期阶段的沃尔姆斯等人。隐喻层次一直是政治［身］体概念的一个一贯特征，这个概念已经陆续说明了生理学和医学中发生的变化，在17世纪之前是盖伦式的，然后是哈维式的，等等。①

　　从传统上讲，隐喻是一种文学的（审美的或修辞的）修辞格。在亚里士多德看来，隐喻赋予某种东西一个本属于另外某种东西的名称。② 由于隐喻和类比都援用了差异性和相似性的特征，所以很容易理解为什么并不总能在它们之间作出清楚的区分。在历史上，隐喻和类比是密切相关的；亚里士多德认为，类比只是隐喻的一种特殊情形。③ 此外，如果用法主要是文学上的——即审美

---

　　① 参见 Judith Schlanger：*Les metaphores de l'organisme*（Paris：Librairie Philosophique J. Vrin，1971）。

　　② *Poetics*，1457b，1459a，148a。

　　③ 亚里士多德认为类比是一种涉及"四词项比例"的特殊隐喻。设这个比例是

夜晚：一天：：老年：一生，

或者

夜晚比一天等于老年比一生，

由此我们得到，

老年是一生的夜晚。

这里有一个隐喻，它把某种东西（夜晚）归于某种它并不属于的东西（一生）。对于

夜晚是一天的老年

来说也是如此。

W. Stanley Jevons：*The Principles of Science：A Treatise on Logic and Scientific Method*（2nd and final edition，reprint，New York：Dover Publications，1958），p. 627 基于国家的总理和船的船长给出了一个类似的例子，得出的关系是：总理是国家的船长。

的或修辞的——而不是逻辑论证的一个方面,那么甚至可以把一种与同源用法近似的特异性(specificity)视为隐喻。

　　长期以来,隐喻一直被用作一种修辞手段来增强口语和书面交流,以增强所传递信息的效果,但是在17世纪科学革命时期,修辞不再受人青睐。"新哲学"的倡导者和实践者都认为,应当用实验和观测的朴素的描述性语言来展示科学,然后进行严格的归纳或推理,其中每一步都应当清楚易懂,没有任何修辞性的华丽辞藻使读者的注意力远离证据和逻辑。这是数学备受尊重的原因之一,因为数学也许是我们所能想象的最无修辞的语言。[①]

　　隐喻的一个经典例子——把一个描述性的词分配给它并不严格适用的某个对象——是《圣经》把人生比作朝圣。这方面最著名的隐喻也许是莎士比亚把人生比作一段路。常见的隐喻包括铁石心肠、敏锐的头脑、国家首脑、费尽心思(leaving no stone unturned)和法律之眼(eye of the law)。詹姆斯一世在加冕之后不久曾经用过一个惊人的隐喻。他告诉议会:"我是丈夫,整个岛屿

――――――――――

　　① 有一些著作特别联系17世纪的科学讨论了修辞,比如 David Johnston: *The Rhetoric of Leviathan: Thomas Hobbes and the Politics of Cultural Transformation* (Princeton: Princeton University Press, 1986); Alan G. Gross: *The Rhetoric of Science* (Cambridge/London: Harvard University Press, 1990); Peter Dear (ed.): *The Literary Structure of Scientific Argument* (Philadelphia: University of Pennsylvania Press, 1991); Steven Shapin & Simon Schaffer: *Leviathan and the Air-Pump: Hobbes, Boyle, and the Experimental Life* (Princeton: Princeton University Press, 1985); Marcello Pera: *Scienza e retorica* (RomelBari: Laterza, 1991); M. Pera & William R. Shea (eds.): *Persuading Science: The Art of Scientific Rhetoric* (Canton, [Mass.]: Science History Publications, USA, 1991).

是我合法的妻子；我是头，它是我的身体。"[①]

使用隐喻并不必然蕴含某种技术知识或科学知识。当我们使用"面如冷石"(marble brow)这一隐喻时，意思仅仅是指现实中人的面容像大理石雕像的面容一样冷和白。在这种语境下，我们无需知道任何有关大理石的化学结构或表面性质的知识。但由于隐喻也可能基于博学，所以不妨区分通俗的、粗糙的或非技术性的隐喻与更有学识地援用某种自然科学要素的隐喻。通过考虑"政治〔身〕体"隐喻中的"身体"，我们可以清楚地看出二者的差别。[②] 一个不涉及自然科学的非技术性隐喻的例子可见于《哥林多后书》，在那里，圣保罗提出了身体器官和身体部位的等级结构——从头部和心脏到四肢及腹部——而没有提到任何医学或生理学。那则经常被人提起的关于脚和肚子的伊索寓言也是如此，脚之所以反抗，是因为脚自认为已经完成了所有工作，而肚子只是舒适地躺在那里，没有做任何有用的事情。[③] 也许可以把这些例子与詹姆斯一世的一则陈述作对比，他把不断扩张的大都市伦敦比作脾脏，说"它的增加会使身体瘦弱"。在这里，他是把隐喻建立在医生对脾脏功能的认识上。也就是说，他是在援引城市运作与人体器官（从

---

① James I: "Speech of 1603," in Charles H. McIlwain (ed.): *The Political Works of James I* (Cambridge: Harvard University Press; London: Humphrey Milford, Oxford University Press, 1918), p. 272; 参见 David George Hale: *The Body Politic: A Political Metaphor in Renaissance English Literature* (The Hague/Paris: Mouton, 1971), p. 111.

② 关于政治〔身〕体概念的历史，参见 David George Hale: *The Body Politic: A Political Metaphor in Renaissance English Literature* (The Hague/Paris: Mouton, 1971)。

③ 同上。

技术层面来理解的）功能之间的相似性。[①]

　　所有这四种话语层次都可以从牛顿物理学的社会应用中看出来。[②] 首先,存在着同一性的可能性,即认为社会世界是一个按照
31　牛顿世界体系的原理运作的机械系统。[③] 此外,还有一些人(比如凯里和瓦尔拉)尝试提出牛顿体系的同源物,即社会领域中与牛顿万有引力定律形式相同的定律;休谟、傅立叶和涂尔干则认为自己提出了这样一条定律,它在社会学中所起的作用就类似于引力定律在牛顿体系中所起的作用。而其他人仅仅认为,在隐喻的层次上,社会学或经济学应当是一门"科学",它将以某种未经指明的方式像牛顿的《自然哲学的数学原理》组织物理科学那样对主题进行组织。这似乎正是 1866 年汉密尔顿(Hamilton)"大声疾呼"(*cri de coeur*)的意图:

　　　　虽然相对而言在某些观念上要比牛顿之前的星体哲学更先进,但它[社会哲学]几乎同样需要《社会哲学的数学原理》

---

　　① 关于詹姆斯一世对脾脏的陈述,参见 "Speech in Star Chamber, 1616," *Political Works*, p. 343; David George Hale: *The Body Politic: A Political Metaphor in Renaissance English Literature* (The Hague/Paris: Mouton, 1971), p. 111, n. 19。关于这个主题,参见 Marc Bloch: *The Royal Touch: Sacred Monarchy and Scrofula in England and France*, trans. J. E. Anderson (London: Routledge &. K. Paul, 1973)。

　　② 参见 § 1.5、§ 1.7 和 § 1.8。

　　③ 参见 § 1.10 中德萨吉利埃的例子。关于这个主题,参见 Otto Mayr: *Authority, Liberty, &. Automatic Machinery in Early Modern Europe* (Baltimore: The Johns Hopkins University Press, 1986); John Herman Randall, Jr.: *The Making of the Modern Mind: A Survey of the Intellectual Background of the Present Age* (Boston: Houghton Mifflin, 1968), ch. 13。

（PRINCIPIA MATHEMATICA PHILOSOPHIAE SOCIA-
LIS）或者说《第一原理》（PRINCIPIA PRIMA）。[①]

汉密尔顿在解释中提出了他所谓的"牛顿的社会学观念"，主张

> 决定人类社会状况的原因或定律是普遍的，因此决定个
> 人和国家的社会命运的原因是相同的。

已被证明对社会科学有意义的各种牛顿式隐喻都由社会科学
的一种牛顿范式所组成，它基于一般的牛顿方法，运用一种被我称
为"牛顿风格"的程序。[②] 这种"风格"并非是指牛顿使用的一套数

---

① 引自 Robert S. Hamilton 的 *Present Status of the Philosophy of Society*
(1866)in L. L. Bernard & Jessie Bernard: *Origins of American Sociology: The Social
Science Movement in the United States* (New York: Thomas Y. Crowell Company,
1943), p. 711；关于"真的社会哲学的数学原理"的一个类似引用参见 p. 265。汉密尔
顿(*Present Status of the Philosophy of Society*, p. 258)相信两条社会学原理，一条是
哥白尼体系的类比物，另一条则是牛顿万有引力定律的类比物；但他并不完全理解牛顿
科学，而是把"向心"力和"离心"力称为平衡的"作用"和"反作用"。L. L. Bernard 和
Jessie Bernard 指出，在这方面，汉密尔顿的定律类似于凯里的定律和布里斯班(Arthur
Brisbane)的"宇宙"吸引定律。虽然汉密尔顿对牛顿表示钦佩，甚至认为他自己已经提
出了社会学的哥白尼和牛顿原理，但他也认为，社会科学可能变得更接近于地质学的类
比物，而不是天文学、物理学、化学等科学的类比物。在这方面，他的观点与赖特(R. J.
Wright)的类似(Bernard & Bernard, p. 306)，后者认为，社会科学"不应与……化学、天
文学甚至是道德哲学或政治经济学相比，而应与……地质学或形而上学相比"。

② 我在 *The Newtonian Revolution: with Illustrations of the Transformation of
Scientific Ideas* (Cambridge/London/New York: Cambridge University Press, 1980)
和"Newton and the Social Sciences: The Case of the Missing Paradigm," in Philip Mi-
rowski (ed.): *Markets Read in Tooth and Claw* (Cambridge/New York: Cambridge
University Press, 1993)中详细讨论了牛顿风格。

学方法——几何学和三角学、代数、比例、无穷级数和流数——而是指想象中的理想系统与物理自然中实际观察到的系统之间发生对位互动的各个阶段。

《自然哲学的数学原理》先是考虑了一个理想化的世界,它是一种心灵构造,由单个数学粒子和数学空间中一种中心指向的力所组成。在这些理想化的条件下,牛顿可以从作为《自然哲学的数学原理》公理的运动定律中自由地导出数学推论。在接下来的阶段,在对比了这个理想世界与物理世界之后,他给这个理智构造补充了进一步的状况,比如引入第二个物体,它将与第一个物体发生相互作用,然后再探讨新的数学推论。再后来,他再次比较数学领域和物理世界,比如引入第三个发生相互作用的物体对这一构造进行修正。这样一来,通过引入不同形状和构成的物体,他就能分阶段地越来越接近那个实验和观察的世界的状况,最后考虑在各种类型的阻滞媒质而不是自由空间中移动的物体。

因此,《自然哲学的数学原理》既展示了一个理想世界的物理学,又显示了因为理想条件不同于经验世界而导致的问题。例如,牛顿表明开普勒的第一、第二行星运动定律只有在单个质点围绕一个数学力心旋转的数学条件或理想条件下才是完全正确的,然后他提出如何对纯形式的开普勒定律加以实际修正才能符合对宇宙的观测。可以准确地说,在《自然哲学的数学原理》这部著作中,牛顿依次探讨了在实验和观测的外部世界中对理想定律加以修正的种种方式。

马尔萨斯(Thomas Malthus)的《人口论》(*Essay on Popula-*

tion)也采用了类似的程序。① 马尔萨斯表述了一个基本原理,即
"如果不加控制,人口就会以几何比例增长"。后来的版本说:"根
据已知的生育定律,所有动物必定能以几何级数增长。"② 这条定
律显然不是根据归纳法从大量观察中归纳出来的结果。事实上,
这条定律只有对未加控制的人口来说才是正确的。事实上,马尔
萨斯《人口论》中有很大一部分内容是在解释人口为什么并不如此
增长,并试图给出证据。

　　马尔萨斯并没有说,我们所看到的人口实际上是以几何比例
或指数比例增长的;他明确表示,如果对人口增长不加控制,情况
才会如此。我们立即可以看到这句话与牛顿的第一条公理或运动
定律的相似性。牛顿并没有说所有物体都作匀速直线运动或保持

---

　　① 关于马尔萨斯牛顿主义更完整的讨论,参见我的"Newton and the Social Sci-
ences: The Case of the Missing Paradigm," in Philip Mirowski (ed.): *Markets Read in
Tooth and Claw* (Cambridge/New York: Cambridge University Press, 1993)。另见
Anthony Flew: *Thinking about Social Thinking: the Philosophy of the Social Sciences*
(Oxford: Basil Blackwell, 1985), ch. 4, § 1。

　　② Thomas Robert Malthus: *An Essay on the Principle of Population as it Af-
fects the Future Improvement of Society* (London: printed for J. Johnson, 1798). 这部
匿名出版的著作常常被称为"第一论文"(first essay),它有两次再版,一个是 Antony
Flew 编辑的版本(Harmondsworth: Penguin Books, 1970),同时包含了最初连同作者
的名字出现在扉页的马尔萨斯的 *A Summary View of the Principle of Population*
(London: John Murray, 1830),另一个是 *Population: the First Essay* (Ann Arbor:
The University of Michigan Press, 1959),没有注释,但有 Kenneth E. Boulding 撰写的
前言。第二版(1803)被彻底增补修订,一般认为它"几乎是一本新书",有时被称为"第
二论文"(second essay)。该版本文见 *An Essay on the Principle of Population*, intro.
T. H. Hollingsworth (London: J. M. Dent & Sons, 1914—Everyman's Library)。关于
马尔萨斯,参见 Thomas Robert Malthus: *An Essay on the Principle of Population—
Text, Sources and Background, Criticism*, ed. Philip Appleman (New York/London:
W. W. Norton & Company, 1976—Norton Critical Editions in the History of Ideas)。

静止。恰恰相反，他说物体会保持这两个"状态"中的某一个，除非有外力导致状态变化。《自然哲学的数学原理》想知道为什么自然界的定律会不同于纯抽象世界的定律，同样，马尔萨斯想知道为什么实际人口不会像在理想的或想象的世界中那样按照几何比例增长。

　　在《人口论》中，马尔萨斯将他对人口增长定律的表述与牛顿联系起来。他怀着极大的敬意引用牛顿的说法，尽管牛顿从未对人口或人口增长发表过任何看法。我们也许注意到，马尔萨斯在剑桥读本科时在数学和数学物理学方面表现出色。当时他不仅研究了关于牛顿自然哲学的解说，而且还研究了《自然哲学的数学原理》。① 他对牛顿的运用表明，牛顿的自然哲学对社会科学产生了卓有成效的影响：不是作为类比或同源的一个来源，而是在于被我称为"牛顿风格"的那种隐喻方式。

　　对社会科学特别是经济学作过批判历史分析的人并不总能明确区分类比与同源，尽管他们敏锐的注意力所聚焦的案例——边际主义经济学或新古典主义经济学的诸方面——展示了类比与同源的例子。特别是，这些分析者都强调隐喻。在他们的用法中，隐喻既包括类比，也包括同源，但还可以包括经济学家试图借用、仿效、模仿或以任何方式运用的自然科学（包括数学）的概念、定律、理论、方法、模型、标准甚至是价值。

---

① 参见 Anthony Flew：*Thinking about Social Thinking：the Philosophy of the Social Sciences* (Oxford：Basil Blackwell，1985)。

　　对 19 世纪末边际主义经济学家或新古典主义经济学家的认真考察清楚地揭示了一般隐喻以及特定类比或同源的双重作用。在 19 世纪,牛顿仍然象征着科学成就的最高水平,与牛顿科学有关的词汇——"理论的"[或"理性的"]、"精确的"甚至是"数学的"——是处于巅峰的科学的标志。因此,对牛顿"理论"力学(补充了拉格朗日原理、拉朗贝尔原理和哈密顿原理以及像能量这样的非牛顿概念)的模仿是把经济学与最成功的自然科学分支联系起来。这种联系基于一个隐喻。但与此同时,理论力学的概念、原理甚至是方程为经济学提供了有用的对应——类比物和同源物。

　　这些探讨使我们注意到,自然科学与社会科学的互动有一个非常重要的方面,那就是价值系统的转移。杰文斯宣称理论力学一直在使用微分方程,以捍卫自己把数学引入经济学的尝试。杰文斯这样说是为了实现两个目标。他既要证明把微积分引入社会科学是正当的,又要暗示经济学就像理论力学一样,因为理论力学当时被视为所有其他科学都应当努力模仿的典型的精确科学。简而言之,他暗示经济学共享了当时被认为代表着精确和成功之巅峰的那门科学分支的价值。①

　　隐喻的价值负载方面往往从社会科学据信需要模仿的自然科学特定部分的转变中清晰地表现出来。在这方面,边沁(Jeremy

---

① W. Stanley Jevons: *The Theory of Political Economy*, 2nd ed. (London: Macmillan and Co., 1879), preface; 参见后来版本中的这篇序言,比如(New York: Augustus M. Kelley, 1965—reprint of the fifth edition, 1911), pp. xi-xiv。关于杰文斯的经济学,参见 Margaret Schabas: *A World Ruled by Number: William Stanley Jevons and the Rise of Mathematical Economics* (Princeton: Princeton University Press, 1990)。

Bentham)的例子很有启发性。在他生活的不同时期,他认为社会的技艺和科学应当以医学为蓝本,甚至说"立法的技艺只不过是在大尺度上实践的治疗术罢了"。他又补充说,这并非"纯粹幻想的"意象。但在其他时候,他又以新的化学作为典范,甚至设想自己就是它的拉瓦锡。① 他曾赞扬治疗和保健的有益实践,也称赞过对知识的彻底重构。

我们可以从恩格斯对马克思的两篇颂词中更清楚地看到隐喻的这一特征。在马克思墓旁,恩格斯在颂词中将马克思与达尔文相比,暗示马克思和达尔文对当时思想的巨大影响以及他们观念的革命性。后来,在为《资本论》第二卷编辑马克思的遗作时,恩格斯改变了他关于马克思历史地位的比喻。现在,正如他在导言中所写,他发现马克思的对应者是化学革命的主要发动者(恩格斯用好几段话来证明这一点)拉瓦锡。② 虽然达尔文和拉瓦锡都象征着科学的伟大,但他们代表着不同种类的科学,所引出的隐喻包含不同的价值观和成就。达尔文和拉瓦锡都是革命的原因,但却属于非常不同的类型。达尔文从根本上改变了我们关于物种及其永恒性的概念,他的思想挑战了许多知识信念领域中的现有秩序。拉瓦锡重新组织了物质科学,他的工作使我们有了一个新的、非常不同的角度来看待物质构成,要求所有物质,无论是天然的还是合成的,都被赋予新的名称。达尔文把一门现有的科学颠倒了过来,

---

① Mary P. Mack: *Jeremy Bentham: An Odyssey of Ideas*, 1748—1792 (London: Heinemann, 1962), p. 264.

② I. B. Cohen: *Revolution in Science* (Cambridge, The Belknap Press of Harvard University Press, 1985), suppl. § 14.1 讨论了这个片段及其意义。

拉瓦锡则创建了一门新科学。拉瓦锡由一门旧学科创建了一门合
法的科学,正如恩格斯所说,这就像马克思在创建"科学的"经济学 35
时所做的那样。

　　隐喻蕴含着做科学之方式的诸多方面,只要历史焦点或分析
重点宽到足以涵盖做科学——不论是自然科学还是社会科学——
的整个社会思想基体,就必须考虑这些因素。这些考虑所属的对
科学的一般历史解释今天通常被称为"外部"解释。[①] 有人指出,
"能量隐喻"之所以被新古典主义经济学家所采用,主要原因并不
是它提供了一个准确的等价物,而在于它援用了与物理学体系相
关联的价值。[②] 由此我们想到,选择特定的隐喻来描述自然科学
与社会科学的互动可能会暗示这样一些价值系统,它们与概念、原
理和定量要素的相容性同样重要甚至更为重要。

1.6　类比的作用

　　类比和相似类型的关联(correlation)构成了自然科学与社会
科学互动的重要方式。这些互动很像不同自然科学分支之间发生
的那些影响。它们来自这样一种认识,即一门学科的观念、概念、

　　[①]　参见 Steven Shapin & Simon Schaffer: *Leviathan and the Air-Pump: Hobbes, Boyle, and the Experimental Life* (Princeton: Princeton University Press, 1985)。

　　[②]　参见 Philip Mirowski: *More Heat than Light: Economics as Social Physics, Physics as Nature's Economics* (Cambridge/New York: Cambridge University Press, 1989); Arjo Klamer (ed.): *Conversations with Economists* (Totowa, [N. J.]: Rowman & Lilienfeld, 1983); Donald N. McCloskey: *If You're So Smart: The Narrative of Economic Expertise* (Chicago/London: The University of Chicago Press, 1990)。

定律、理论、方程组、研究方法、数学工具或其他要素类似于另一门学科的某个要素，或具有一些性质，使之能被有用地引入另一门学科。隐喻一直充当着发现工具，它将一个问题归结为另一个已经解决的问题，或者把某个或某些已经证明自身价值的要素引入一个非常不同的知识领域。边沁曾说，来自类比的暗示是科学发现所能利用的最重要的工具之一。[1]

使用类比通常是为了证明一种新的或激进的方法或理论是正当的。基于微积分已被成功地应用于理论力学这样一个类比而把高等数学（如微积分）引入经济学便是一例。类比的一个相关用途是帮助解释深奥的概念，这可见于所有对广义相对论的介绍。类比也可用来使一个困难的或奇怪的想法显得合理，从而使之被科学共同体接受。弗洛伊德的作品中就有这样一个实例。

36

弗洛伊德犹豫是否要完整阐述他的一个激进而困难的概念，他仅在 1890 年的《释梦》（*Interpretation of Dreams*）中作为一项"怀疑"将其引入。正如他在 1924 年写到的，它认为人有两个不同的记忆系统，其中一个"接受知觉，但并不保留其永久痕迹"，另一个则将"永久的兴奋痕迹"保存在知觉系统背后的"记忆系统"中。[2] 到了 1924

---

[1] Mary P. Mack: *Jeremy Bentham: An Odyssey of Ideas*, 1748—1792 (London: Heinemann, 1962), pp. 275—281.

[2] Sigmund Freud: "A Note upon the 'Mystic Writing Pad,'" *The Standard Edition of the Complete Psychological Works*, vol. 19 (London: The Hogarth Press, 1961), p. 228 作了解释。《释梦》出版 20 年后，弗洛伊德在《超越快乐原则》（*The Interpretation of Dreams, in Beyond the Pleasure Principle*, 1920）中更清晰地认识到（正如他在 1924 年所说），"无法解释的意识现象产生于知觉系统中而不是永久痕迹中"（同上）。另见 ed. cit., vol. 5, p. 540 和 vol. 18, p. 25; 在后一出处中，弗洛伊德进一步指出，Breuer 已经作了这一区分。

年,他发现有一种被称为"神秘写板"(Mystic Writing-Pad)的机械
装置(今天美国所谓"魔板"[magic plate]的一个旧版本)似乎模拟
了其概念的一些主要特征。受此鼓励,弗洛伊德完整地描述了他
关于人类记忆的想法,提出可以把写板看成"我们感知器官的假想
结构"的一个类比物。①

　　类比在弗洛伊德的思考和阐释中非常重要。事实上,其作品
的"标准"版本中包含着一个单独的类比索引。弗洛伊德最著名的
类比是他从文学尤其是希腊悲剧中借以表述和描述(甚至命名)概
念的那些类比。弗洛伊德意识到,在他的文化和人类学研究——
例如《图腾与禁忌》(Totem and Taboo)和《摩西与一神教》(Moses
and Monotheism)——中,"我们仅仅是在讨论类比",他很清楚"将
人和概念与之在其中起源和演进的环境割裂开来"是多么危险。
有人指出,通过援引类比,弗洛伊德"将宗教比作一种集体的强迫
性神经官能症,或者不恰当地允许哈姆雷特苦于俄狄浦斯情
结"。②

　　在科学革命的形成期,对类比的明确运用被引入了科学。在
对这一主题的广泛研究中,韦克斯(Brian Vickers)发现在文艺复

---

　　① 同上。这种写板是一块覆盖着两张薄片(一片是薄纸,另一片是赛璐珞)的树
脂板或塑料板,可以用尖笔在上面书写。提升薄片会擦除信息,但弗洛伊德发现,被擦
除的信息实际上被读入了写板的"记忆"中。这种机械类比物起了两种作用,在类比物
的使用中常常可以看到:(1)使他之前假设的猜想显得足够合理,促使他完整阐述了他
的想法,(2)使他困难的记忆结构概念变得可以理解,从而可以被精神分析界接受。

　　② Freud: "Civilization and Its Discontents," *The Standard Edition of the Com-
plete Psychological Works*, vol. 21, p. 144. 参见 Donald M. Kaplan: "The Psychoanal-
ysis of Art: Some Ends, Some Means," *Journal of the American Psychoanalytic Asso-
ciation*, 1988, 36: 259—302, esp. 259—260。

兴晚期和 17 世纪初,对待类比的态度构成了新科学偏离神秘传统的一个重要议题。① 根据韦克斯的说法,新科学强调"词与物的区分,字面语言和隐喻语言的区分"。而在神秘传统中,词却"好像被当作事物来处理,仿佛可以代替事物一样"。因此,类比并不像在科学传统中那样是"从属于论证和证明的解释工具,或是使模型可以得到检验、纠正甚至放弃的启发式工具",而是"构想宇宙中关系的模式,这些模式使思想变得具体、僵化并且最终渐渐主导了思想"。如果一定要对这一结论作出修改,那么我会补充说,对于科学家而言,类比也充当着一种发现工具。

　　开普勒是大量使用类比的早期科学家之一,他在其划时代的光学著作中写道:"我特别热爱类比,我最忠实的老师。"② 在同一著作中,开普勒指明了如何在发现过程中使用类比:"类比显示之后,几何学加以确证。"他特别在其 1609 年的《新天文学》(*Astronomia Nova*)中使用了类比,正是在这本书中,他提出了他的前两条行星运动定律。为了发展出一种作用于行星的太阳力(或"向日"[solipetal]力)的观念,开普勒"通过类比"推理,使用了诸如光和磁力这样的"不可触者"的性质。他很清楚类比与同一性的区分,他甚至就其假定的行星磁性声称:"每一颗行星都必须被视为

---

① Brian Vickers: "Analogy versus Identity: The Rejection of Occult Symbolism, 1580—1680," pp. 95—163 of Brian Vickers (ed.): *Occult and Scientific Mentalities in the Renaissance* (Cambridge: Cambridge University Press, 1984).

② Translated by Vickers from Kepler's *Ad Vitellionem Paralipomena* (*Gesammelte Werke*, vol. 1), p. 90.

磁性或准磁性的；事实上，我建议一种相似性，而不是同一性。"①

牛顿同样作过类比推理。在《自然哲学的数学原理》的第二条他所谓的"哲学推理的规则"（Regulae Philosophandi）或"自然哲学的规则"中，他甚至将自然科学中对类比的使用形式化。他写道，"为同一类型的自然结果指定的原因应当尽可能相同"。他给出的例子是"人和动物的呼吸"、"石头在欧洲和美洲的下落"、"炉火的光和太阳光"以及"我们地球和行星上光的反射"。②

类比还有一种类似的方式可以服务于科学，那就是显示一个似乎无法检验的结论的有效性。拉普拉斯（Laplace）在《宇宙体系》（*Systeme du monde*）中讨论太阳系的稳定性时，不得不认为观察到的某些变化不是长期的，而是周期性的；它们之所以看起来似乎是长期的，是因为它们的周期长达数百万年。拉普拉斯表明，在对太阳系的动力学模拟中，木星卫星的系统在其运动中显示出了与行星相同的扰动。由于卫星在几个世纪里显示出了它们相互引力扰动的所有阶段，所以振荡的周期性可以得到证实，因此通过类比，行星运动的类似变化可能也是周期性的。③

达尔文和与他同时代的麦克斯韦都经常使用类比。基于与马

---

①　Letter to Michael Maestlin, 5 March 1605, quoted in Alexandre Koyré: *The Astronomical Revolution: Copernicus-Kepler-Borelli*, trans. R. E. W. Maddison (Paris: Hermann; Ithaca: Cornell University Press, 1973), p. 252 (from Kepler's *Gesammelte Werke*, vol. 15, pp. 171—172).

②　这些"规则"作为第三卷"论宇宙体系"导言的一部分出现在所有三个版本中，但它们只在第二版（1713 年）和第三版（1726 年）中才被称为"规则"。

③　Laplace's *System of the World*, vol. 2, p. 316, as in W. Stanley Jevons: *The Principles of Science: A Treatise on Logic and Scientific Method* (2nd and final edition, reprint, New York: Dover Publications, 1958), p. 638.

尔萨斯人口原理的类比,达尔文在《物种起源》(*Origin of Species*,1859)中提出了"生存竞争"的基本概念。马尔萨斯的两条定律只涉及人口,如果不加控制,人口将会按照指数比例自然增长。通过类比,达尔文推论说,有机生物——人、动物、植物——的总数会按照指数比例自然地增长,正如他所说,"所产生的个体不可能都幸存下来",因此"必定会有生存竞争"。达尔文指出,这一类比并不精确,因为与人类的农业世界不同,在自然的动植物世界"不可能有食物的人工增长"。在动植物世界,马尔萨斯认为对人口增长有道德约束的"来自婚姻的审慎约束"也不存在。[①]

　　麦克斯韦不仅广泛使用类比,而且大量谈及类比在科学中的作用。他对类比的讨论今天也许仍然是对这个主题最好的介绍。[②]他运用类比的一个例子出现在关于热的理论中。他写道:"初看起来,均匀介质中的热传导定律在物理关系上似乎非常不同于与引力有关的那些定律。"即使是这样,他总结说,我们也"必须用热源代替引力中心,用热流代替任一点上引力的加速效应,用温度代替势能",结果使"引力问题的解决方案变成了热问题的解决方案"。这种形式上的类比是如此精确,以至于"如果我们只知道

---

　　① Charles Darwin:*The Origin of Species*(London:John Murray,1859;reprint,Cambridge:Harvard University Press,1964),ch.3,p.63. 这是一个类比,而不是概括,因为它把在一组实体(人)中观察到的性质扩展到了其他组不同实体(植物和动物),而概括则把给定的类的某些成员的性质扩展到同一类的其他(甚至所有)成员,比如在"所有人都是要死的"这一概括中。

　　② 参见 Ernest Nagel:*The Structure of Science:Problems in the Logic of Scientific Explanation*(New York/Burlingame:Harcourt,Brace & World,1961),pp.107—110。

在数学公式中表达的东西,那么就没有什么东西能够区分一组现象与另一组现象"——尽管热传导"据信是通过相邻部分的介质之间的作用来进行的,而引力则是遥远物体之间的关系".[①] 在为这种方法作出辩护之后,利用与一种不可压缩的无重量流体的运动的"数学形式体系"(mathematical formalism)进行类比,麦克斯韦用它来阐述一种数学的"力线"(在法拉第的意义上)理论。[②]

1.7   理论力学与边际主义经济学

在考虑类比和类似的关联在社会科学中所起的作用时,19 世纪自然科学的两个主要领域引起了我们的注意。由新的理论力学和能量物理学组成的数学物理学对经济学产生了深远的影响,而细胞学说以及生命科学的相关方面则为社会形态学和社会行为理论赋予了新的形式和内容。

这两个学科领域说明了社会科学借鉴自然科学的非常不同的方面。理论力学和能量物理学为一种正在兴起的边际主义(或新

39

[①]   James Clerk Maxwell: "On Faraday's Lines of Force", in W. D. Niven (ed.): *The Scientific Papers of James Clerk Maxwell* (Cambridge: Cambridge University Press, 1890; reprint, New York: Dover Publications, 1965), vol. 1, p. 156.

[②]   正是在这里,麦克斯韦就他所谓的科学中"物理类比"的使用作出了经典表述。根据麦克斯韦的说法,"物理类比"提供了"在不采用物理理论的情况下获得物理观念"的一种手段。Ernest Nagel (*The Structure of Science: Problems in the Logic of Scientific Explanation*, p. 109)解释说,麦克斯韦的意思是,他可以不援引一个"通过某个特定的物理过程模型而提出的理论"而获得物理观念。换句话说,他所说的"物理类比"仅仅意味着,"一门科学的定律与另一门科学的定律之间的部分相似性使两者可以相互说明"。

古典主义)经济学提供了丰富的概念同源物以及像拉格朗日虚位移和哈密顿函数这样的分析工具,甚至是关于最小化和最大化的类似方程和原理。在创建一门具有物理学外表的社会科学时,新古典主义经济学的一些创始人全心全意地接纳了数学物理学的隐喻,明显是希望赋予经济学这门社会科学以合法性(尤其是在自然科学家看来)和"硬"科学的某种价值体系。[①] 这个经济学派继续借鉴在 19 世纪末牢固确立的物理学体系。他们似乎觉得没有必要把量子论或相对论等任何后来的发展包括在其理论结构中。局外人必定会感到惊讶:虽然理论力学和能量物理学为经济学提供了一些重要隐喻,但这些学科中后来发生的巨大革命对经济学几乎毫无影响。例如,人们认为能量守恒不再是一条独立的正确原理,能量本身的变化并非连续,而是以量子化的步骤起作用,20 世纪的这些结论似乎并没有在当时的经济学中产生重要影响。也许这一悖论可以从米劳斯基等新古典主义经济学批评者的判断那里得到解释,即那些创始人并不完全理解能量隐喻,他们显然没有意识到自己采用的能量模型是有缺陷的,因为他们没有考虑守恒律。

内格尔(Ernest Nagel)将类比分成"形式的"和"实质的"两类。在"实质的"类比中,一个理论或系统所模仿的是包含已知定律的另一个系统的模型。[②] 气体运动论(模仿关于台球等弹性

---

① 关于这一点,特别参见米劳斯基的书和文章。

② Ernest Nagel: *The Structure of Science: Problems in the Logic of Scientific Explanation* (New York/Burlingame: Harcourt, Brace & World, 1961), pp. 107—117.

球体相互作用的已知定律)、电子理论(与宏观带电物体进行类比)
和原子结构(模型是太阳系)都是这样的例子。另一种类比是"形
式的",它们基于抽象关系的结构,而不是一套"或多或少可见的要
素"。麦克斯韦基于万有引力定律与热传导定律的同构而提出的
类比就是一个例子。[①] 新古典主义经济学说明了这种形式类比的
使用。

然而,这种来自经济学的例子远不只是从数学物理学的武库
中创造性地转移出概念、原理、数学表达和其他工具。经济学,在
一定程度上也包括其他社会科学,也许可以说明杰文斯的一个论
点,即类比"引导我们发现一门尚不发达的科学的各个领域,另一
门科学中的相应真理为其提供了钥匙"。[②] 为使这种观点变得普
遍有效,我们应当通过补充方法和形式技巧(如方程)来扩展杰文
斯的"相应真理"。

经济学和数学物理学初看起来似乎极为不同。经济学涉及贪

[①] 参见 James Clerk Maxwell:"On Faraday's Lines of Force", in W. D. Niven
(ed.):*The Scientific Papers of James Clerk Maxwell* (Cambridge:Cambridge Uni-
versity Press, 1890; reprint, New York:Dover Publications, 1965)。另见 J. Robert
Oppenheimer, "Analogy in Science," *The American Psychologist* 1956, 11:127—135,
这是一次给心理学家做的讲演,在这次讲演中,物理学家奥本海默(J. Robert Oppenhei-
mer)大胆地明确指出,"事实上,类比是科学进步不可或缺和不可避免的工具"(p.
129)。然后,他立即缩窄了其断言的含义,试图澄清他是什么意思。"我并非意指隐
喻,"他补充说,"我并非意指讽喻(allegory);我甚至并非意指相似性。"相反,他指的是
"一种特殊的相似性,即表现得非常不同但有结构上的相似之处的两套结构、两组事项
之间结构上的相似性、形式上的相似性、相关事物的相似性。"

[②] W. Stanley Jevons:*The Principles of Science:A Treatise on Logic and Scien-
tific Method* (2nd and final edition, reprint, New York:Dover Publications, 1958), p.
631.

婪、利润、成本、价值、效用、需求和利益等与人、道德或伦理有关的因素。这些主题似乎与诸如力、场、距离、速度、动能和势能这样的抽象概念毫无关联,后面这些东西似乎不受感情影响,"天然"可以用数学来处理。然而,在迥然不同的主题之间进行类比在科学史上绝非罕见:"初看起来,没有任何两门科学能比几何与代数在题材上差异更大了,"杰文斯写道,因为一个涉及"空间中的形式"(圆、正方形、三角形、平行四边形……),另一个则涉及抽象的"符号和数"。① 然而,正如杰文斯所言,认识到这两门数学分支之间的相似性乃是现代数学发展中的关键一步。他说笛卡儿的伟大突破显示了一种"非常一般的本质",即方程可以用空间中的曲线或图形来表示,反之亦然,"曲线上的每一个弯、点、尖或其他特性都标示了方程的某些特性"。杰文斯认为"用任何方式都无法描述这一发现的重要性"。②

这种类比在社会科学尤其是经济学中经常出现。在《政治经济学理论》(*Theory of Political Economy*)中,杰文斯注意到对他使用的"[微分]方程的一般性质的反对",并通过在经济学与物理学之间作出类比来捍卫自己的立场,宣称经济学类似于物理学,因为"所使用的方程在一般性质上并非不同于在许多物理科学分支

① W. Stanley Jevons: *The Principles of Science: A Treatise on Logic and Scientific Method* (2nd and final edition, reprint, New York: Dover Publications, 1958), p. 631.

② W. Stanley Jevons: *The Principles of Science: A Treatise on Logic and Scientific Method* (2nd and final edition, reprint, New York: Dover Publications, 1958), p. 632。

中实际处理的那些方程"。① 他所选择的例子是适用于杠杆的虚速度（或虚位移）原理，那里有方程的同源，即杠杆方程"严格具有[经济学中]方程的形式"。他甚至还制作了一张图表，以便"尽可能清楚地阐述交易理论与杠杆理论之间的这个类比"。② 瓦尔拉在1909年发表的一篇讨论类比的文章《经济学与力学》中援引了这种类型的理论类比。在这篇文章中，瓦尔拉指出，相同的微分方程出现在他的经济学分析和来自数学物理学的两个例子中：杠杆的平衡和行星按照引力天体力学的运动。③ 梅纳尔（Claude Ménard）称，瓦尔拉讨论"经济学与力学"的文本逐项比较了稀缺（即边际效用）与价值的比例——这是最大满足定理的基础——和

---

① W. Stanley Jevons：*The Theory of Political Economy*，2nd ed.（London：Macmillan and Co.，1879），p. 102. 杰文斯甚至基于拉克鲁瓦（Lacroix）的权威而指出（*The Principles of Science*，p. 633），"微积分的发现主要是由于几何类比，因为数学家在尝试用代数方式处理曲线切线时，被迫接受了无限小量的概念"。参见 Margaret Schabas：*A World Ruled by Number：William Stanley Jevons and the Rise of Mathematical Economics*（Princeton：Princeton University Press，1990），pp. 84—88，"Mechanical Analogies"。

② W. Stanley Jevons：*The Theory of Political Economy*，2nd ed.（London：Macmillan and Co.，1879），p. 105.

③ Léon Walras："Economique et mécanique"，*Bulletin de Société Vaudoise des Sciences Naturelles*，1909，45：313—325；Philip Mirowski & Pamela Cook："Walras' 'Economics and Mechanics'：Translation，Commentary，Context，" pp. 189—224 of Warren J. Samuels（ed.）：*Economics as Discourse*（Boston/Dordrecht/London：Kluwer，1990），pp. 189—224. 埃奇沃思（Francis Ysidro Edgeworth）提出了他的"数学心理学（他这样称呼他的经济学）与数学物理学"之间的同样一种类比，宣称"每一个心理现象都是与一种物理现象相伴随的，在某种意义上是后者的另一面"。他毫不怀疑，"'社会力学'有朝一日可能会与'天体力学'平起平坐，分别登上道德科学和物理科学的顶峰。"参见 F. Y. Edgeworth's *Mathematical Psychics：An Essay on the Application of Mathematics to the Moral Sciences*（London：C. Kegan & Co.，1881），esp. pp. 9，12。

来自理论力学的最大能量方程。此外,梅纳尔还指出,瓦尔拉定律联系商品销售、服务和货币定义了总体平衡的性质,但却依赖于来自天体力学的匀加速运动的例子,援引了包含质量和加速度的方程。[①]

当帕累托在"决定[经济]平衡的方程"的例子中援引一种类似的"形式"同源时,他是作为一个经济学家来写作的。在看到这些方程时,他写道,(像他这样)在数学物理学方面训练有素的人会发现,"这些方程对我来说并不新鲜;我很了解它们,它们是老朋友,是理论力学的方程"。他总结道,因为方程是相同的,所以"纯粹经济学是一种力学或类似于力学"。[②]

帕累托设想,数学在经济学以及更一般地在社会科学中起着双重作用。他认为,数学为把物理学的基本方程类比地转移到经济学中提供了一种方式。数学也是处理平衡条件下"社会现象的相互依赖性"等问题的一种主要工具;在这里,数学分析使我们能够精确指明"这些[条件]中任何一个的变化如何影响其他条件",

① 参见 Claude Ménard: "La machine et le coeur: essai sur les analogies dans le raisonnement economique," in *Analogie et Connaissance*, vol. 2: *De la poésie à la science* (Paris: Maloine éditeur, 1981—Séminaires Interdisciplinaires du Collège de France), pp. 137—165。

② Vilfredo Pareto: "On the Economic Phenomenon: A Reply to Benedetto Croce," translated from Italian by F. Priuli in Alan Peacock, Ralph Turvey, & Elizabeth Henderson (eds.): *International Economic Papers*, vol. 3 (London: Macmillan and Company, 1953), p. 185. 对帕累托观点的讨论参见 Philip Mirowski: *More Heat than Light: Economics as Social Physics, Physics as Nature's Economics* (Cambridge/New York: Cambridge University Press, 1989), pp. 221—222; 以及 Bruna Ingrao: "Physics and Pareto's Economics," in Philip Mirowski (ed.): *Markets Read in Tooth and Claw* (Cambridge/New York: Cambridge University Press, 1993)。

在这项任务中,"我们实际上需要拥有一切平衡条件"。他指出,"在我们现有的知识状态中",只有数学分析能够"告诉我们这种要求是否得到满足"。①

42

这使帕累托对类比的固有作用以及在社会科学中使用类比的危险作了某些评论。他写道,由于"人的理智是从已知走向未知",所以通过把我们在"未知"领域的观念基于从"已知"领域中得出的类比,我们可以获得思想的进步。例如,"关于物质系统平衡的广泛知识"可以帮助我们"获得一种经济平衡的观念",而这又"有助于形成一种社会平衡的观念"。但他警告说,"在这种类比推理中……需要避免一个陷阱"。也就是说,使用类比"是合法的,也许是非常有用的,只要只涉及对一个给定命题意义的澄清"。然而,如果我们试图用类比来证明一个命题,甚至是"建立一个有利于它的假设",我们就会犯严重的错误。他补充道,类比主要是为了澄清命题的意义。②

米劳斯基的著作《热甚于光》(*More Heat Than Light*)有很大一部分是在论证,杰文斯、瓦尔拉、埃奇沃思、费雪和帕累托等边际主义革命著名创建者的经济学都是基于物理学的一个特定子集的数学或至少是与之相关,那就是后牛顿时代的理论力学(即拉格朗

---

① Vilfredo Pareto: *Sociological Writings*, ed. S. E. Finer, trans. Derick Mirfin (Oxford: Basil Blackwell, 1966), pp. 103—105, selected from Pareto's *Cours d'economic politique* (Lausanne, 1898), vol. 2, § § 580, 588—590.

② 同上。另见 Bruna Ingrao: "L'analogia meccanica nel pensiero di Pareto," in G. Busino (ed.), *Pareto oggi* (Bologna: II Mulino, 1991)以及 Bruna Ingrao: "Physics and Pareto's Economics," in Philip Mirowski (ed.): *Markets Read in Tooth and Claw* (Cambridge/New York: Cambridge University Press, 1993)。

日和拉普拉斯的原理加上哈密顿的方法)以及能量学说,由此在隐喻层次上构想了经济学与物理学之间的一种对应。甚至在边际主义经济学派产生之前,就有人希望经济学能够模仿数学物理学而成为一门真正或精确的科学。1875 年,凯恩斯(J. E. Cairnes)明确表达了这种立场:"就像通常被称为'实证科学'的任何一门物理科学那样,政治经济学同样有资格被视为一门'实证科学'。"他断言,经济学原理"与从引力和运动的定律中推导出来的物理学原理"在性质上是"相同的"。[①] 在杰文斯看来,新兴的经济学使用的是与物理学概念直接同源的概念,新经济学使用的方程与物理学中的那些方程同源。带着由此得到的一种安全感,新经济学采用了理论力学及其伟大创始人牛顿的隐喻,包括科学的尊严、精确性、尊重和整个价值观。今天我们很难想象或重构 19 世纪科学家对牛顿及其万有引力定律的那种崇拜,但透过金斯利(Charles Kingsley)生活中的一个片段,我们也许可以领略牛顿及其定律所唤起的敬畏。1860 年,金斯利的儿子刚刚故去,他的整个信仰根基似乎都遭到了动摇,丧失亲人的他写信给赫胥黎(Thomas H. Huxley):"当我说我相信平方反比律时,我知道我是什么意思。我不会把我的生活和希望寄托在羸弱的信念上。"[②]牛顿的引力定律和运动定律为知识人士提供了可以认同的一种确定性。

43

---

① J. E. Cairnes: *The Character and Logical Method of Political Economy* (New York: Harper & Bros. , 1875)p. 69. 参见 Philip Mirowski: *More Heat than Light: Economics as Social Physics, Physics as Nature's Economics* (Cambridge/New York: Cambridge University Press, 1989), p. 198。

② Leonard Huxley (ed.): *Life and Letters of Thomas Henry Huxley*, vol. 1 (London: Macmillan, 1900), p. 218.

边际主义革命的一些创始人相信经济学和物理学中的概念是同源的,因此可以把一个学科的定律直接翻译成另一个学科的定律。例如杰文斯就明确表示,"价值概念之于我们的科学就如同能量之于力学"。他甚至直接从麦克斯韦那里采用了量纲分析方法(长度、时间和质量),并且表示"商品的量纲(被视为一个物理量)将是质量的量纲"。这种同源最终扩展到牛顿的引力定律,杰文斯宣称,"效用是需求者与被需求者之间的一种吸引",就像"物体的引力"。①

同样,瓦尔拉后来在其《纯粹经济学原理》中写道,对数学的使用"很有可能把纯粹经济学变成一门精确科学","数理经济学将可以像天文学和力学那样算作数学科学"。他得出结论说,"纯粹经济学是一门在各方面都类似于物理-数学科学(physico-mathematical sciences)的科学"。② 为了全面看待这种观点,梅纳尔指出,瓦尔拉在使用经济学与理论力学的类比时"既寻求启发,也寻求辩护和保证"。在这方面,梅纳尔强调,瓦尔拉"始终关心科学上的合法

① 参见 Philip Mirowski: *More Heat than Light: Economics as Social Physics, Physics as Nature's Economics* (Cambridge/New York: Cambridge University Press, 1989), pp. 218—219, 287; William Stanley Jevons: *The Principles of Economics* (London: Macmillan and Co. , 1905), p. 50; W. Stanley Jevons: *The Theory of Political Economy*, 2nd ed. (London: Macmillan and Co. , 1879), pp. 61—69; Jevons: *The Principles of Science* (n. 138 supra), pp. 325—328; Jevons: *Papers and Correspondence of William Stanley Jevons*, vol. 7, ed. R. D. Collison Black (London: Macmillan, in association with the Royal Economic Society, 1981), p. 80.

② Léon Walras: *Elements of Pure Economics*, trans. William Jaffé (Homewood Ill.): Richard D. Irwin; London: George Allen & Unwin; reprint, Philadelphia: Orion Editions, 1984), Preface to the fourth edition, pp. 47—48; also p. 71.

性,对其工作的价值得到认可感到绝望"。[1] 此外,在联系米劳斯基的分析对瓦尔拉的经济学思想所作的学术研究中,乔林克(Albert Jolink)"强烈"否认瓦尔拉的经济学理论"一味模仿物理学"。乔林克引用证据表明,瓦尔拉在 1906 年以前对能量物理学鲜有理解或毫无理解,他得出结论说,即使是在 1906 年以后,"瓦尔拉是否理解原始能量(proto-energetic)隐喻"也是值得怀疑的。[2] 简而言之,对瓦尔拉而言,物理类比更多是一种使其经济学后来变得合法化的手段,而不是一种重要的发现工具。不过毫无疑问,瓦尔拉希望把他的经济学与数学物理学联系在一起。

帕累托同样确信"经济系统的平衡与力学系统的平衡有惊人的相似之处",但他也意识到,研究政治经济学的人如果不"了解纯粹力学",将有可能陷入特殊的陷阱。他坚信,对力学系统的分析非常有助于给出"一种关于经济系统平衡的清晰观念"。他为"那些尚未研究过纯粹力学的人"和在理解论证方面需要帮助的人制作了一张表(即表一)。在这张表中,他在平行的栏中列出了物理力学的一些重要概念和原理及其在经济学中的对应。但他提醒我们,在这样一张关于"力学现象与社会现象之间存在的类比"的表

---

① Claude Ménard: "La machine et le coeur: essai sur les analogies dans le raisonnement économique," in *Analogie et Connaissance*, vol. 2: *De la poésie à la science* (Paris: Maloine éditeur, 1981—Séminaires Interdisciplinaires du Collège de France), pp. 137—165.

② Albert Jolink: "'Procrustean Beds and All That': The Irrelevance of Walras for a Mirowski-Thesis," to appear in 1993 in a special issue of *History of Political Economy*, edited by Neil de Marchi,包含 1991 年 4 月在杜克大学举办的一次关于米劳斯基《热甚于光》的研讨会上提交的论文。

表一　　帕累托的类比

力学现象	社会现象
给定一定数量的物体,研究它们之间平衡与运动的关系,不考虑任何其他属性。这便给出了一种被称为"力学"的研究。	给定一个社会,研究财富的生产和交换所创造出来的人际关系,不考虑任何其他属性。这便给出了一种被称为"政治经济学"的研究。
这门力学科学可以分为另外两门科学:	这门政治经济学可以分为另外两门科学:
1. 对质点和不可扩展的关联(inextensible connections)的研究引出了一种纯粹科学——纯粹的理论力学,它对力与运动的平衡进行抽象研究。它最简单的部分是平衡科学。达朗贝尔原理使得动力学可以被归结为静力学问题。	1. 对"经济人"(*homo economicus*)的研究,对仅在经济力量的语境下考虑的人进行研究,引出了纯粹政治经济学,它对满足度(ophelimity)进行抽象研究。 我们开始清晰理解的部分只有讨论平衡的部分。一条与达朗贝尔原理类似的原理适用于经济系统,但是关于这个主题,我们的知识状态还很不完善。不过,经济危机理论提供了一个研究经济动态的例子。
2. 纯粹力学之后是应用力学,后者考虑弹性物体、可扩展的关联、摩擦等,因而更接近现实。 实际物体拥有非机械的属性。物理学研究光、电和热的性质。化学研究其他性质。热力学、热化学等科学特别关注某些类别的性质。这些科学共同组成了物理-化学科学(physico-chemical sciences)。	2. 纯粹政治经济学之后是应用政治经济学,后者并非只关注经济人,而是也关注更接近真实的人的其他人类状态。 人还有更多的特性是特殊科学的研究对象,如法学、宗教学、伦理学、思想发展、美学、社会组织,等等。其中一些科学明显处于先进状态,另一些则非常落后。它们共同组成了社会科学。

力学现象	社会现象
45　只有纯机械属性的实际物体并不存在。	只受纯粹经济动机支配的实际的人并不存在。
要么假定具体现象中只存在机械力（比如把化学力排除在外），要么设想具体现象可以不受纯粹力学定律的影响，这都是犯了完全相同的错误。	要么假定具体现象中只存在经济动机（比如把道德力量排除在外），要么设想具体现象可以不受纯粹政治经济学定律的影响，这都是犯了完全相同的错误。

实践与理论的区别来自这样一个事实，即实践必须考虑理论并不处理的大量细节。主要现象与次要现象的相对重要性将根据观点是科学的还是实际操作的而有所不同。经常有人尝试综合所有现象。例如有人认为，所有现象都可以归因于：

原子的吸引。有人尝试将所有物理力和化学力都统一起来。	效用，满足度只是它的一种。有人尝试在进化中找到对所有现象的解释。

46　中，"类比并不证明任何东西，而只是为了阐明某些概念，然后这些概念必须接受经验标准的检验"。①

　　在经济学与理论力学之间提出的这种同源的极端性可见于费雪的《价值和价格理论的数学研究》（*Mathematical Investigations into the Theory of Value and Prices*，1926）。需要注意的是，费雪在数学和物理学方面相当训练有素（杰文斯和瓦尔拉则没有），曾在吉布斯（J. Willard Gibbs）门下攻读博士学位。帕累托曾与他通

---

　　① Vilfredo Pareto：*Sociological Writings*，ed. S. E. Finer，trans. Derick Mirfin（Oxford：Basil Blackwell，1966），p. 104；*Cours*，vol. 2，§ 592；参见 Bruna Ingrao："Physics and Pareto's Economics," in Philip Mirowski（ed.）：*Markets Read in Tooth and Claw*（Cambridge/New York：Cambridge University Press，1993）。

信,他按照帕累托的风格(见表二)也制作了一张物理力学与经济学的同源表。但他的表超越了帕累托,因为他的清单不仅包括成对的概念(比如粒子和个人、空间和商品、能量和效用),而且也包括标量或矢量的性质,甚至还包括一般原理。

表二　费雪的类比

力学	经济学
粒子	个人
空间	商品
力	边际效用或边际负效用
功	负效用
能量	效用
功或能量＝力×空间	效用＝边际效用×商品
力是矢量	边际效用是一个矢量
力服从矢量相加	边际效用服从矢量相加
功和能量是标量	负效用和效用是标量
总能量可以定义为推动力的积分	个人的总效用是边际效用的相似积分
平衡将在净能量(能量减去功)最大的地方达成;或者平衡将在沿各轴的推动力和抵抗力相等的地方达成。	平衡将在收益(效用减去负效用)最大的地方达成;或者平衡将在沿各轴的边际效用和边际负效用相等的地方达成。
如果从总功中减去总能量,而不是相反,则它们的差是"势能",是最小值。	如果从总效用中减去总负效用,而不是相反,则它们的差可以被称为"损失",是最小值。

然而米劳斯基发现,尽管展示了大量生动的类比和同源,但"他的大多数类比……都来自流体静力学,而不是力场"。米劳斯基指出,在这方面,费雪在一篇未发表的文章《我的经济学努力》中

自诩是"流体静力学和其他力学类比"的先驱。米劳斯基对费雪的
表提出批判,此表从一开始就"错误地"把"粒子等同于个人"。米
劳斯基认为,和其他"新古典主义经济学家"一样,费雪犯了一个严
重的错误,即没有注意到能量守恒定律,对于一个经济系统来说,
能量守恒定律意味着"在一个封闭的交易系统中,总开支之和和总
效用之和必须等于一个常数"。米劳斯基认为,费雪未能从物理类
比中导出其逻辑结论,即未注意到能量守恒定律,这个逻辑错误源
于未能完整地理解能量和场的物理学隐喻,而这些隐喻正是新古
典主义经济学的基础。[①] 不过必须承认,所有经济学家都不接受
这种激进的批判。[②]

　　无论是在自然科学中还是在社会科学中,使用类比都有一个
困难,那就是同一个问题可能有不止一个类比。多个类比的问题
以及与之伴随的类比选择问题长期困扰着社会科学。它以一种戏
剧性的方式出现在1898年马歇尔的《经济学中的力学类比和生物
学类比》一文中。[③] 联系经济学讨论了动力学和静力学之后,在
物理学和数学方面训练有素的马歇尔针对与物理学的类比提
出了深刻的怀疑。他得出结论说,虽然"经济学推理的早期阶

47

---

　　① Philip Mirowski: *More Heat than Light*: *Economics as Social Physics*, *Physics as Nature's Economics* (Cambridge/New York: Cambridge University Press, 1989), pp. 222—231.

　　② 例如参见 Hal Varian 在 *Journal of Economic Literature*, 1991, 29: 595—596 中对米劳斯基《热甚于光》一书的评论。

　　③ 这是1898年3月号 *Economic Journal* 上一篇讨论"分配与交换"的文章的一部分,重印于 A. C. Pigou (ed.): *Memorials of Alfred Marshall* (London: Macmillan and Co., 1925), pp. 312—318。

段与物理静力学的手段之间有一种很近的类比",但"经济学推理的后期阶段与物理动力学的方法之间"并没有"一种同样有用的类比"。他认为在后期阶段,"需要从生物学而不是物理学中得到更好的类比"。因此,"经济学推理应当始于与物理静力学方法类似的方法,在特性上应当逐渐变得更加生物学"。在马歇尔看来,类比显然需要改变。他写道,类比"也许有助于扶鞍上马,但在漫长的旅途中却是累赘"。也就是说,"知道什么时候引入它们很好,知道什么时候中途停下就更好"。他总结说,"在经济学的后期阶段,当我们接近生命的境况时,生物学类比要比力学类比更好"。① 在马歇尔《经济学原理》(*Principles of Economics*)的扉页有一则直接取自达尔文《物种起源》的生物学格言:"自然不作跳跃。"

1.8　生物学理论和社会理论

关于社会"有机体"理论的状况与边际主义经济学或新古典主义经济学的状况完全不同。与经济学家不同,社会学家自诩能够揭示类比和同源以及其他比较和关联的来源,自得于他们的生物学知识是多么流行。他们甚至把讨论最新发展的生物学论文也纳入了他们的社会学。在下面考察的利林费尔德、舍夫

---

① 马歇尔在这里重复了他在担任剑桥大学经济学教授的就职讲演中表达的观点,载 A. C. Pigou（ed.）：*Memorials of Alfred Marshall*（London：Macmillan and Co.，1925），pp. 152—174；参见 § 1.8。

勒和沃尔姆斯这三个案例中，[①]我们可以看到因使用生物学中的最新发现而获得的喜悦和满足。这三位思想家都有一种共同的历史认识，认为细胞学说使生命科学发展到成熟的状态——这一结论使人希望细胞学说的运用能在社会学中产生类似的效果。我们可以在其社会学著作中追溯冯·贝尔（Karl Ernst von Baer）关于胚胎发育及其复杂性增加的一系列思想，米尔恩-爱德华兹（Milne-Edwards）等人联系细胞的结构和功能而提出的劳动分工学说，菲尔绍的细胞病理学以及与病菌学说有关的新思想。

在一些基本方面，有机体论社会学和边际主义经济学更为不同。边际主义革命的一些创始人（如杰文斯和瓦尔拉）缺乏对他们声称自己的学科正在模仿的数学物理学的实际理解，而社会有机体论的支持者们则对生物学原理有充分的认识——也许要比理解物理学原理更容易。然而，这两个群体之间的最大差异是，新古典主义经济学仍然作为一个占支配地位的思想学派盛行着，而社会有机体论则基本上已经衰落了，在今天的读者看来甚至可能荒谬可笑。因此，之前的经济学材料似乎是对今天思想创建时期的研究，而有机体论社会学家的思想看起来是如此过分，以致对该学派学者的许多历史考察会以完全的轻蔑和

49

---

① 我之所以选择这三位社会学家——一个俄国人、一个奥地利人和一个法国人——是因为他们的作品体现了自然科学与社会科学互动中的主要议题。还有许多人的作品表现出了相同的特征，尤其是德国生物学家海特维希（Oscar Hertwig）和意大利社会学家基尼（Corrado Gini）。

毁谤而告终。①

　　为什么 19 世纪末会存在一个基于与生命科学严格平行的如此有活力的社会思想学派呢? 要想理解个中原因,我们必须考虑 19 世纪生物科学的巨大成就以及医学取得的非凡成功。这个世纪见证了细胞学说和进化论等理论的巨大进展以及胚胎学、生理

---

　　① 　关于有机体论社会学,参见 F. W. Coker: "Organismic Theories of the State: Nineteenth Century Interpretations of the State as Organism or as Person," *Studies in History*, *Economics and Public Law* (New York: Columbia University, 1910), vol. 38, no. 2, whole number 101; Ludovic Gumplowicz: *Geschichte der Staatstheorien* (Innsbruck: Universitäts-Verlag Wagner, 1926); Pitirim A. Sorokin: *Contemporary Sociological Theories* (New York/London: Harper &. Brothers, 1928), ch. 4, "Biological Interpretation of Social Phenomena"; Werner Stark: *The Fundamental Forms of Social Thought* (London: Routledge &. Kegan Paul, 1962), part 1, "Society as an Organism"; Judith Schlanger: *Les metaphores de l'organisme* (Paris: Librairie Philosophique J. Vrin, 1971)。
关于有机体论社会学还有一些重要的研究文献,如 Arnold Ith: *Die menschliche Gesellschaft als sozialer Organismus: Die Grundlinien der Gesellschaftslehre Albert Schäffles* (Zurich/Leipzig: Verlag von Speidel &. Wurzel, 1927); Niklas Luhmann: *Die Wirtschaft der Gesellschaft* (Frankfurt: Suhrkamp, 1988); N. Luhmann: *Die Wissenschaft der Gesellschaft* (Frankfurt: Suhrkamp, 1990); D. C. Phillips: "Organicism in the Late 19th and Early 20th Centuries," *Journal of the History of Ideas*, 1970, 31: 413—432; E. Scheerer: "Organismus," pp. 1330—1358 of J. Ritter (ed.): *Historisches Wörterbuch der Philosophie* (Darmstadt: Wissenschaftliche Verlagsgesellschaft, 1971)等。
作为信息来源,一些较早的著作也仍然有价值,尤其是 Ezra Thayer Towne: *Die Auffassung der Gesellschaft als Organismus*, *ihre Entwicklung und ihre Modifikationen* (Halle: Hofbuchdruckerei von C. A. Kammerer &. Co., 1903); Erich Kaufmann: *Über den Begriff des Organismus in der Staatslehre des 19*. Jahrhunderts (Heidelberg: C. Winter, 1908)。
不过,这些作品都没有注意这些 19 世纪的有机体论社会学家与他们当时的生命科学发现趋势之间的特定关系。

学、形态学的发展,它们完全转变了这一学科。新的微生物学不仅为生物学开辟了一个令人兴奋的新领域,而且最终为医学提供了关于传染病原因的知识,甚至表明了如何预防或治疗一些传染病。生命科学似乎有着广阔的新前景:攻克另外的疾病,寻找生命起源的钥匙,理解遗传过程,等等。而物理学家发布的消息却比较令人沮丧,他们对自然常数作出更精确的测量,甚至相信未来只能到下一个小数点去寻找。我们很容易理解为什么 19 世纪末有许多社会科学家会相信,一个新的伟大的生物学时代正在取代旧的伟大的物理学时代。1885 年,经济学家马歇尔在剑桥大学的就职演说中戏剧性地表达了这一观点。他说,"在 19 世纪初,一组数学物理科学占据着支配地位",但是现在,"生物学的思辨已经向前迈出了一大步"。他继续说,生物学发现现在吸引了"所有人的注意力,就像物理学的发现早先那样"。结果是,"当时的道德科学和历史科学……已经改变了它们的语气,经济学已经参与了这场普遍的运动"。①

此外,不仅生物科学的成就给社会科学家留下了深刻的印象,许多社会学家还确信,正如孔德所明确教导的,由于社会学研究人的行为,所以它必须是一门与生物学非常接近或非常类似的科学。因此,没有理由好奇为什么有机体论社会学家会选择模仿生物学来构建一门科学。作为历史学家,我们可以把注意力集中在他们

---

① Alfred Marshall: *The Present Position of Economics: An Inaugural Lecture Given in the Senate State House at Cambridge*, 24 *February*, 1885 (London: Macmillan and Co., 1885), pp. 12—14,重印于 A. C. Pigou (ed.): *Memorials of Alfred Marshall* (London: Macmillan and Co., 1925), pp. 152—174。

在多大程度上成功地找到了相关的类比物和同源物，以提出一种
生物学的社会科学。社会学家们使用的重要的生物医学学科包
括：细胞学说，新的胚胎学，集中于内环境的生理学，细胞病理学，
病菌理论，关于心理失调特别是歇斯底里症的新理论，[①]当然还有
进化论。[②]

　　大多数有机体论者的世系都可以追溯到孔德。虽然人们通常
主要在社会物理学的背景下来思考孔德，但他也大量使用有机体
隐喻，借鉴生理学和病理学甚多。在其《实证哲学教程》(*Course
of Positive Philosophy*)中，孔德清楚地阐述了一个重要观点，即
社会紊乱应被视为病理状况，"在社会身体中完全类似于个体生物
体的疾病"。孔德极端地认为，在生物科学的发展中，"病理状况是
纯粹实验的真正对应物"。因此，社会病理学研究应当提供对应于
社会实验的东西，他意识到，这种东西永远不会以物理学或化学中

50

————————

　　① 许多人都知道（因为弗洛伊德和布罗伊尔[Josef Breuer]对这个主题有兴趣），
歇斯底里症是19世纪精神病学关注的一大焦点。§ 1.4介绍了一个歇斯底里症的例
子。

　　② 正如该卷序言中所解释的，未有人尝试讨论生物科学与自然科学发生互动的
所有方面。我没有讨论达尔文进化这一主题，因为这种互动太过复杂，无法进行概述和
总结。围绕着这个主题已经有大量文献，该主题一直是当前达尔文"产业"的一部分。
Robert J. Richards：*Darwin and the Emergence of Evolutionary Theories of Mind and
Behavior* (Chicago/London：The University of Chicago Press，1987)讨论了这个主题
的一些重要方面，尤其是关于美国，其方法论进路尤其值得称道。这个一般领域的一些
新近著作有 Carl N. Degler：*In Search of Human Nature：The Decline and Revival of
Darwinism in American Social Thought* (New York/Oxford：Oxford University Press，
1991)和 Dorothy Ross：*The Origins of American Social Thought* (Cambridge/New
York：Cambridge University Press，1991)。同样值得一提的有 Cynthia Eagle Russett：
Darwin in America：The Intellectual Response，1865—1912 (San Francisco：W. H.
Freeman，1976)。

的那种程度和类型出现。

孔德尊重并且大量借鉴了伟大的医学改革家布鲁赛(Brous-
sais)的思想。他在《实证政治体系》(*System of Positive Polity*,
1848—1854)中谈到"……布鲁赛的令人钦佩的公理",它"摧毁了
健康与疾病之间旧的绝对区分"。孔德又说,在这些极限之间,"我
们总可以找到众多中间阶段,这些阶段不是想象的,而是完全真实
的,它们共同形成了一个几乎感觉不到的微妙的等级链"。[①] 布鲁
赛教导孔德,病理学,也就是"对疾病的研究,是理解健康状态的方
法"。主要是他的"连续性原理"指导了孔德本人的分析:"病理状
态现象是对正常状态现象的简单延长,超出了日常的变化范围"。
孔德宣称,迄今为止还没有人曾在生理病理学与社会病理学之间
作出类比,没有人曾"把这一原则应用于思想现象和道德[即社会]
现象"。[②]

---

① Auguste Comte: *The Foundations of Sociology*, ed. Kenneth Thompson
(New York: John Wiley & Sons, 1975), p. 142. 文本出自孔德的 *System of Positive
Polity*, 4 vols (London: Longmans Green, 1877)的英译本。孔德认为,在考虑"理性和
疯狂"的"相反的"心理状态时,布鲁赛的连续性原理特别重要。如果心灵任凭对外部世
界的感觉印象所摆布,"内心没有付出恰当的努力",其结果将是"极端的愚蠢"。疯狂的
所有中间程度都源于"思想器官""纠正观察器官所提出建议"的相对失败。他断言,这
一现象在塞万提斯的《堂吉诃德》中要"比在任何生物学论著中"得到更好的研究。它也
可以追溯到"布鲁赛的伟大原理",然后可以"应用于社会",就像孔德"现在第一次做的"
那样。参见孔德的 *Cours de philosophie positive* (Paris, 1830—1842), quoted in Ger-
trud Lenzer (ed.): *Auguste Comte and Positivism: The Essential Writings* (New
York/Evanston/San Francisco: Harper & Row, 1975), p. 191, taken from *The Posi-
tive Philosophy of Auguste Comte*, trans. [and condensed by] Harriet Martineau
(London: Longmans, Green, 1853), book 5, ch. 6。

② Gertrud Lenzer (ed.): *Auguste Comte and Positivism: The Essential Writ-
ings* (New York/Evanston/San Francisco: Harper & Row, 1975), p. 191.

到了 19 世纪末,即 1896 年,美国细胞学家威尔逊(Edmund Beecher Wilson)大胆宣称,细胞学说是生物学作出的第二次伟大概括,第一次是生物进化。[1] 回想起来,就社会理论或社会科学而言,细胞学说似乎至少与达尔文的进化论同样重要。很容易看到为什么细胞学说及其结果会对社会科学产生这么大影响。许多人很快就发现,作为一个有组织的活细胞系统,自然有机体概念为社会有机体概念提供了新的科学基础。细胞类似于人类社会的个体成员,因为每一个细胞都有自己的生命,而所有细胞的生命都被联系在一起。此外,动物或人的体内细胞表现出了生理学上的劳动分工原则,因为每一种细胞都有一种结构特别适应于它在生物体中发挥的功能:神经细胞发送消息或指令,肝细胞产生胆汁,等等。[2] 这个原则成为米尔恩等人生物学思想的核心,从他们那里很快就过渡到涂尔干,后者在其重要的博士论文中将它应用于社会学框架。此外,细胞被组织成功能单元(组织、器官),就像个人被组织成社会单元一样。甚至连营养的分配或循环以及废物排放都可以类比地见于由细胞组成的自然身体和由人组成的社会身体。

51

---

① 参见 Edmund Beecher Wilson: *The Cell in Development and Heredity* (New York: The Macmillan Company, 1896; reprint of 3rd ed., New York: The Macmillan Company, 1934), esp. pp. 1—2. 尽管初步的步骤可以追溯到早期的科学家,但直到 19 世纪 40 年代,很大程度上是由于施莱登(J. M. Schleiden)特别是施旺(Theodor Schwann)的工作,生物学家才普遍开始认真考虑细胞学说。

② 在 19 世纪的思想中,劳动分工原则通常被归功于亚当·斯密,他以一种戏剧性的方式在《国富论》中呈现了它,尽管该项发明也有其他竞争者,包括本杰明·富兰克林和威廉·配第爵士。

　　这个类比最终出现了故障,因为虽然每一个细胞都有自己的生命,但任何身体细胞离开了母体都无法存活。肌肉细胞取出之后很快就会死去。此外还有"意志"的问题,社会中的每一个人都有意志,而在个体细胞中却没有对应。① 不仅如此,动物的身体不同于社会有机体,它具有相对较短和确定的生命跨度,会显示出一系列被普遍接受和公认的衰老症状。② 尽管如此,察觉到的相似性在社会科学中仍然很重要。

　　冯·贝尔及其继承者的胚胎学发现提升了细胞学说对于社会学的意义。对胚胎发育诸阶段的认识,即先是单细胞的细胞分裂,然后形成器官和组织,暗示了类似的社会组织序列:从一位母亲(作为原始细胞)开始,通过随后的繁殖,伴随着个人分组(类似于细胞分组),形成家庭单位,然后形成部落,最后形成国家。③

　　冯·贝尔的原理对于社会科学家来说特别重要,即发育诸阶段形成了一个序列,其典型特征在于从简单变得越来越复杂。这类似于发现灭绝的和现存的动物形态可以按照一种复杂程度越来

52

---

　　① 所有有机体论社会学家,如斯宾塞、利林费尔德、舍夫勒,都讨论过这种差异。

　　② 沃尔姆斯让我们注意这种类比的两个局限(斯宾塞对此已经作了强调):第一,虽然社会有机体中的每一个个体都有意识,但是在动物有机体中,只有整个有机体而不是个体细胞才具有这种属性。第二,在社会有机体中,社会或整个有机体的目的是维持个体的生命,而在动物或植物中,个体细胞的生命旨在支持整个有机体的生命。尽管有这些差异,细胞学说似乎为研究人类社会提供了自然自身在微观尺度上的模型,就像蚂蚁的社会行为在我们这个时代所提供的模型那样。

　　③ 和在社会中一样,胚胎的发育产生出特殊的细胞和细胞群,其形态和结构与它们的功能相适应。正如我们所看到的,这种"劳动分工"的概念起源于社会科学,然后被转移到生命科学,最终被移回到社会科学。

越高的上升的发育等级加以整理。[①] 在其最完整的形式中,这个结果被包含在著名的"生物发生律"中,即"个体发生是种系发生的重演",它先于达尔文的进化论,被发现与达尔文或拉马克的进化相一致。[②]

斯宾塞等社会科学家[③]利用冯·贝尔的成果提出了一种类似的社会发展理论,认为社会经历了从婴儿到老年的一系列阶段,就像人类从野蛮状态发展到文明时代一样。[④] 因此,有一条普遍的演进规律适用于动物从最早时期的发展、胚胎的发育、文明的发展和社会的发展。在 1864 年发布的一篇文章中,[⑤]斯宾塞解释说,他

①　关于冯·贝尔,参见 Jane Oppenheimer 在 *Dictionary of Scientific Biography*, vol. 1 (New York: Charles Scribner's Son, 1970), pp. 385—389 的文章。

②　参见 Steven J. Gould: *Ontogeny and Phylogeny* (Cambridge: The Belknap Press of Harvard University Press, 1977)。

③　在本节中我并没有特别讨论斯宾塞,虽然他可能是最重要的有机体论社会科学家。一个原因是,与其他许多有机论社会学家不同,他并没有把注意力集中在与细胞学说有关的生物医学发现上,尽管他在他的社会学著作中的确运用了细胞生物学。斯宾塞联系社会学对生物科学的一些使用在 §1.4 和 §1.8 中作了讨论。关于斯宾塞和社会学,参见 Robert J. Richards: *Darwin and the Emergence of Evolutionary Theories of Mind and Behavior* (Chicago/London: The University of Chicago Press, 1987)。另见 Derek Freeman, "The Evolutionary Theories of Charles Darwin and Herbert Spencer," *Current Anthropology*, 1974, 15: 211—237。

④　Herbert Spencer: *First Principles* (London: Williams and Norgate, 1862), §119. 斯宾塞明显是从卡彭特(William Carpenter)那里了解到这条定律的;参见 Robert J. Richards: *Darwin and the Emergence of Evolutionary Theories of Mind and Behavior* (Chicago/London: The University of Chicago Press, 1987), p. 269. 理查兹指出,卡彭特认为冯·贝尔的定律("一个异质的结构产生于一个更为同质的结构")具有很大的普遍性。

⑤　Herbert Spencer, "Reasons for Dissenting from the Philosophy of M. Comte," *Essays: Scientific, Political, and Speculative*, vol. 2 (New York: D. Appleton and Company, 1896), pp. 118—144.

的思想深受一条真理的影响,那就是"一切生物发展都是从一种同质状态变化到一种异质状态",是冯·贝尔为这条真理赋予了"明确的轮廓"。通过把冯·贝尔的"公式"融入自己"对各级演化的信念",斯宾塞进一步扩展和修改了冯·贝尔的概念及其洞见,"通过给冯·贝尔的定律添加一些与之和谐的观念"而把他的思想纳入一个不断发展的过程。①

作为细胞学说的一个方面,菲尔绍引入的"细胞病理学"(1858)学说对 19 世纪的有机体论社会学,尤其是对关于细胞学说的社会类比物的思考特别重要。② 该学说主张,人体的所有病理状况都可以归因于某些个体组成细胞的一种退化状态或异常活动状况。就这样,菲尔绍把关于整个身体的思考转变为关于构成人

---

① Herbert Spencer, "Reasons for Dissenting from the Philosophy of M. Comte," *Essays: Scientific, Political, and Speculative*, vol. 2 (New York: D. Appleton and Company, 1896), pp. 137—138. 同样应当指出,细胞胚胎学巩固了有机体论社会学的另一条原则。胚胎学家发现,随着一个有机体经历越来越复杂的形态,其组成细胞会表现出适应其特殊功能的结构,也就是说会显示出为"劳动分工"所必需的形式。斯宾塞认为,甚至在遇到冯·贝尔的"定律"之前,他就已经开始认为,"个体有机体的发育和社会有机体的发展"都是从"独立的部分进展到相互依赖的不同部分——这是米尔恩-爱德华兹的'生理劳动分工'学说所蕴含的一种平行论。"

② 对于菲尔绍来说,"细胞状态"的概念特别重要,因为他的"生物学观点与自由政治观点"之间总是存在着一种密切的平行。参见 Owsei Temkin: "Metaphors of Human Biology," in Robert C. Stauffer (ed.): *Science and Civilization* (Madison: University of Wisconsin Press, 1949), p. 172. Temkin 是在概述 Ernst Hirschfeld, "Virchow," *Kyklos: Jahrbuch des Instituts für Geschichte der Medizin an der Universität Leipzig*, 1929, 2: 106—116 的看法。另见 Erwin H. Acherknecht: *Rudolf Virchow: Doctor, Statesman, Anthropologist* (Madison: The University of Wisconsin Press, 1953); reprint (New York: Arno Press, 1981)。

体的基本生物单元状况的思考。菲尔绍学说的一个重要推论是，病理状况仅仅被视为正常状况的极端，而不是不同种类的状况。在目前的语境下，他的想法之所以特别有趣，也是因为生物学家自己强调了生物学现象与社会学现象之间的相似性。根据菲尔绍的说法，

　　正如一棵树构成了以一定方式排列的集合物，在它的每一个部分中，在根和叶中，在花朵和树干中，细胞都被发现是最终的要素，动物生命的形式也是如此。每一个动物都表现为生命单元的总和，其中每一个生命单元都表现出生命的所有特征。不能把生命的特性和统一性限制于一个高度发达的有机体(例如人脑)中某个特定的点，而是只能到每一个个体要素所显示的明确的、不断重复的结构中去寻找。因此，一个具有相当尺寸的物体的结构组成，一个所谓的个体，总是表现出一种对各个部分的社会安排，在这种社会安排中，若干个体存在是相互依存的，但每一个要素都有自己的特殊作用，即使它对活动的刺激来自于其他部分，但它自己就能实际完成其职责。①

53

---

① Rudolf Virchow: *Cellular Pathology As Based upon Physiological and Pathological Histology*, trans. Frank Chance (New York: Robert M. DeWitt, 1860), p. 40; also (London: John Churchill), pp. 13—14.

　　菲尔绍认为所有植物和动物都是作为基本生命单元的细胞的聚集，认为有机体的所有结构特性和功能特性都由个体细胞之间的关系所决定。① 菲尔绍声称，细胞为"活的有机体"提供了"多种生命中心"，他解释说，每一个有机体

　　都是若干处于自由状态的个体，它们虽然没有平等的天赋，但却具有平等的权利。它们之所以保持在一起，是因为各个个体彼此依赖，因为存在着某些组织中心，其整体性使得单个部分无法获得所需的健康营养物质供应。②

正如特姆金(Owsei Temkin)所指出的，"对菲尔绍来说，细胞状态的隐喻不仅是一种言说方式，而且也是其生物学理论不可或缺的一部分"。③ 这里我们看到了一个把社会概念应用于生物学家思想中的引人注目的例子。

　　菲尔绍为利林费尔德和舍夫勒这样的社会科学家提供了直接

---

　　① 我们注意到，菲尔绍并不是 19 世纪在科技话语中使用社会类比的唯一一个生物学家。托马斯·赫胥黎曾用一个社会类比来描述海绵。他说，海绵呈现了一种水下城市，"它在街道和公路各处以这样一种方式对人进行安排，使每一个人都能轻易地在水经过时从水中获取食物"。这是用类比来说明一个科学概念，使之更容易想象或理解的一个例子。

　　② 参见 Owsei Temkin："Metaphors of Human Biology," in Robert C. Stauffer (ed.)：*Science and Civilization* (Madison：University of Wisconsin Press, 1949)，p. 175。

　　③ Owsei Temkin："Metaphors of Human Biology," in Robert C. Stauffer (ed.)：*Science and Civilization* (Madison：University of Wisconsin Press，1949)，p. 175。

榜样。在这方面特别重要的是利林费尔德①的《社会病理学》(*Social Pathology*，1896)，该书必须结合他的五卷本著作《对未来社会科学的思考》(*Thoughts on the Social Science of the Future*，1873—1881)来读。在早期著作《作为真实有机体的人类社会》(*Human Society as a Real Organism*)第一卷的开篇，利林费尔德发起了挑战：

> 人类社会像自然有机体一样是一个真实的存在，无非是自然的一种延续罢了，仅仅是对一切自然现象背后同样力量的更高表达：这乃是作者规定自己要完成和证明的任务和论题。②

---

① 利林费尔德(Paul von Lilienfeld，或 Paul de Lilienfeld，或 Pavel Fedorovich Lilienfeld-Toailles，或 Pavel Fedorovich Lilienfel'd Toal'，1829－1903)是一名担任政府职务的俄国公务员，业余爱好社会学。1860 年，他以笔名"Lileyewa"用俄文出版了一本讨论政治经济学要素的书。1872 年，他用俄文出版了另一本著作，以首字母 P. L. 署名，题为 *Thoughts on the Social Science of the Future*，它被扩展成五卷本的德文版 *Gedanken über die Socialwissenschaft der Zukunft* (vols. 1—4：Mitau：E. Behre's Verlag，1873—1879；vol. 5：Hamburg：Gebr. Behre's Verlag；Mitan：E. Behre's Verlag，1881)。*La pathologie sociale* (Paris：V. Giard &. E. Brière，1896)和 *Zur Vertheidigung der organischen Methode in der Sociologie* (Berlin：Druck und Verlag von Georg Reimer，1898)尤其重要。1897 年到 1898 年，利林费尔德任社会学国际研究所(Institut International de Sociologie)主任。参见 Otto Henne am Rhyn：*Paul von Lilienfeld* (Gdansk，Leipzig，Vienna：Carl Hinstorff's Verlagsbuchhandlung [n. d.]—Deutsche Denker und ihre Geistesschöpfungen，ed. Adolf Hinrichsen，vol. 6)。关于利林费尔德的更多文献参见 Howard Becker："Lilienfeld-Toailles，Pavel Fedorovich，" *Encyclopaedia of the Social Sciences*，vol. 9 (New York：The Macmillan Company，1933，1937)，p. 474。

② Trans. from *Gedanken*，vol. Ⅰ，p. Ⅴ。

在《社会病理学》中，他继续追问如何能把社会研究变得真正具有科学性，并且给出了他认为在《对未来社会科学的思考》中已经证明的解决方案：

54
　　把社会学提升为一门实证科学并使归纳法可以应用于它的必要条件是，……在特性上把人类社会构想成一个活的有机体，像自然界中的个体生物那样由细胞组成。①

他进而确认了社会的细胞结构："个人是社会的细胞，他们先是形成家庭，然后形成氏族、部落、民族"，最后即现在形成国家，未来也许会形成人类（humanity）这个"伟大的有机整体"。②

在提出人类社会有机体的"生理学和形态学"时，利林费尔德认为最重要的是"从家庭开始上至国家和整个人类的每一种人类联系（human association）的构成因素"。这是"神经系统，是一切社会行动的来源"。③ 他认为，"个人有机体的细胞间物质"对应于社会有机体中"产生、交换和消费的财富"。为了支持自己的结论，他所提供的证据是，社会神经系统对这一周围环境的任何作用都非常类似于具有神经系统的个体有机体的生理作用。他进而强调，就像在自然有机体中一样，在社会有机体中存在着特定的神经

①　Trans. from *Pathologie*, p. XXII.
②　Trans. from *Pathologie*, p. XXII.
③　Trans. from *Pathologie*, p. 8.

能量，"不只是在比喻意义上，而是在实际意义上"存在。①

利林费尔德将菲尔绍的"细胞病理学"誉为"现代科学最惊人的成就之一"。他从菲尔绍那里得知，"人体的每一种病理状态都来源于简单细胞的退化或异常活动，而简单细胞乃是构成每一个有机体的基本解剖单元"。② 利林费尔德还写道，菲尔绍教导说，"有机体的正常状态与病理状态之间并无本质的绝对差别"。利林费尔德宣称（基于菲尔绍的权威），在"偏离正常状态"时，"在必要的时间之外，在必要的位置之外，或者在正常状态所规定的激发界限之外，一个或一组细胞显示出了一种活动"。③

> 正如每一种疾病都源于细胞的一种病理状态，每一种社会疾病也都源于构成社会有机体基本结构单元的个体的退化或异常活动。同样，一个受疾病袭击的社会所呈现出来的状态本质上并非不同于一个正常社会的状态。病理状态仅仅在于个体或一群个体表现出一种活动，它不合时宜，或不合位置，或显示出过度兴奋或缺乏能量。④

虽然菲尔绍的"细胞病理学"无疑使医学发生了革命，但它有一个基本缺点，即它没有考虑传染病，一个受病菌理论启发的话 55

---

① Trans. from *Pathologie*，pp. 8—11. 利林费尔德在当时以其讨论社会疾病是神经系统疾病特别是心理失调的类比物而闻名。他提出患歇斯底里症的女性的思想和道德状态的心理失调类似于社会失调，（在§1.4 中）我们已经看到这样一个例子。

② Trans. from *Pathologie*，pp. 20—21.

③ Trans. from *Pathologie*，p. 21.

④ Trans. from *Pathologie*，p. 24.

题。利林费尔德意识到了这个缺陷,遂通过引入与病菌有关的发现而对菲尔绍的分析作了补充。他写道,"现已证明,那里的每一种疾病都对应于一种特定的杆菌"。正如我们所预料的,利林费尔德认为某些社会疾病同样是由"特定的寄生虫"引起的。"社会有机体感染了经济、法律和政治的寄生虫",这些寄生虫又可"细分"为几个类别和物种,其中每一个都对应于社会有机体的一种特殊疾病。①

利林费尔德指出,生物有机体与社会之间还有更为根本和显著的联系。他认为,"有机自然本身所呈现的发展和完美性有三种程度"。第一种程度是,植物不能自主地移动,无论是作为一个整体还是作为分离的部分。第二种程度是,动物可以移动,但仅仅是作为个体,也就是说作为部分。第三种程度是,"社会聚合体"既可以作为整体又可以作为部分自由移动。因此,"只有在人类社会中,自然才完全实现了其最高程度的有机生命:同一个个体有机体在部分和整体中的自主性"。②

舍夫勒(1831—1903)在其著作的标题《社会身体的结构和生命》(*The Structure and Life of the Social Body*,1875—1878)中明确表达了自己的观点,尤其是副标题称它"对人类社会的解剖学、生理学和心理学作了百科全书式的描述",其中"国民经济被视

---

① Trans. from *Pathologie*, pp. 46—47.
② Trans. from *Pathologie*, p. 307.

为消化的社会过程"。① 舍夫勒意识到人类社会与动物身体之间
的对应是不完美的,因为人与人的关系来自于心灵,而不是物理
的。他写道,在社会中观察不到"不间断地占据空间",而在"有机
身体"中,"细胞与细胞间的部分构成了一个实体对象"。② 也就是
说,在社会身体中没有像"内聚力、粘合力或化学亲和力"那样的物
理之力来"产生连贯性和协调性",而是有"心灵之力""在空间分离
的要素之间"建立"精神与身体的关联"。③ 正如沃尔姆斯所说,由
于这类论述的存在,可以说舍夫勒已经不同于利林费尔德,因为舍

---

① *Bau und Leben des socialen Körpers*: *Encyclopädischer Entwurf einer realen Anatomie*, *Physiologie und Psychologie der menschlichen Gesellschaft mit besonderer Rücksicht auf die Volkswirthschaft als socialen Stoffwechsel*, 4 vols. (Tübingen: H. Laupp'sche Buchhandlung, 1875—1878).

舍夫勒(Albert Eberhard Friedrich Schäffle,1831—1903),德国社会学家和经济学家,图宾根大学教授,后转到维也纳大学,曾是奥地利内阁成员。他主编了一本名为《国民经济杂志》(*Zeitschift für die Gesamte Staatswissenschaft*)的杂志。他设想有一种"合理的社会状态",这是资本主义与社会主义的一种乌托邦式的融合。在他那个时代,他主要以阐释有机体论社会理论而闻名,尤其是对特定生物学类比的使用。参见 Fritz Karl Mann 在 *Encyclopaedia of the Social Sciences*, ed. Edwin R. A. Seligman (New York: The Macmillan Company, 1934), vol. 13, pp. 562—563 讨论他的文章。更近的 *InternationalEncyclopedia of the Social Sciences* 中没有舍夫勒的传记。参见 Arnold Ith: *Die menschliche Gesellschaft als sozialer Organismus*: *Die Grundlinien der Gesellschaftslehre Albert Schäffles* (Zurich/Leipzig: Verlag von Speidel & Wurzel, 1927)和 Werner Stark: *The Fundamental Forms of Social Thought* (London: Routledge & Kegan Paul, 1962), pp. 62—72。

② *Bau und Leben des socialen Körpers*: *Encyclopädischer Entwurf einer realen Anatomie*, *Physiologie und Psychologie der menschlichen Gesellschaft mit besonderer Rücksicht auf die Volkswirthschaft als socialen Stoffwechsel*, 4 vols. (Tübingen: H. Laupp'sche Buchhandlung, 1875—1878), vol. I, p. 286；参见 Werner Stark: *The Fundamental Forms of Social Thought* (London: Routledge & Kegan Paul, 1962), p. 63。

③ Schäffle, vol. I, p. 286；Stark, pp. 63—64.

夫勒把社会仅仅看成一个"有组织"的东西,而利林费尔德则认为
社会是一个"完全有机的系统",是一个"具体的有机体"(*organisme concrète*)。[①] 然而,正如斯塔克所指出的,虽然舍夫勒承认在物理的东西与理智的或精神的东西之间不可能作出严格比较,但他坚持认为"社会组织和有机组织之间并无本质区别"。[②] 相应地,舍夫勒四卷巨著中更大一部分内容在于对社会身体与生理身体进行比较。

和利林费尔德一样,舍夫勒也认为社会的基本单元必须是生物细胞的对应物:他的出发点是,"高等植物和动物身体中最简单的要素"是"细胞和细胞之间散布的物质"。[③] 他得出结论说,"家庭具有细胞组织的所有特征","有机细胞的结构和功能的每一个基本特征都在这里得到重复"。[④] 指出有机身体与社会身体之间的诸多相似性之后,舍夫勒断言"所有社会器官中"都有一个"组织,负责再生材料和营养从经济生产流通渠道的摄入和流出,确保器官或相关有机部分的所有要素都能正常消化"。这个"组织"或社会建制就是"家庭"。就这样,舍夫勒在家庭与"动物身体的毛细管组织"之间作了比较:

这个巨大的社会消化器官,换句话说,国民经济,商品的

① Preface to Paul von Lilienfeld: *La pathologie sociale* (Paris: V. Giard & E. Briere, 1896), p. Ⅶ; cf. Stark, p. 63.

② Schäffle, vol. Ⅰ, p. 286; Stark, p. 64.

③ Schäffle, vol. Ⅰ, p. 33; Stark, p. 66.

④ Schäffle, vol. Ⅰ, p. 57; Stark, p. 67.

生产和流通,最终导向了许多家庭,一如社会身体拥有许多器官和独立于每一个器官的组织和组织要素。①

他发现动植物的消化过程与人类社会的生产过程之间有一种完美的对应,甚至认为"最初的生产标志着起点","人的尸体和物质废料的排泄标志着外部社会消化的终点"。②

　　舍夫勒发现街道和建筑物以及人类生活空间的其他建筑要素与动物的"骨头和软骨组织"之间极为相似。正如斯塔克所表明的,舍夫勒甚至"发现了毛发、指甲和角质皮肤等动物身体保护组织的同源物",其社会对应物(舍夫勒说它们"类比地出现于社会身体中")是"屋顶、覆盖物、包装材料、围栏、墙壁、衣服,甚至是相框和书籍封面"。③ 他还发现,"文学作品、艺术品、道路、交通、防御机构、机构建筑和公共工程设备中[社会有机体]的集体性质"与"通过流动性、柔软性、弹性、对破坏性亲和力的化学平衡以及其他方式服务于有机体的循环材料、溶解材料和防护材料"之间有一种相似性。他写道,我们很难忽视"细胞间物质中细胞的大量有机特性"与"工具、覆盖物、运输工具和各种集体安排中大量特性的社会建制"之间密切的相似性。④

　　专门写了一整部《有机体与社会》(*Organism and Society*,

57

------

① Schäffle, vol. I , p. 324; Stark, p. 67.

② Schäffle, vol. I , p. 335; Stark, p. 67.

③ Schäffle, vol. I , pp. 327, 329; Stark, p. 68.

④ Schäffle, vol. I , p. 94; Stark, p. 68.

1896)的沃尔姆斯[①]也不仅仅是说社会类似于一个有机体,或者仅仅是有机体的类比物。与利林费尔德和舍夫勒一样,他也宣称社会"构成了一个有机体,并且添加了一些至关重要的东西"。他的目标是超越舍夫勒和利林费尔德,"舍夫勒在法国被视为我们理论最坚定的支持者之一",他批评利林费尔德作了太多"巧妙甚于确定"、"有趣甚于重要"的观察。沃尔姆斯宣称,社会必定是一个有机体,因为它是有组织的生命体的集合,满足了生物系统的所有规定性要求。他认为他的有机体论社会观说明了贝尔纳(Claude Bernard)的定义:"生命特性实际上只存在于活细胞中,其他都是安排和机制。"[②]

在详细论述有机体论社会学的发展时,沃尔姆斯和这个领域的前辈一样介绍了许多生物学指导手册,并且大量借鉴了组织学、细胞形态学、生理学和病理学的新近工作。一个主要来源是斯宾塞的《社会学原理》(*Principles of Sociology*),他带着极大的敬意

① 沃尔姆斯(René Worms,1869—1926),法国社会学家,在巴黎高等师范学院接受教育。1893 年,他创办了巴黎国际社会学研究所和《国际社会学杂志》(*Revue Inter-nationale de Sociologie*)。他还主编了一套由五十本书组成的社会学学科丛书,作者来自多个国家。他生前特别以其关于"心理学、社会心理学和社会学这三门学科"之间关系的观点而闻名。参见 Terry N. Clark 在 *International Encyclopedia of the Social Sciences*, ed. DavidL. Sills, vol. 16, pp. 579—581 (New York: The Macmillan Company & The Free Press, 1968)中所写的传记和批判性的分析。

沃尔姆斯的生平和职业生涯可见 V. D. Sewny 在 *Encyclopaedia of the Social Sciences*, vol. 15 (New York: The Macmillan Company, 1934), pp. 498—499 中的文章。另见 Werner Stark: *The Fundamental Forms of Social Thought* (London: Routledge & Kegan Paul, 1962)。

② René Worms: *Organisme et société* (Paris: V. Giard & W. Brière, 1896), p. 43.

不断引用这部著作。沃尔姆斯以生物学分析家的方式在其著作开头讨论了社会的结构,然后转向社会生理学,并以社会病理学作结。

在后来的《社会科学的哲学》(*Philosophy of the Social Sciences*,1903)中,沃尔姆斯承认在《有机体与社会》出版几年之后,"个人反思和讨论"引导他缓和了"我之前的顽固结论"。首先,他承认自己低估了"个人的真正价值,把个人变成了社会身体中的一个简单细胞",认为个人"受制于物理-生物学定律"。因此,他忽视了"自由意志"的力量以及人在很大程度上受制于"他为自己规定的法律"和"他所签订的契约"。[①]

在讨论自己的观点改变时,沃尔姆斯很重视海克尔(Ernest Haeckel)的思想以及最近关于脑细胞相对不连续性的发现,他说后一发现是"戈尔吉(Golgi)和卡扎尔(Ramón y Cajal)的荣耀"。他还提到了梅奇尼科夫(E. Metchnikoff)关于吞噬细胞的研究,该研究已经表明了细胞新的方面,甚至提出细胞在保卫自己免受敌人攻击时是在实践一种技艺甚至是一门科学。简而言之,沃尔姆斯说,他的社会学批评家逐渐削弱了他早期关于社会有机体过于简单的观点,生物医学的发展已经从根本上改变了早期有机体论社会学的科学基础,主要是通过扩大我们对构成生命有机体的细胞生命和功能的认识和理解。[②] 在目前的语境下,与这两部著作

---

① René Worms: *Philosophie des sciences sociales* (Paris: V. Giard & E. Brière, 1903), vol. 1, p. 53.

② René Worms: *Philosophie des sciences sociales* (Paris: V. Giard & E. Brière, 1903), vol. 1, chs. 2, 3.

之间的细节差异相比,更让我们感兴趣的是,在每一部著作中,来自生命科学的社会类比都直接反映了日新月异的生物学和医学知识。

除了讨论利林费尔德、舍夫勒和沃尔姆斯,我还应当提到斯宾塞的著作。(关于斯宾塞对类比的使用的更详细讨论,参见希尔茨[Victor Hilts]在《自然科学与社会科学》[*The Natural Sciences and the Social Sciences*]中的文章。)斯宾塞在思想史上是一个颇具争议的人物。虽然他在今天常常受到贬低,但是在19世纪,至少在社会思想方面,他也许是最具影响力的思想家之一。[①] 例如,《自然》杂志最近一篇文章的作者霍华德(Jonathan Howard)指出,"讨论进化史的书提到斯宾塞越多,看的人就越少"。[②] 关于斯宾塞的含糊性也许可见于达尔文《自传》中被频繁引用的话,说斯宾塞的《生物学原理》(*Principles of Biology*)使他觉得斯宾塞"高我十几倍",他相信斯宾塞会渐渐被认为与笛卡儿和莱布尼茨相当。巴罗(J. W. Burrow)揶揄道,达尔文因为补充说"不过关于他,我知之甚少"而破坏了效果。[③]

人们已经注意到斯宾塞对类比的过度使用。然而,他不仅使用有机类比,而且会突然转向机械类比,而不是固守其中某一个。正如皮尔(Peel)所指出的,斯宾塞"会借鉴物理学进行言说,然后

59

---

① 特别参见 Derek Freeman, "The Evolutionary Theories of Charles Darwin and Herbert Spencer," *Current Anthropology*, 1974, 15: 211—237。

② *Nature*, 1982, 296: 686—687.

③ J. W. Burrow: *Evolution and Society: A Study in Victorian Social Theory* (Cambridge: The University of Cambridge Press, 1970), p. 182.

'改变说明方式,把社会看成一个有机体'"。① 例如他指出,"在动物有机体中,柔软部分决定了坚硬部分的形态"。他通过类比得出结论说,"在社会有机体中,看似固定的法律和制度框架是由看似无力的事物特征塑造的"。没过多久,他在一个工程类比中又重申了这一结论,该类比称制度像一座建筑,因为它的结构取决于"材料的强度"而不是"设计的精巧"。②

斯宾塞在晚年的自传中断然否认"相信社会有机体与人的有机体之间有任何特殊类比"。他的结论是:

> 虽然前面的章节曾多次将社会的结构和功能与人体的结构和功能相比较,但作这些比较乃是因为人体的结构和功能为一般的结构和功能提供了最熟悉的说明。……基本组织原则中的共同性是唯一得到断言的共同性。③

在这一点上,我们也许会同意斯宾塞传记作者的说法,即"斯宾塞能够意识到比较的固有逻辑界限,也明显乐于提出生动鲜明的对

---

① J. D. Y. Peel: *Herbert Spencer*: *The Evolution of a Sociologist* (New York: Basic Books, 1971), p. 174,包括了对斯宾塞《社会静力学》(*Social Static*)的引用。

② 有机隐喻在许多文章(尤其是"The Social Organism" [1860])和 *Social Statics* (1850), *The Study of Sociology* (1873)和 *The Principles of Sociology* (1876)等著作中都占据着统治地位。参见 J. D. Y. Peel: *Herbert Spencer*: *The Evolution of a Sociologist* (New York: Basic Books, 1971), ch. 7, esp. p. 174。

③ J. D. Y. Peel: *Herbert Spencer*: *The Evolution of a Sociologist*, (New York: Basic Books, 1971), p. 179.

比,这两者之间存在着某种不相容性,如果不是不一致的话"。①

今天的社会学文献几乎普遍鄙视有机体论社会学,②通常并不试图查明在那个时代公认有影响力的这个思想学派是否给我们留下了永恒的遗产。有机体论社会学家的一项重要贡献是把医学中提出的一些概念和原则转移到一般的社会思想中。孔德、利林费尔德、舍夫勒、沃尔姆斯等人都强调关于正常和病理的医学概念。他们倡导一条重要的原则(起初由孔德从布鲁赛那里接受过来),即不应把正常和病态的社会状态看成完全不同类型的状况,而应看成同一类状况的极端阶段。今天,这些作者对这种医学类比的坚持体现在"健康社会"这样的短语中。有机体论社会学家甚至利用了菲尔绍的医学病理学,并且寻求病菌理论的社会类比物,此时他们的工作模式与在我们的时代将精神分析的概念应用于社会学分析的那些人没有什么区别。

60 　　福柯(Michel Foucault)的一个具有先见之明的惊人结论是,正是出于"无知",社会学家才到孟德斯鸠和孔德那里去寻求他们的起源,他们本应认识到,"社会学知识是在像医生那样的实践中形成的"。③ 社会学与医学之间的类比这个有机体论主题是斯莫尔和文森特(Small and Vincent)的《社会学研究导论》(*An Intro-*

---

① J. D. Y. Peel：*Herbert Spencer：The Evolution of a Sociologist*，(New York：Basic Books，1971)，p. 178.

② 这里我感到没有必要去罗列利林费尔德、舍夫勒、沃尔姆斯和斯宾塞等人著作中出现的错配的同源性(参见 § 1.4),因为我的目标一直是考察对类比的历史运用,而不仅仅是让人注意对类比的过度使用(就像在 § 1.4 中那样)。

③ Michel Foucault：*Power/Knowledge：Selected Interviews and Other Writings*，1972—1977，ed. Colin Gordon (Brighton：Harvester Press，1980)，p. 151.

duction to the Study of Sociology)①等以历史为导向的较早教科书的一个特征,正如特纳(Bryan Turner)所发现的,到了更晚近的时代,该主题明显出现在沃思(Louis Wirth)的"临床社会学"和"社会学诊所"等概念(1931)中。② 1935 年,亨德森(L. J. Henderson)提出,社会学家应当采用临床医学(甚至是它的技术)的类比,这预示了福柯(在 1936 年)所构想的"作为应用社会学的医学实践"。③

在有机体论社会学家看来,认为社会弊病或疾病是由患病的个人造成的,正如菲尔绍所教导的,应把医学疾病归结为个体细胞的病理状况,这似乎是一个来自医学的明显的类比结论。甚至早在 18 世纪,就有一种强烈的思想潮流将个人健康与社会健康联系起来。像孔多塞这样的乌托邦主义者在最终实现完美的个人健康状况与创造一个完美的社会之间进行类比,预言未来会有一个时

---

① 参见 Albion W. Small & George E. Vincent: *An Introduction to the Study of Society* (New York/Cincinnati/Chicago: American Book Company, 1894)。

② Bryan S. Turner: *The Body and Society: Explorations in Social Theory* (Oxford: Basil Blackwell, 1984), pp. 49—50; Louis Wirth: "Clinical Sociology," *American Journal of Sociology*, 1931, 37: 49—66.

③ L. J. Henderson: "Physician and Patient as a Social System," *New England Journal of Medicine*, 1935, 51: 819—823; "The Practice of Medicine as Applied Sociology," *Transactions of the Association of American Physicians*, 1936, 51: 8—15. 亨德森关于类似主题的论文载 Bernard Barber: *L. J. Henderson on the Social System: Selected Writings* (Chicago: University of Chicago Press, 1970),其中包含一篇重要的导言。

关于这一主题,参见 Talcott Parsons: *The Social System* (Glencoe, Ill.: Free Press, 1951)和"The Sick Role and the Role of the Physician Reconsidered," *Milbank Memorial Fund Quarterly*, 1975, 53: 257—278。

代,人们将变得非常健康长寿。他写道,死亡会成为"奇特的偶然"。[①] 但马尔萨斯的人口研究采取了一种截然不同的进路,表明个人健康与社会健康之间的这种类比可能过于肤浅。马尔萨斯用非常严肃的例子表明,健康和生育方面的自然活力可能是社会问题和疾病的一个原因,它们会造就一种"人口力量",只有苦难或罪恶才能加以约束。[②] 马尔萨斯指出,人类的健康以及健康自然的"欲望和力量"(正如休谟对这种人类驱动力的描述[③])会自然导致贫穷、饥饿和苦难,因为食品供应的任何可能增长(仅限于算术比例)永远也跟不上人口的增长(几何比例或指数比例)。马尔萨斯的广泛影响及其对人口研究的社会意义的讨论表明,对于社会学来说,生物学思考本质上并不陌生,它也许能在一定程度上使我们认识到,对不同类比进行探讨的有机体论社会学家非常重要和具有原创性。

---

① Marie-lean-Antoine-Nicolas Caritat, Marquis de Concorcet: *Esquisse d'un tableau historique des progres de l'esprit humain* (Paris: Agasse, 1795); 以及 Keith M. Baker: *Condorcet, from Natural Philosophy to Social Mathematics* (Chicago: University of Chicago Press, 1975), pp. 348—349, 368—369。

② 在后来的版本中,马尔萨斯试图淡化他所展示的暗淡前景,引入了"道德约束"作为人口控制的一个因素。

③ David Hume: "Of the Populousness of Ancient Nations," vol. 1 in *Essays, Moral, Political, and Literary* (Edinburgh: R. Fleming and A. Alison for A. Kincaid, 1742), p. 376. 参见 Catherine Gallagher: "The Body versus the Social Body," pp. 83—106 of Catherine Gallagher & Thomas Laqueur (eds.): *The Making of the Modern Body: Sexuality and Society in the Nineteenth Century* (Berkeley/Los Angeles: University of California Press, 1987)。

1.9　不正确的科学、不完美的复制和科学观念的转变

61

在用自然科学来推进社会科学的过程中,被应用的科学有可能是完全错误的。美国社会学家凯里提供了一个明显的例子,他试图基于以牛顿天体力学为中心的物理学原理建立一门关于社会的科学。我已经提到,关于质量概念和他的定律的形式,凯里早期的想法是错配的同源性的一个例子。在陈述万有引力定律时,凯里也犯了一个严重的错误,他误以为两个质量之间的吸引力与两者的距离成反比,而不是与距离的平方成反比。[①] 虽然哪怕稍懂初等物理学就会发现这个明显的错误,但凯里的批评者并没有注意到它。[②] 当然,即使凯里使用了正确的牛顿定律,他的系统可能也不会更好。既然他并没有在数学上发展自己的学科,他对引力定律精确形式的无知也许无关宏旨,但这样一个结论意味着凯里的社会学错误地声称以牛顿的原理为基础。我强烈怀疑是否有任何社会学家——或其他社会科学家——会主张其学科建立在全然错误的科学基础上。

在把自然科学应用于社会科学时,像凯里那样的错误并不像误解和不完美的复制那样常见。孟德斯鸠著名的《论法的精神》(*Spirit of the Laws*,1748)中有一个误解的例子。在讨论"君主

---

① Henry C. Carey: *Principles of Social Science* (Philadelphia: J. B. Lippincott & Co., 1858); 参见 § 1.4。

② 参见 Pitirim A. Sorokin: *Contemporary Sociological Theories* (New York/London: Harper & Brothers, 1928) 和 Werner Stark: *The Fundamental Forms of Social Thought* (London: Routledge & Kegan Paul, 1962)。

制原则"时,孟德斯鸠写道,"这种政府就像宇宙体系一样",也就是说,"有一种力量不断把所有物体从中心排开,有一种引力把所有物体吸向它"。① 当然,这个把所有物体吸向中心的"引力"概念是牛顿的。但牛顿对"宇宙体系"的解释明确否认有向心力和离心力的任何平衡。孟德斯鸠对牛顿的万有引力概念只有一种不完美的理解。在这个例子中,他表明自己本质上相信笛卡儿物理学和平衡力的旧框架,试图把一个准牛顿概念引入这个它并不适合的框架中。有大量证据表明,孟德斯鸠仍然是一个从未完全掌握新牛顿自然哲学原理的笛卡儿主义者。②

一个不同类型的有启发性的例子出现在斯密的《国富论》(*Wealth of Nations*,1776)对"自然价格"这一著名概念的讨论中。初看起来,它似乎暗示着不完美的复制而不是误解。斯密写道,"自然价格"是"中心价格,所有商品的价格都被持续引向它"。③

---

① *The Spirit of the Laws*, trans. Thomas Nugent (revised ed., London: George Bell and Sons, 1878; reprint, New York: Hafner Press, 1949), bk. 3, § 7, "The Principle of Monarchy."

② 关于这一点,参见 Henry Guerlac: "Three Eighteenth-Century Social Philosophers: Scientific Influences on their Thought," *Daedalus*, 1958, 87: 6—24; 重印于 Henry Guerlac: *Essays and Papers in the History of Modern Science* (Baltimore: The Johns Hopkins University Press, 1977), pp. 451—464。

③ Adam Smith: *An Inquiry into the Nature and Causes of the Wealth of Nations* (Oxford: Oxford University Press, 1976—The Glasgow Edition of the Works and Correspondence of Adam Smith, II), bk. 1, ch. 7, p. 15 (§ 15). "Cannan edition"-Adam Smith: *An Inquiry into the Causes of the Wealth of Nations*, ed. Edwin Cannan (London: Methuen & Co., 1904; reprint, Chicago: The University of Chicago Press, 1976; reprint New York: Modern Library, 1985)更为易读,而且包含着有用的批注。其中一个批注(1976 ed., p. 65; 1985 ed., p. 59)重申:"自然价格是吸引实际价格的中心价格。"

"所有"和"持续引向"这些词的使用援引了牛顿科学,甚至可能暗示这段话是斯密所谓经济学中的牛顿主义的一个实例。和孟德斯鸠不同,斯密比较了解牛顿的科学原理,他在关于天文学史的论文中①热情洋溢地谈论了牛顿的科学成就。

斯密联系自然价格对引力的使用在一个重要特征上不同于牛顿的或物理的引力。牛顿物理学的一条基本公理是他的第三运动定律,即作用与反作用总是相等的。该定律的一个推论是,"所有"物体不仅被"引"向某个中心物体,而且也相互"吸引"。因此,中心物体必定被"引"向系统中的所有其他物体。结果,由于斯密的经济学是对牛顿引力理论完整而准确的复制,因此所有价格必定会彼此"吸引","自然价格"同样会被"引"向"所有商品的价格"。

因此,我们也许更钦佩斯密只是部分复制了牛顿的物理学概念,以对经济学有用的方式修改或改变了牛顿的物理学概念。只有自以为是地显示出历史辉格主义才会基于不完美的复制而指责斯密。事实上,斯密并非在研究一个天体物理学问题,并非在研究引力物理学的应用,而是在为经济学创建一个概念。

斯密对一种吸引的经济力量的使用也许可以提醒我们,经济学并非对物理学的精确复制,经济学中使用的概念不必是起源于物理学的那些概念的严格同源物。梅纳尔已经非常精辟地表述了这一原则。他提出了一个重要观点,即对类比的成功使用"不只是

---

　　①　Adam Smith: *Essays on Philosophical Subjects*, ed. W. P. D. Wightman & J. C. Bryce (Oxford: Oxford University Press, 1980——The Glasgow Edition of the Works and Correspondence of Adam Smith), vol. 3, pp. 33—105, "The History of Astronomy."

对概念和方法的明显转移",对类比的创造性使用总是"突出差
异"。他得出结论说,在从一个领域到另一个领域的每一次"概念
转移"中,"这些概念在重组的科学中有了自己的生命"。[①]

最近一些关于经济学的历史研究似乎基于一个不同的隐含假
设,即一门有效的社会科学绝不能只是自然科学的一个类比物,而
是必须在概念和原理的所有同源程度上复制自然科学。然而,自
然科学的历史表明,许多伟大进展与其说来自于把观念从一个科
学分支复制转移到另一个科学分支,不如说来自于一种改造,来自
于对原始观念的重大修改。为了理解这个过程,我们可以看看牛
顿是如何把惯性概念锻造为质量的一种属性的,这是产生现代理
论力学的那场革命的首要步骤。"惯性"一词是开普勒作为对哥白
尼体系论证的一部分而引入物理学的。在哥白尼之前的体系比如
亚里士多德和托勒密的体系中,地球是静止不动的,固定于宇宙的
"中心"。因此,在亚里士多德的物理学中,地界物体或者"重"物据
说"自然地"落向地球中心,那里是它的"自然位置",有明确的定
义,且被固定在静止地球的中心。然而在哥白尼主义者看来,由于
地球在持续作轨道运动,地心在宇宙中心并无固定或永久的位置。
因此,下落物体并无旧亚里士多德意义上的"自然位置"可寻。于
是,开普勒假定物质从根本上讲是"惰性的",或者由"惰性"或"惯
性"来刻画。由于物质是惰性的,所以物质不能自行移动,而是需

---

① Claude Ménard: "La machine et le coeur: essai sur les analogies dans le raison-
nement economique," in *Analogie et Connaissance*, vol. 2: *De la poésie à la science*
(Paris: Maloine éditeur, 1981—Séminaires Interdisciplinaires du Collège de France).

要一个"推动力"来使运动发生。开普勒断言,如果"推动力"停止起作用,物体必定会渐渐静止下来。就这样,他消除了关于"自然位置"的反哥白尼教条。

牛顿改变了开普勒的观念,但保留了开普勒所引入的名称。也就是说,他并没有把开普勒的观念复制到自己的物理学体系中。在他改造的观念中,物体的"惰性"或"惯性"有一个非常不同的后果。牛顿在《自然哲学的数学原理》(1687)的定义三和第一运动定律中写道,每当没有外力作用时,物体将要么处于静止状态,要么保持"运动状态",即匀速直线运动。牛顿很清楚他的概念和惯性原理与开普勒的概念和原理之间的差异。他在个人保存的《自然哲学的数学原理》复本中评论说,他所谓的"惯性"并非开普勒所说的"物体趋向于静止所凭借的惯性力",而是一种"保持同一状态的力,无论是静止还是运动"。①

对科学观念的某种类似改造是达尔文创建其进化论的一个特点。当时,地质学家赖尔(Charles Lyell)通过不同物种之间的生存竞争来解释以物种的相继消失为标志的化石记录。达尔文阅读马尔萨斯时考虑了赖尔的想法,并对其观念作了改造。达尔文已经观察到,任何单个物种的个体成员在遗传特性上是彼此不同的。达尔文认识到某些特性在特定环境下要比另一些特性更适合生

---

① 细节参见我的 Introduction to Newton's "Principia" (Cambridge: Harvard University Press; Cambridge: Cambridge University Press, 1971), ch. 2, § 1。牛顿把物体的这种惯性性质(inertial property)同时称为"惯性力"(vis inertiae)和"惯性"(inertia)。在他看来,这是一种"内在的"力,而不是"外在的"力,因此无法凭借自身改变物体的静止状态或运动状态。

存，并对赖尔的想法作了彻底改造。他不是假设不同物种之间存在着生存竞争，而是提出竞争发生在同一物种的不同个体之间，在时间进程中导致物种的修改。在改造赖尔观念的过程中，达尔文将今天所谓的"种群思想"引入了生物学。根据迈尔（Ernst Mayr）的说法，这是达尔文最具原创性和最重要的革新之一。①

这些案例史说明了人的想象力在改造现有的自然科学概念、原理或理论时的巨大力量。它们并非关于错误的或不完美的复制的"警示故事"，而是对科学中最高程度的创造性过程的详细说明。此外，知道这些案例史还可以提醒批判性的历史学家注意一个特征。当自然科学家或社会科学家利用来自另一个领域的概念、原理、理论和方法时，这个特征常常会出现。无论这种转移发生在类比物、同源物还是隐喻的层次，往往都会从不同知识领域之间的差异中产生某种扭曲或转变。梅纳尔、米劳斯基等新古典主义经济学的批评者所注意到的扭曲在部分程度上乃是源于"经济学中缺乏守恒律"。然而，经济学家并未普遍认为缺乏守恒律会大大扭曲能量类比，以致构成了新古典主义经济学基础的一个无法弥补的错误。② 因此，一些经济学家怀疑米劳斯基的公然断言，即新古典

---

① 关于达尔文和赖尔，参见 Ernst Mayr: *The Growth of Biological Thought*: *Diversity, Evolution, and Inheritance* (Cambridge: The Belknap Press of Harvard University Press, 1982)；我的 *Newtonian Revolution*: *With Illustrations of the Transformation of Scientific Ideas* (New York/Cambridge: Cambridge University Press, 1980) 讨论了达尔文变革的细节以及其他例子。

② Philip Mirowski: *More Heat than Light*: *Economics as Social Physics, Physics as Nature's Economics* (Cambridge/New York: Cambridge University Press, 1989), pp. 241—254 记载了贝特朗（Joseph Bertrand）和洛朗（Hermann Laurent）因为瓦尔拉的数学物理学而指责他，就像洛朗和沃尔泰拉（Vito Volterra）后来指责帕累托一样。

主义经济学家从物理学中"基本上逐字逐符号地复制了他们的模 ⁶⁵
型"。例如,在《经济文献杂志》(*Journal of Economic Literature*)
上刊登的《热甚于光》的一篇书评中,[①]范里安(Hal R. Varian)反
驳了米劳斯基的说法,即新古典主义经济学因为挪用了能量概念
而是"不连贯的"。他还拒斥了米劳斯基的类似说法,即"能量守恒
是物理能量概念的一个内在方面,这种守恒律对于效用来说是无
效的",因此"效用并不是一个思想上连贯的概念"。范里安的结论
是,米劳斯基仅仅表明"效用不是能量"。[②]

　　然而,概念、定律、原理和理论的转移过程中这些关于扭曲或
改造的问题不同于简单的事实错误。凯里的社会定律并非对牛顿
科学进行一种扭曲或创造性的非正统阐释的结果。凯里只是使物
理学的错误;他只是不知道正确的万有引力定律。同样,孟德斯鸠
既没有扭曲牛顿物理学,也没有忽视显著特征(就像斯密之于吸引
的相互性和瓦尔拉之于守恒那样),而是误解了或不知道牛顿对弯
曲轨道运动的解释。我已经提到,即使凯里已经知道并且使用了
正确的牛顿定律,他的社会学也不会有任何不同。同样,即使用正
确的牛顿解释取代了不正确的牛顿解释,孟德斯鸠的社会和政治
观念也不会有重大改变。即使完全不提牛顿,他的体系或其论点
的主旨可能也不会有太大的差别。

　　然而,社会思想中有许多卓有成效的进展的例子源于转移,其

---

　　①　*Journal of Economic Literature*,1991,29:595—596.

　　②　但即使是像范里安这样严厉的批评者也承认,米劳斯基"通过彻底研究瓦尔
拉、杰文斯、费雪、帕累托等新古典主义经济学家的作品……几乎令所有人满意地表明,
他们认识到'效用'有某些特征与当时流行的'能量'概念相同。"

中原始的概念或原理可能没有得到完全理解。一个例子可见于利摩日在《自然科学与社会科学》中分析的与劳动分工原则有关的生物学思想和社会思想相互交织的历史。事实上,社会科学家都知道,误解往往会引出非常丰硕的成果,即使来源是另一门社会科学。权力分立原则便是出自政治学的一个著名例子,这是美国宪法所采用的政体形式的一个核心特征。正如洛威尔所说,该原则的一个直接来源是对孟德斯鸠思想的误读。①

66

1.10　不当或无用的类比

并非所有类比都同样有用。如果类比非常不当,以致对社会科学没有用处,就会出现极端情况。这并非个人判断,而是历史事实。有两个类比常被用来思考国家或社会,事实证明,它们是不当的。一个出自生物学或生命科学,另一个出自物理科学。一个是作为政治[身]体的国家的有机体类比的一部分,另一个则是作为物理系统的国家或社会的牛顿式类比。我们已经看到,坎农在20世纪设想他的研究可能会给有机体类比以新的生命。但坎农并没有为社会理论提供任何新的重要洞见,据我所知也没有任何继任者卓有成效地利用他的一般类比。唯一可能的结论是,事实证明,目前形式的类比对于社会学知识或理解的发展是不当的。如果一个类比既不能为社会理论、系统或概念提供有效性,也不能对社会

---

① A. Lawrence Lowell: "An Example from the Evidence of History," in Harvard Tercentenary Conference of Arts and Sciences (1936): *Factors Determining Human Behavior* (Cambridge: Harvard University Press, 1937), pp. 119—132.

科学有新的洞见,那么就必须认为这个对社会科学无用的类比是不当的。①

那种认为引力宇宙学或牛顿世界体系能为社会或国家秩序提供类比的想法可以追溯到牛顿本人的时代。牛顿的一个学生、也是一部标准牛顿教科书的作者德萨吉利埃(Jean-Théophile Desaguliers)在一首诗《牛顿的世界体系,最佳的政府模式》中表达自己的希望。② 从未有任何政治理论家、实践政治家或政治领袖、自然科学家或社会科学家利用过这种古怪的阐述。因此,这是一个无用类比的例子。

无用的或不当的类比还有一个早期例子同样与牛顿有关。与牛顿同时代的苏格兰数学家克雷格试图在人类事务中复制牛顿的科学。克雷格的《基督教神学的数学原理》(*Theologiae Christianae Principia Mathematica*,1699)是对牛顿《自然哲学的数学原理》的直接模仿。③

---

① 当然,类比可能不当的一个原因是它基于错配的同源性。另一个原因可能是,类比没有把主题提升到竞争者的程度。

② 格拉克(Henry Guerlac)曾把它称为英语中最糟糕的类比之一。Jean T. Desaguliers:*The Newtonian System of the World*,*the Best Model of Government*(Westminster:A. Campbell,1728).

③ John Craig:*Theologiae Christianae Principia Mathematica*(London:impensis Tomothei Child,1699). 惠特曼(Anne Whitman)翻译的一些重要节选(未附译者姓名)以"Craig's Rules of Historical Evidence,"*History and Theory*:*Studies in the Philosophy of History*,Beiheft 4(The Hague:Mouton,1964)发表。克雷格曾经建议牛顿对《自然哲学的数学原理》稍作改动;参见 I. B. Cohen:"Isaac Newton, the Calculus of Variations, and the Design of Ships," pp. 169—187 of Robert S. Cohen, J. J. Stachel, & M. M. Wartofsky (eds.):*For Dirk Struik*:*Scientific*,*Historical*,*and Political Essays in Honor of Dirk J. Struik*(Dordrecht/Boston:D. Reidel Publishing Company,1974—Boston Studies in the Philosophy of Science, vol. 15)。

克雷格的目标是在证言可靠性的领域设计一条社会语境下的牛顿
67　定律。他探讨的主题是可以给证人的证言指定什么样的可信度，
这在奇迹传闻的背景下是一个非常重要的话题。克雷格想出了一
个巧妙的牛顿式回答：这种证言的可靠性与从那个证词到现在的
时间的平方成反比，就像牛顿的引力随着距离的平方而减小一样。
这条定律显然是不当类比的又一个例子。①

　　尽管有许多社会科学家的希望，但牛顿物理学，即牛顿在《自
然哲学的数学原理》中阐述的物理学，从来没有为经济学、政治学
或社会学提供一个有用的类比。虽然事实证明牛顿之后的理论力
学（以及达朗贝尔、欧拉、拉格朗日、拉普拉斯和哈密顿所作的非牛
顿补充）对于经济学是有用的，特别是与能量物理学结合时，但牛
顿的理论力学本身并不足以为社会科学提供有用的模型。我认为
原因在于，牛顿体系基于一套在经验世界中无法实现的抽象和条
件。甚至连牛顿的宇宙体系也是一个抽象的概念，因为它无法像
笛卡儿的涡旋体系、托勒密复杂的本轮机械装置或亚里士多德的
嵌套天球宇宙那样体现在一个机械模型或机械图景中。事实上，
正是由于这个特征，牛顿的一些同时代人拒绝接受《自然哲学的数
学原理》的天体物理学，他们特别批评牛顿背离了"机械论哲学"。
无论如何，历史记录表明，尽管怀着数百年的希望和努力，牛顿的

---

　　①　在两个多世纪的时间里，克雷格的著作及其牛顿式的定律通常会被看成牛顿
科学所导致的偏差的一个例子。事实上，他的整部著作都可以被看成不当类比的一个
扩展的例子。但 Stephen Stigler 最近的研究（"John Craig and the Probability of Histo-
ry: From the Death of Christ to the Birth of Laplace," *Journal of the American Statis-
tical Association*, 1986, 81: 879—887）表明，克雷格对概率的应用做出了重要贡献，
"他的证言概率方案相当于一个后验概率的逻辑模型"。

物理学并没有产生一个适合于社会科学的类比。

社会达尔文主义为不当类比提供了又一个显著例证。[①] 虽然一般的进化对于社会科学仍然是有用的，但社会达尔文主义却没有留下永恒的科学遗产。只要严格比较在达尔文主义的生物进化中起作用的因素和在现代资本主义社会的竞争中取得成功的决定性因素，就会立刻发现，达尔文主义的生物进化为这种个人的社会行为提供了一个不当类比。然而在分析这个例子时必须非常谨慎，以免社会达尔文主义的失败被视为错误科学的一个简单例子。只有在社会达尔文主义源于把遭到误解的达尔文进化论应用于人类社会时，情况才是如此。但是在社会达尔文主义中，被应用的与其说是达尔文的科学，不如说是斯宾塞的原理。[②] 既然斯宾塞进化论的大前提在科学上是不正确的，那么社会达尔文主义的确例证了错误的科学。但社会达尔文主义之所以错误，并非因为它错误地阐释了达尔文的科学，而是因为采用了拉马克的遗传学原理，拒绝接受达尔文的进化生物学，赞成斯宾塞社会学的生物学。这

68

---

① 我并未试图重写这一主题的历史，后者已有许多专著，最早的是 Richard Hofstadter: *Social Darwinism in American Thought* (Philadelphia: University of Pennsylvania Press, 1944; rev. ed. , Boston: Beacon Press, 1955)。更近的著作有 Carl N. Degler: *In Search of Human Nature : The Decline and Revival of Darwinism in American Social Thought* (New York/Oxford: Oxford University Press, 1991)和 Robert C. Bannister: *Social Darwinism : Science and Myth in Anglo-American Social Thought* (Philadelphia: Temple University Press, 1979); Howard L. Kaye: *The Social Meaning of Modern Biology : From Social Darwinism to Social Biology* (New Haven: Yale University Press, 1984); Peter J. Bower: *The Eclipse of Darwinism : Anti-Darwinian Evolution Theories in the Decades around 1900* (Baltimore: Johns Hopkins University Press, 1983)等。

② Michael Ruse: "Social Darwinism: Two Roots," *Albion*, 1980, 12: 23—36.

种情形不同于凯里陈述引力定律的错误,因为在斯宾塞的时代,至少直到魏斯曼(August Weismann)的发现之后,并没有实际证据表明获得性状不能被遗传。与凯里同时代的有科学素养的人都知道正确的引力定律,而斯宾塞及其同时代人则可能仍然相信后来被证明不正确的科学。

斯宾塞的进化思想之所以在科学上不正确,是因为他接受了那种最粗陋的拉马克主义,认为结果必定是个体能够影响甚至引导其自身进化的发展道路。我们不能正当地指责斯宾塞在其职业生涯的大部分时间里秉持着这一信念,但可以批评他后来就像其美国弟子沃德(Lester F. Ward)一样,不切实际地力图否认魏斯曼基于所谓科学根据的研究。此外,也有充分的理由质疑斯宾塞的社会理论是否可能有任何永恒价值,因为它建立在一种严格的拉马克主义基础上。斯宾塞本人也承认,他无法"将一个群体的学习储备与遗传修改分离开来"。①

关于科学上不当类比的社会应用,古尔德(Stephen Gould)提出了一个有些相关的例子,它同样涉及拉马克主义进化。② 在考察了不断变化的技术的某些方面之后,古尔德得出结论说,人类的文化"把一种新的变化风格引至我们的星球"。原因在于,"无论我们学会了什么,在生活中改进了什么,我们都会将其作为机器和书

---

① Spencer: "The Study of Sociology," No. XVI, "Conclusion," *Contemporary Review*, 1873, 22: 663—677, esp. p. 676.

② Stephen Jay Gould: "Shoemaker and Morning Star: A Visit to the Great Reminder reveals some Painful Truths carved in Stone," *Natural History*, December 1990, pp. 14—20, esp. p. 20.

面教导传给我们的子孙"。由于每一代"都可以添加、改进和传承",所以"我们的人造物"有一种"渐进性",因此可以说文化的发展是拉马克式的而非达尔文式的。但古尔德继续说,"无论我们如何通过奋斗来改进我们的心灵,也不会赋予我们的后代以任何遗传优势",他们"必须运用文化传播的工具,从头学习这些技能"。①古尔德得出结论说,"拉马克式与达尔文式的变化风格之间的根本区别"也许有助于"解释"为什么与生物进化不同,"文化转变"是"迅速的和线性的"。②

　　当然,古尔德并没有犯科学错误。作为著名的古生物学家和进化论者,他明确意识到,他在社会语境下提到的拉马克主义进化的首要特征——获得性状的遗传——并非自然科学可以接受的原理。他宣称,我们不能通过改进自己的心灵而赋予"后代以任何遗传优势"。因此,他必定是在主张,也许可以用一条不正确的自然科学原理来构造一条社会科学原理。但这种拉马克主义类比真的有用吗?

　　古尔德并没有从他的拉马克主义建议中发展出任何进一步的推论。他并未探讨当前的社会组织或社会变革观念可能需要作出的任何改变,甚至也没有建议对过去和现在的技术发明发展观进

69

---

　　① 古尔德的类比基于一种不完美的同源性。生物学中的拉马克主义进化意味着,不仅每一个人都可以改变其遗传,而且这种改变会被传递给下一代。考虑一场大灾难,一切物质文化和所有超过三岁的人都被摧毁了。在一个与拉马克生物世界同源的拉马克社会世界中,幸存的人将会继承数个世纪里进化发展所获得的技术知识和技能。然而,正如古尔德所知道的,这在自然世界和人类世界里是不可能的。

　　② 此外古尔德还宣称,拉马克式的"文化传播"模式要为"我们自信地成长的孩子们的快乐"和"我们当前环境危机的所有弊病"负责。

行修正。是马克思首先提出，应当以一种达尔文主义模式来构想技术史，但古尔德并没有提到这个事实，也没有探讨马克思可能在何种意义上使用拉马克主义或达尔文主义模型。最近巴萨拉（George Bassalla）等人已经指出，技术史展示了一种严格的达尔文主义进化框架，在其中非拉马克主义的自然选择原理是最重要的。他们的工作也被古尔德所忽视，他仅仅提出了一个可能是拉马克主义的论题，而没有提及其他版本的技术进化。因此我们可以正当地怀疑，介绍这个例子是否主要是作为一个隐喻以表达一种关于社会和技术的观点。无论如何，既然在社会分析中类比没有发展起来，事实证明没有用处，所以我们从现在开始就要把它归于不当一类。

社会科学中的其他一些类比，即使是基于当前正确的自然科学，也可能被证明是无用的、不当的甚至是误导的。它们最终可能会导致混乱和困惑，而不是启发。类比的这一方面是经济学中一场相当晚近的思想争论中的一个核心议题，它将进一步用来说明类比与隐喻之间的根本区别。①

1950 年，阿尔奇安（Armen A. Alchian）发表了一篇文章《不确定性、进化与经济理论》，②彭罗斯（Edith Penrose）对该文作了一个回应，讨论了生物学类比在经济学中的应用这个一般主题。彭

---

① Neil Nimanz 在一次关于经济学中的自然形象的研讨会上使我注意到了这个例子，不过他对这一片段的处理方式与我完全不同。参见他在 Philip Mirowski（ed.）：*Markets Read in Tooth and Claw*（Cambridge/New York：Cambridge University Press, 1993）中的论文。

② Armen A. Alchian：“Uncertainty, Evolution and Economic Theory,” *Journal of Political Economy*, 1950, 57: 211—221.

罗斯从一开始就承认,经济学"一直大量利用自然科学的类比,以帮助理解经济现象"。[1] 彭罗斯并不关心一般的类比,而是关心在经济学中使用"笼统类比"所导致的不良影响:这些类比往往会以一种非常特殊的方式构造一些"它们旨在阐明的问题",以致"无意中掩盖了重要事项"。她集中于"企业理论",考察了经济学家使用的三个生物学类比:生命周期、自然选择(或生存能力)和内稳态。

在批判过程中,彭罗斯就类比在经济学中的使用提出了一个重要区分,该区分类似于我在本章中介绍的类型学。一种使用是把一个没有完全理解的经济现象与其他某种科学中的类似现象进行参照,以此来推进我们的理解。另一种使用她称之为"纯隐喻比喻",即用这些相似之处"给一种否则便乏味无趣的分析增添生动的注释",以帮助读者跟上困难的论点或讨论陌生的概念和原理。[2]

彭罗斯承认,阿尔奇安的论点并不是一种粗陋的进化论,就像包围着社会达尔文主义的那种价值判断一样,而是"非常现代地强调了不确定性和统计概率"。她着重批评的结论包括,"成功的创新——经由类比而被看成'突变'——通过模仿其他公司而被传递","基因遗传、突变和自然选择在经济学中对应着模仿、创新和净利润"。她总结了进化类比自称的优越性,"声称即使人们不知道自己正在做什么,它也是有效的"。也就是说,"无论人们的动机

---

① Edith Tilton Penrose: "Biological Analogies in the Theory of the Firm," *The American Economic Review*, 1952, 42: 804—819, esp. p. 805.

② Edith Tilton Penrose: "Biological Analogies in the Theory of the Firm," *The American Economic Review*, 1952, 42, p. 807.

是什么,结果都不是由个体参与者决定的,而是由超出他们控制的
环境决定的"。就这样,"自然选择取代了追求利润最大化的有目
的的行为,就像在生物学中自然选择取代了特创物种的概念一
样"。①

彭罗斯出色地论证说,在同源(虽然她并未使用这个词)的每
一个层面,生物学与经济学之间都存在着不相容性。例如她表明,
人区别于其他动物之处就在于人能够改变环境,并且变得在一定
程度上独立于环境。此外,她还发现把"创新"当成"生物突变"的
同源物(她写的是"类比物")是一个严重的错误,因为"生物突变"
涉及"遗传结构实质"的改变,而创新则往往是"企业改变其环境的
直接尝试"。她的结论是,生物学类比其实阻碍而不是推进了阿尔
奇安所说的目标,即探讨"有目的的行为在存在不确定性和不完整
信息时的确切作用和性质"。实际上,彭罗斯认为生物学类比的失
败基于两个理由:它基于一种错配的同源性;它往往混淆或掩盖而
不是澄清了正在关注的问题,即企业的经济状况。因此,就像拉马
克的类比一样,自然选择的类比相对于经济学是不当的。

在回应批评时,阿尔奇安断言他的企业理论"独立于生物学类
比","对生物学类比的每一次提及"都"仅仅是说明性的","旨在澄
清理论中的思想"。② 彭罗斯则在答复中重申了自己的立场,也就

---

① Edith Tilton Penrose: "Biological Analogies in the Theory of the Firm," *The American Economic Review*, 1952, 42, p. 812.

② Armen A. Alchian: "Biological Analogies in the Firm: Comment," *The American Economic Review*, 1953, 43: 600—603.

是即便如此,"生物学类比也把整个问题置于一个误导的参照系中"。① 彭罗斯坚持认为,引入自然选择的类比阻碍而不是推进了理解,这与关于企业理论的某种立场的优点完全无关。就最终结果而言,类比(即使是基于正确科学的类比)的这种负面影响类似于其他种种不当或无用的类比:它无助于理解,甚至会妨碍我们的理解。具体同源与一般类比的问题明显地出现在社会学家奥格本(W. F. Ogburn)的《社会变迁》(*Social Change*)一书的修订版中,它的一个主要目标就是"比较生物变化的速度与文化变化的速度"。在1950年出版的修订版中,奥格本回忆说,1922年第一版问世时的人们明显不再像以前一样相信"社会进化论能够解释文明的起源和发展,就像生物进化论解释人类的起源和发展一样"。奥格本指出,达尔文"曾把物种的进化归结为三个偶然因素:变异、自然选择和遗传"。在奥格本看来,社会进化论之所以失败,是因为"许多研究者利用选择、适应、适者生存、变异、生存、重演、连续发展阶段等术语太过盲目地复制生物学解释"。② 也就是说,这些理论之所以失败,是因为它们采用了一种字面上的同源,而不是利用一般的类比或比喻。

---

① Edith T. Penrose:"Rejoinder," Armen A. Alchian:"Biological Analogies in the Firm:Comment," *The American Economic Review*, 1953, 43, pp. 603—609. 彭罗斯引用阿尔奇安的原始论文是为了表明,"该进路体现了生物进化和自然选择的原则"。

② William F. Ogburn:*Social Change with Respect to Culture and Original Nature*, 2d ed. (New York:Viking Press, 1950), Supplement.

1.11 结 论

社会科学对自然科学的模仿确证了所采用方法的有效性,也使相关事业合法化。梅纳尔[①]已经通过提到"类比的论战功能"而出色地表达了这一点。他解释说,类比"旨在说服,到一门公认的科学中去寻求有威信的回答,寻找有学问和受尊敬的人所赞同的观点的魅力和可靠性"。一个例子是一份形式与化学或物理学相同的社会科学报告所具有的权威性。但最终,结果的价值不能由它与另一门自然科学的相似性甚至是直接的亲缘关系来衡量,而应取决于它在多大程度上可以服务于它自己的学科或者解决某个实际问题。

一个与之相关的观点是,对数据、公认的统计方法、图形以及包括计算机建模在内的数学工具的使用不仅使一门社会科学看起来像物理学,而且也产生了可检验的定量结果,因此很容易应用。当然,这是为什么物理学是一门"精确"科学,以及为什么对它的应用往往会有明确结果的主要原因之一。

1966 年提交给约翰逊总统和国会的科尔曼报告特别说明了这种考虑。[②] 它似乎是获得国会专门授权的第一份社会科学报告,体现在 1964 年《美国民权法案》的第 402 条:

---

① Claude Ménard: "The Machine and the Heart: An Essay on Analogies in Economic Reasoning," trans. Pamela Cook & Philip Mirowski, *Social Concept*, December 1988, 5 (no. 1), p. 91.

② *Equality of Educational Opportunity*, 2 vols. (Washington, D. C.: Office of Education—U. S. Department of Health, Education, and Welfare-U. S. Government Printing Office, 1966).

　　在本章被通过后两年的时间内,教育委员会局长应就合众国各州、它的领土和属地以及哥伦比亚特区各个层次的公共教育机构中由于种族、肤色、宗教信仰或民族而使人丧失平等受教育机会的情况进行调查,并向总统和国会提出报告。[①]

虽然这份调查的实际目的从未明确,但现在看来,国会想用文件回答的问题之一显然是,学生们在兼收白人和黑人的学校与隔离的学校中取得的相对成功。从一开始就很清楚,无论调查结果如何,整个主题都极富争议,因此这份报告必须尽可能地基于最客观的数据。调查的性质不仅要求数据是定量的,而且明显要求数据的采集要尽量摆脱偏见,统计分析要摆脱任何技术上的缺陷。73简而言之,所采用的标准要与物理学或任何其他"精确"科学的研究中使用的那些标准大致相同。

　　当然,该研究还有一些方面有别于物理科学研究。例如,采集并且被用于科尔曼报告的数据很像人口普查数据,因此不像物理学中的数据那样确定。[②] 对所列举因素的选择不像物理学那样与

---

　　① 引自 Frederick Mosteller & Daniel P. Moynihan (eds.): *On Equality of Educational Opportunities: Papers Deriving from the Harvard University Faculty Seminar on the Coleman Report* (New York: Random House, 1972), pp. 4—5。

　　② 参见编者对粗糙和精致的统计学的讨论(Frederick Mosteller & Daniel P. Moynihan (eds.): *On Equality of Educational Opportunities: Papers Deriving from the Harvard University Faculty Seminar on the Coleman Report* (New York: Random House, 1972), pp. 12—14)以及 Christopher S. Jencks 讨论"The Quality of the Data Collected by *The Equality of Educational Opportunity* Survey"的第 11 章。作为对科尔曼报告第一卷 373 页的补充,第二卷由 548 页的均值、标准差和相关系数表组成。

价值无涉。① 此外,科尔曼报告还必须说服国会及其成员相信,有一项重要的"开创性"发现是有效的,即对"学校设施的变化与学术成就水平的变化之间的关系"所作的分析表明,"其关系微乎其微",以至于对任何意图和目的来说都不存在关系。② 言下之意是,增加财政支持本身并不一定会造就更好的中学教育。这项发现构成了对美国教育的一项最"不容置疑的基本假设"或"社会公认信念"的"有力批判"。在支持这些推论时,调查结果必须通过定量科学的数学语言明确表述出来。

自科学革命以来,为社会科学奠定坚实的自然科学基础一直很受重视。这项目标历来有两个非常不同的方面。其中一个目标是有限的,也是本章的主题:利用某一门物理科学或生物科学的概念、原理、方法和技巧。另一个目标不仅仅是通过在某一时间引入某一门自然科学的类比物或同源物来构建社会理论。采用自然科学的隐喻历来意味着具备所谓科学方法的某些特征,其特点据说是健康的怀疑态度,依靠实验和认真观察,避免纯粹思辨,尤其是从"事实"(通常是通过归纳)到"理论"、到认识永恒的自然"真理"的一系列具体步骤。这第二个目标(从某种观点来看似乎更为有

---

① Frederick Mosteller & Daniel P. Moynihan (eds.): *On Equality of Educational Opportunities*: *Papers Deriving from the Harvard University Faculty Seminar on the Coleman Report* (New York: Random House, 1972), p. 33 包含着对统计学及其阐释的批判。James S. Coleman 所写的第 4 章讨论的是"对教育机会公平性的评价"。

② Frederick Mosteller & Daniel P. Moynihan (eds.): *On Equality of Educational Opportunities*: *Papers Deriving from the Harvard University Faculty Seminar on the Coleman Report* (New York: Random House, 1972), p. 32.

用)实际上已经变得越来越成问题。在科学家本人的帮助下，20
世纪的科学哲学家和科学史家们已经驱除了对科学方法的任何信
念。极端立场也许如布里奇曼(P. W. Bridgman)所说：如果科学 74
中有任何"方法"，那就是"绞尽脑汁，把自己的想法毫不迟疑地说
出来"。因此，虽然许多社会科学家仍然渴望让他们的学科"像"
"科学"，但相似性已经不再是一种特定"科学方法"的特征。

　　此外，今天的人们普遍认识到，持续变化(通常被称为"进展")
是自然科学的一个主要特征。其结果是，被社会科学模仿的任何
自然科学的某些方面往往会没有预兆地发生根本转变。因此，就
像社会实践和政治实践原理的情况一样，社会科学原理目前的价
值或用处不能主要由物理科学或生物科学某个部分的现状与先前
表述这些原理时的状态趋势之间的一种评价对比来衡量。诚然，
辨别斯密或德魁奈(François de Quesnay)的经济学思想是否部分
基于牛顿或笛卡儿的科学原理有很大的历史意义，但其概念的有
效性和用处却不依赖于最初启发它们的自然科学在目前的有效
性。同样，达尔文进化思想在社会学或人类学中的价值主要取决
于它们对那些社会科学的用处，与关于达尔文自然选择概念的科
学共识的兴衰并不严格平行。

　　从长期以来被视为精确科学典范的牛顿理论力学中可以清楚
地看出戏剧性变化的特征。在过去两个世纪里，由于引入了与达
朗贝尔、拉格朗日、拉普拉斯和哈密顿等人联系在一起的新的原
理，补充了关于能量原理和变分原理的思考，这门学科已经发生了
改变；爱因斯坦的相对论则使整个学科得到了戏剧性甚至更为彻
底的重建。从经典物理学到量子物理学，或者从旧的自然史到分

子生物学的转变基本上也是如此。

　　对历史学家而言，研究自然科学与社会科学的互动因为变化特征而另有一个兴趣维度。历史学家若是发现社会科学的概念、原理、定律和理论的有效性超越了最初充当灵感来源或思想来源的自然科学对应部分在目前的有效性，必定会产生深刻的印象。也就是说，社会科学已经发展出一种自主性，并不只有作为应用物理学或应用生物学的实例的地位。这一结论强调，在研究社会科学的方法论乃至合法性时，历史研究非常重要。

　　　　　　　　　　　　　　　　　　　　　　哈佛大学

2. 科学革命与社会科学

2.1 "新科学"与社会科学

自那场产生了现代科学的伟大革命以来,人们一直希望创建一门能与自然科学并驾齐驱的关于社会的科学。科学革命的两位早期主角伽利略和哈维使科学发生了根本转变,他们分别创建了关于运动的物理学和基于血液循环的生理学,这些学科均成为新社会科学的范式。[①] 培根和笛卡儿的科学准则可以作为这项新事业的指南。一个主要挑战是让新的社会科学与数学相适应:要么把古典数学用于一种非传统目的,要么引入一种与希腊几何学不同的数学。那些希望成为社会科学家的人可以寻求用新的方式来处理他们的主题,把数学和新自然科学转移到他们的事业中。

在那个"天才的世纪"的前牛顿部分——涵盖了伽利略、开普勒、哈维、培根和笛卡儿的职业生涯的几十年——一些人诚挚地希望有那种新的社会科学。后来在 17 世纪以及在随后的"启蒙"世

---

① 在本章中,我用"社会科学"一词来时代误置地指一门关于社会的任何有组织的方面的科学。因此,这一标题包括通过对社会的组织或改进来思考社会、国际法、治国方略和国家政体、关于政府或国家的理论,等等。"社会科学"直到 18 世纪末才产生,众所周知,"社会学"是孔德于 19 世纪初发明的。另见本书结尾讨论社会科学的附录。

纪,牛顿《自然哲学的数学原理》的辉煌成就使人重新萌生了关于
人与社会的类似科学,即关于个体行为的"人的科学"和关于群体
行为的"社会科学"的希望。[①] 从那时起,社会科学家就一直在耐
心等待(有时甚至是不耐烦地等待)他们的"牛顿"出现。[②] 社会科
学史清楚地表明,无论是牛顿《自然哲学的数学原理》的理论力学,
还是牛顿的世界体系,都未能成功地充当直接的模型来产生一种
结构类似的社会科学。[③] 因此,在考虑 17 世纪自然科学对社会科
学的影响时,我们将只关注牛顿之前的几十年,关注人们如何尝试
发展出一种关于政府或国家的"科学"。我们将会考察后来成为社
会学、政治学、经济学或法学研究一部分的主题。所有这些领域中
的讨论都在一定程度上受到了数学、物理科学和生物科学中革命
性进展的影响。

　　在科学革命初期,最伟大也最明显的成就可见于"精确科
学"——数学(笛卡儿、费马和伽利略)、天文学(伽利略、开普勒)和
运动物理学(笛卡儿、伽利略和开普勒)。生命科学中的类似革命
是哈维发现的血液循环。数学成就之所以杰出,是因为它们代表

――――――――――――――

　　① 在 17、18 世纪的话语中使用"科学"一词时,我们必须记住,这个词并不完全指
自然科学或数学的领域,而是可以被用于任何有组织的知识分支。参见 § 1.1。

　　② 希望有第二个"牛顿"出现的科学家所从事的专业大相径庭,既有像居维叶这
样的解剖学家和古生物学家,也有像瓦尔堡(Otto Heinrich Warburg)、范霍夫(Jacobus
Henricus van't Hoff)和奥斯特瓦尔德(Friedrich Wilhelm Ostwald)这样的物理化学家;
参见 I. B. Cohen: *The Newtonian Revolution* (Cambridge/New York: Cambridge Uni-
versity Press , 1980), p. 294。

　　③ 参见我在"Newton and the Social Sciences: The Case of the Missing Para-
digm," in Philip Mirowski (ed.): *Markets Read in Tooth and Claw* (Cambridge/New
York: Cambridge University Press, 1993)中的讨论。

着一场伟大的概念革命：一种基于代数和分析的新思维方式，而不是传统的综合几何学。新天文学的革新既是概念上的，也是观测上的。伽利略用望远镜完全改变了宇宙认识的观测基础，而开普勒则引入了非圆形轨道和太阳-行星力的概念。物理学最基本的改变发生在运动研究中，它需要新的概念基础和自然的数学化，用实验讯问自然而不是直接考察自然。从今天的角度看，在 17 世纪初发生的最基本的转变似乎是亚里士多德宇宙的瓦解，对传统空间层次概念的拒斥，以及引入同质空间、惯性物理学和无限——或至少是无界——宇宙的新观念。[①] 生命科学中的重要革新以血液循环的发现为核心，其基础是通过引入定量考虑而带来一种概念转变。因此，科学中的革命性变化并非像历史学家长期以来相信的那样主要在于实验的引入，而在于思想框架围绕着新的概念发生一种基本转变和引入新的数学方法。

　　我曾提到，伽利略是科学革命初期的伟大角色之一。他在出版物上宣称自己的官方职位是"哲学家和数学家"。这个头衔准确地记录了他的名望所基于的两种不同类型的科学：数学科学和基于经验的自然哲学。作为经验论者的伽利略是天文学家，他用新发明的望远镜表明地球并没有什么独特性，从而使哥白尼体系在哲学上变得合理，因此值得认真进行科学思考。他对金星相位的研究表明托

103

---

　　① 我的这一清单得益于柯瓦雷（Alexander Koyré）的影响。参见他的 *Etudes galileennes* （Paris：Hermann，1939）；trans. John Mapham as *Galilean Studies* （London：Harvester Press；Atlantic Highlands ［N. J.］：Humanities Press，1978）。以及 Koyré's *Metaphysics and Measurement*：*Essays in Scientific Revolution* （Cambridge：Harvard University Press，1968）。H. Floris Cohen 研究了对科学革命原因的各种重要解释。

勒密体系是错误的。① 作为经验论者的伽利略凭借一个实验而声名远播:他从塔上丢下不同重量的物体,以证明亚里士多德关于运动的一个重要信条是错误的,即物体在空气中并不以亚里士多德所认为的方式自由下落。② 然而,他对物理学最大的贡献不是实验上的,而是理智上的:他提出了一种新的方式来思考运动,通过新的、明确定义的概念和原理来分析匀速运动和匀加速运动,提出了关于速度、距离和时间的数学定律。③ 在其伟大著作《关于两门新科学的谈话》中,伽利略在一个数学框架中阐述了他关于运动的成果,这些成果是他以几何风格从基本的定义和原理中导出的。因此,伽利略的读者认为他的物理学有一种数学结构,并不认为这门学科来自于甚至主要基于直接的实验。④ 伽利略把适合于新科学的物理学的数学假设引入了数学演绎的框架。首先,伽利略展示了适用于抽象或想象的系统(这些系统源于简化的自然)的数学推理的力量,后来牛顿在《自然哲学的数学原理》中把这种方法提升到很高的水平。⑤ 凭借

① 望远镜表明,金星显示出了在托勒密体系中不可能出现的一系列位相。参见 I. B. Cohen: *The Birth of a New Physics* (revised ed., NewYork: W. W. Norton & Company, 1985), ch. 4。

② 这个从塔上丢下不同重物的著名实验可以证明重物的下落速度与其重量成正比是错误的,但不能揭示运动定律。

③ 伽利略发现运动定律的可能的实验基础始终不为人知(即隐藏在伽利略的手稿中),直到德雷克(Stillman Drake)在我们这个时代开始研究他的未发表手稿才真相大白。

④ 伽利略关于运动定律的最终表述出现在《关于两门新科学的谈话和数学证明》(1642)中。在这部著作中,一般讨论是用意大利语写成的,这是一种适合散文对话的语言,而数学证明则是用拉丁语写成的,因此不同于一般原理的讨论。

⑤ 我把这种方法称为"牛顿风格",因为是牛顿实现了这种风格并且最有效地使用了它,即使它的根源可以追溯到伽利略。关于这个主题,参见 I. B. Cohen: *The Newtonian Revolution* (Cambridge/New York: Cambridge University Press, 1980)和 § 1.4。

这种数学方法,伽利略通过理想状况下的解决方案超越了复杂的物理自然界的困难;后来,他引入了"这个""现实"世界的某些因素。虽然伽利略并没有把他的科学应用于社会或政治领域的问题,但那些试图用数学来分析社会或政治事务的人对他的数学物理模型报以极大的尊重。

　　和伽利略一样,笛卡儿也受到科学革命早期社会科学家和哲学家的普遍推崇。笛卡儿写了关于几何学、光学和大气的重要著作,是"数学道路"的拥护者。他被视为新数学的一位主要创始人,方程论的先驱,发明了一种建立在代数基础上的新几何学(他与费马共享这项荣誉)。笛卡儿还写了著名的《方法谈》(*Discourse on Method*,1637),与培根的准则相竞争。和培根一样,笛卡儿也预言自然科学事业将使人类能够控制其环境。他的《哲学原理》(*Principles of Philosophy*)包含运动物理学(基于惯性原理)、宇宙论原理、世界体系和一般的哲学。此外,笛卡儿还提出了一种全新的"人的科学",将所有人类功能都还原为机械作用。这是那种一般的"机械论哲学"的一部分,即通过物质和运动这两种"本原"来解释自然的运作。①

104

————————————————

　　① 虽然每一部数学史都会讨论笛卡儿对数学的贡献,但直到最近才有人对作为物理学家的笛卡儿作了比较详实的研究。参见 William R. Shea:*The Magic of Numbers and Motion:The Scientific Career of René Descartes*(Canton[Mass.]:Science History Publications,1991)。关于笛卡儿和运动科学,参见 René Dugas:*Histoire de la Mécanique*(Neuchâtel:Editions du Griffon,1950),trans. J. R. Maddox as *A History of Mechanics*(Neuchâtel:Editions du Griffon;New York:Central Book Company,1955),以及 R. Dugas:*La mécanique au XVII e siécle:des antécédents scolastiques à la pensée classique*(Neuchâtel:Editions du Griffon,1954),trans. Freda Jacquot as *Mechanics in the Seventeenth Century:From the Scholastic Antecedents to Classical Thought*(Neuchâtel:Editions du Griffon;New York:Central Book Company,1958)。

在其职业生涯之初,笛卡儿曾做过一个梦。这个梦向他启示了"令人赞美的科学的基础",使他可以用可靠的数学方法来解决科学和哲学的问题。他设想了一种"普遍的数学科学",甚至希望能有一种几何伦理学,并认为这可能要比构建一门数学的医学或生理学更简单。① 笛卡儿的人的科学也利用了他在制作和观察动物解剖方面的个人经验。此外,其《方法谈》第五部分中有相当一部分内容在论述哈维发现的血液循环,并称赞哈维使用了观察和实验。

哈维对血液循环的发现符合数学的时代精神,至少他的伟大发现不仅基于广泛的经验研究,而且也基于数学。定量推理形式的数学使哈维很早就洞察到需要一种新的生理学,并为他的血液循环思想提供了强有力的论据。哈维的发现之路,就像他在 1628 年《心血运动论》(De Motu Cordis)中所表述的那样,有着解剖学研究(包括大量直接观察和实验)的坚实基础,特别是发现了静脉瓣的功能以及心脏的构造和运作。但《心血运动论》的计算必定会给读者留下深刻的印象,它证明盖伦的生理学是不恰当的。哈维发现,"吃下去的食物汁液"根本不足以使肝脏提供"大量血液流

---

① 笛卡儿在 1646 年 6 月 15 日写给法国驻瑞典大使沙尼(Pierre Chanut)的一封信中表达了这个信念,沙尼是笛卡儿著作的法文译者和书信编者克莱瑟利耶(Claude Clerselier)的姐夫。在这封信中,笛卡儿解释了他的"物理学知识"如何"极大地帮助我建立了道德哲学的可靠基础"。他宣称他"发现这个话题要比我花了更多时间的其他许多涉及医学的话题更容易达到令人满意的结论"。因此,他"不是找到了保存生命的方式",而是"发现了另一个更容易和更可靠的办法,那就是不怕死"。引自 Descartes's *Philosophical Letters*, trans. Anthony Kenny (Oxford: Clarendon Press, 1970; Minneapolis: University of Minnesota Press, 1981), p. 196。关于笛卡儿的生理学,参见他的 *Treatise of Man*, trans. Thomas Steele Hall, with introduction and commentary (Cambridge: Harvard University Press, 1972)。

经"心脏。因此哈维写道，"我开始考虑"血液是否"可能作一种类似于圆那样的运动"。他声称，"我后来发现的确如此"。①

　　哈维的血液循环观念是人类科学的巨大进展。他表明，心脏及其瓣膜以水泵的方式发生作用，迫使血液沿着连续的回路流经动物或人的身体。这是对占据支配地位的盖伦学说的直接冒犯，自从 15 个世纪以前被提出来，盖伦学说一直主宰着医学和生物思想。盖伦认为主要是肝脏持续制造血液然后输送到全身，随着不同的器官执行自己的生命功能，血液渐渐被耗尽。而哈维则把器官的生理优先性从肝脏转移到心脏，他说心脏的功能在很大程度上是机械的，迫使血液从动脉流出，从静脉流入。

　　与笛卡儿和伽利略不同，哈维设想他的重要科学发现在社会

①　William Harvey: *An Anatomical Disputation concerning the Movement of the Heart and Blood in Living Creatures*, trans. Gweneth Whitteridge (Oxford/London: Blackwell Scientific Publications, 1976), p. 75; 另见 *The Anatomical Exercises of Dr. William Harvey: De Motu Cordis*, 1628; *De Circulatione Sanguinis*, 1649: *the First English Text of 1653*, ed. Geoffrey Keynes (London: The Nonesuch Press, 1928), reprinted (without "The Circulation of the Blood")in William Harvey: *Exercitatio Anatomica de Motu Cordiset Sanguinis in Animalibus*: *Being a Facsimile of the 1628 Francofurti Edition*, *Together with the Keynes English Translation of 1928* (Birmingham: The Classics of Medicine Library, 1978), p. 58; "An Anatomical Disquisition on the Motion of the Heart and Blood in Animals," *The Works of William Harvey*, trans. Robert Willis, p. 46; *Movement of the Heart and Blood in Animals: An Anatomical Essay by William Harvey*, trans. Kenneth J. Franklin (Oxford: Blackwell Scientific Publications, 1957), p. 58.

　　关于定量思考对哈维发现血液循环的作用，参见 Whitteridge 译本导言的 § 2；以及 Gweneth Whitteridge: *William Harvey and the Circulation of the Blood* (London: Macdonald; New York: American Elsevier, 1971); Frederick G. Kilgour: "William Harvey's Use of the Quantitative Method," *Yale Journal of Biology and Medicine*, 1954, 26: 410—421。

事务领域可能具有直接的典范价值。在介绍其伟大著作《心血运动论》时,哈维用他关于身体的新科学来改造旧的政治[身]体概念。把新科学用于社会-政治语境的这个戏剧性的例子出现在该书开头献给君主查理一世的长篇华丽献词中。下面这段话明确表达了哈维的观点:

> 生物的心脏是生命的基础,生命之君主,其小宇宙的太阳,所有生命力都依赖于它,从那里产生了一切生机和力量。同样,国王是其王国的基础和小宇宙的太阳,是王国的心脏,从那里产生了一切权力和控制。

哈维确信,"几乎所有人类事物都遵循着人的模式","国王的大多数事物都遵循着心脏的模式"。因此,与对"大小事物"的习惯性比较相一致,"对他自己心脏的认识"必定有益于"国王",因为"心脏是其职能的神圣典范"。由于查理一世"置身于人类事物的巅峰",他将能"同时沉思""人体的原则"和他自己"王权"的"形象"。①

---

① 参见 *The Anatomical Exercises of Dr. William Harvey*: *De Motu Cordis*, 1628; *De Circulatione Sanguinis*, 1649: *the First English Text of 1653*, ed. Geoffrey Keynes (London: The Nonesuch Press, 1928), pp. vii-viii; William Harvey: *Exercitatio Anatomica de Motu Cordiset Sanguinis in Animalibus*: *Being a Facsimile of the 1628 Francofurti Edition*, *Together with the Keynes English Translation of 1928* (Birmingham: The Classics of Medicine Library, 1978), pp. Ⅴ-Ⅵ;另见 William Harvey: *An Anatomical Disputation concerning the Movement of the Heart and Blood in Living Creatures*, trans. Gweneth Whitteridge (Oxford/London: Blackwell Scientific Publications, 1976), p. 3; The Works of William Harvey, trans. Robert Willis, pp. 3—4; *Movement of the Heart and Blood in Animals*: *An Anatomical Essay by William Harvey*, trans. Kenneth J. Franklin, p. 3.

当哈维写到国王获得关于心脏及其功能的知识时,他必定想到查理一世的确已经通过他而了解了生理学的这个方面。哈维曾亲自担任皇家医师,正是通过查理一世的直接干预,他才得以用皇家饲养的鹿来研究动物繁殖。哈维不仅亲自为国王讲解心脏和血液循环以及他在胚胎学上的发现,而且还在《论动物的产生》(*De Generatione Animalium*)中记录了他如何向查理一世显示母鹿子宫中的"搏动点"(punctum saliens)。① 国王对哈维心脏研究的真正关注使哈维有了唯一一次机会来实际考察一个活人的心脏跳动。查理一世听说蒙哥马利子爵的儿子胸口受伤,植了一个可以直视内部器官的永久开放的瘘或腔,遂指示哈维检查这个年轻人的身体。哈维为其作了检查,并把他带到宫廷,以使国王能够观看心脏的运动,在心室收缩和膨胀时可以触摸它们,就像哈维本人所做的那样。据说查理一世对这个年轻人说:"先生,我希望我能像看到你的心脏一样察觉到我的一些王公贵族的想法。"②

　　哈维以一种传统思维模式即古代"政治[身]体"的有机体类比来比较国王的角色和心脏的功能。在这个类比中,国家被比作动

106

---

① William Harvey: *Disputations touching the Generation of Animals*, trans. Gweneth Whitteridge (Oxford/London: Blackwell Scientific Publications, 1981), p. 359; *The Works of William Harvey*, trans. Robert Willis, p. 485. 关于"搏动点"在政治语境中的意义,参见 § 2.5。

② William Harvey: *An Anatomical Disputation concerning the Movement of the Heart and Blood in Living Creatures*, trans. Gweneth Whitteridge (Oxford/London: Blackwell Scientific Publications, 1976), pp. 214, 235. 哈维本人对这一片段的描述见 William Harvey: *Disputations touching the Generation of Animals*, trans. Gweneth-Whitteridge (Oxford/London: Blackwell Scientific Publications, 1981), pp. 249—251; 以及 *The Works of William Harvey*, trans. Robert Willis, pp. 382—384。

物或人,而主权则被视为统治身体的头部。关于政治[身]体的一些早期描述曾把心脏概念比作统治者,而在其他描述中,头部所扮演的角色则如同它在"国家元首"概念中的用法。① 在哈维之前,一些讨论政治[身]体的作者已经突出了心脏的重要性,不过是在亚里士多德和盖伦的思想框架中。1565 年,认为"人的心脏[是]一个国王"的外科医生哈勒(John Halle)宣称,"肝脏"是"心脏之下的主要管理者"之一,他指的是盖伦的原理,即肝脏不断从消化的食物中产生新鲜血液,并把它送到心脏。② 但是在哈维的系统中,肝脏的地位较低,因为他发现,血液是通过心脏的机械泵吸作用来循环的,而不是由肝脏不断产生的。③

　　心脏的统治地位是亚里士多德生理学的一个特征。亚里士多

---

① 关于政治[身]体,参见 David George Hale：*The Body Politic*：*A Political Metaphor in Renaissance Literature* (The Hague/Paris：Mouton, 1971),这是一部很有价值的研究,但 Hale 并未考虑政治[身]体的社会政治概念与关于身体运作的占统治地位的生理学理论之间的关系。

② 出自"The Prologue to the Reader," in John Halle (compiler)：*A Very Frutefull and Necessary Briefe Worke of Anatomie, or Dissection of the Body of Man …, with acommodious order of notes, leading the chirurgien's hande from all offence and error … compiled in three treatises* (London：Thomas Marshe, 1565), published as part of *A Most Excellent and Learned Worke of Chirurgerie, called Chirurgia parva Lanfranchi …* (London：Thomas Marshe, 1565)。

③ 关于哈维对肝脏的态度,参见 William Harvey：*An Anatomical Disputation concerning the Movement of the Heart and Blood in Living Creatures*, trans. Gweneth Whitteridge (Oxford/London：Blackwell Scientific Publications, 1976), esp. p. 142。关于哈维在《论动物的产生》和《心血运动论》中为心脏和血液指定的地位的差异,参见 William Harvey：*An Anatomical Disputation concerning the Movement of the Heart and Blood in Living Creatures*, trans. Gweneth Whitteridge (Oxford/London：Blackwell Scientific Publications, 1976), pp. 215—235。

德的生理学甚至断言,在正在发育的胚胎中,心脏形成于血液之前。但哈维的胚胎学研究表明,血液是在胚胎心脏或其他器官之前产生的,从而揭示了"搏动点"的本性——在政治理论的背景下,胚胎发育的这个特征将在哈林顿的著作中获得意义。因此,哈维对心脏的看法有两个特点。在《论动物的产生》中,心脏的地位较低,因为心脏似乎并不是胚胎发育过程中第一个可辨别的器官,而在《心血运动论》中,心脏却获得了首要地位,因为它在把血液泵到动物全身的过程中发挥着基本作用。在《论动物的产生》(1651)中,哈维作了明确区分:

> 我在鸡蛋和活体解剖中观察到的现象使我更加确信,与亚里士多德的看法相反,我认为血液是生成的第一个部分,心脏则是血液循环的工具。因为心脏的功能是对血液进行驱动。①

即使在哈维把心脏的功能比作君主的角色时,他也没有在传统的亚里士多德意义上解释心脏的首要地位。

为避免让人以为哈维只是在《心血运动论》的献词中而不是在其科学陈述的上下文中介绍其政治[身]体,我必须立刻补充说,这个主题在正文中即最后的第十七章再次出现。在那里,哈维通过可观察的心脏现象和"解剖"证据证明了"血液的流动和循环假说"。哈维写道,心脏是以完整形式出现在发育胚胎中的第一个身

107

---

① William Harvey: *Disputations touching the Generation of Animals*, trans. GwenethWhitteridge (Oxford/London: Blackwell Scientific Publications, 1981), p. 242;另见 *The Works of William Harvey*, trans. Robert Willis, pp. 374—375。

体器官,它"在大脑或肝脏形成之前就包含着血液、生命、感觉和运动","可以执行任何功能";在这种程度上,心脏就像"某种内部的动物"。哈维随后还宣称,心脏"就像共和国的君主,有着至高无上的权力"。心脏"统治着所有地方的一切事物,所有权力都源于它,源于它在生物中的起源和基础"。①

  哈维根据自己的发现对国家("政治[身]体")的传统有机体类比所作的改造使人们得以基于新的生理学对政治制度作进一步探索。于是,这位现代生理学的开创者大胆介绍其奠基之作,说真正的科学关系到国家的运行。我不知道还有哪位新科学的创始人有

---

  ① William Harvey: *An Anatomical Disputation concerning the Movement of the Heart and Blood in Living Creatures*, trans. Gweneth Whitteridge (Oxford/London: Blackwell Scientific Publications, 1976), pp. 120, 129—30. 在《心血运动论》中,哈维几乎只关注心脏作为产生血液循环的首要动因的运作,而没有关注心脏是否先于血液在胚胎中产生这个问题。在其他著作尤其是《论动物的产生》中,哈维明确表示,血液先于心脏、肝脏或任何其他器官在胚胎发育中出现。关于哈维对心脏和血液地位的看法,尤其是《论动物的产生》和《心血运动论》之间的差异以及哈维和亚里士多德对这一话题立场的差异,参见 William Harvey: *An Anatomical Disputation concerning the Movement of the Heart and Blood in Living Creatures*, trans. Gweneth Whitteridge (Oxford/London: Blackwell Scientific Publications, 1976), pp. 215—235, and § 4.5。

  Past and Present 中有三篇文章对这个议题作了争论:首先是 Christopher Hill 的 "William Harvey and the Idea of Monarchy" (no. 27, April 1964),然后是 Gweneth Whitteridge 的反驳(no. 30, April 1965: "William Harvey: A Royalist and No Parliamentarian"),最后是 Hill 的回应(no. 31, July 1965: "William Harvey (No Parliamentarian, No Heretic)and the Idea of Monarchy")。这些文章重印于 Charles Webster: *The Intellectual Revolution of the Seventeenth Century* (London/Boston: Routledge & Kegan Paul, 1974), pp. 160—181, 182—188,189—196。

  Hill 最终的声明违反了他以前的说法(p. 112),即哈维后来的看法"只能被视为拥护共和政体——或至少是暗示一种基于大众同意的君主制"。没有证据表明哈维的政治立场从坚定的保皇派转变为英联邦的支持者。

过类似的声明。这种观点在哈维那里也许要比在伽利略或开普勒那里来得自然，因为人体结构显示了同一种类型的复杂组织以及各个器官在有组织的人体内的各种互动。

2.2　数学形式的社会科学在 17 世纪的目标　[108]　（格劳秀斯、斯宾诺莎、沃邦）

在 17 世纪初科学革命的第一个繁荣期，数学是成就最为显著的领域。因此，在科学革命的第一个伟大世纪，有人试图按照数学模式创建一种关于国家或社会的新科学，以此来复制这些数学开拓者的成功，这是不足为奇的。

对数学的模仿和应用主要有四种形式。第一种形式也许最为重要，它旨在产生能够显示数学推理的清晰性和确定性、从而像欧氏几何一样不会出错的著作。第二种形式是试图采用实际呈现的结构形式：有序的定义、公理、公设、定理的证明。第三种形式是应用新的数学技巧和方法，比如代数和店铺的算术，以产生一种道德伦理演算或某种形式的社会数学或政治数学。第四种形式是按照在物理科学或生物科学中已被证明成功的方式来运用社会数据；一个推论便是鼓励收集这种数据用于此目的。

模仿数学创建一种新的社会科学的目标可见于现代国际法的创始人之一格劳秀斯（Hugo Grotius，1583—1645）的思想。在这种背景下，格劳秀斯特别重要，因为他以学术法学家而闻名，其职业生涯通常并不与 17 世纪的数学科学相联系。但是在 1636 年，格劳秀斯曾与伽利略通信。伽利略提出了一种新的手段来确定海上的经度,而格劳秀斯熟悉这个主题,因为他曾经翻译(从荷兰语到拉丁语)过荷兰工程师、也是他父亲的朋友斯台文(Simon Stevin)讨论这个主题的一部著作。① 格劳秀斯在信中表达了对伽

---

① Jacob ter Meulen and P. J. J. Diermanse: *Bibliographie des écrits imprimés de Hugo Grotius* (The Hague: Martinus Nijhoff, 1950), no. 407; Christian Gellinek: *Hugo Grotius* (Boston: Twayne Publishers, 1983), pp. 40, 128, n. 78; Hamilton Vreeland: *Hugo Grotius: The Father of the Modern Science of International Law* (New York: Oxford University Press, 1917; reprint, Littleton, Colorado: Fred B. Rothman & Co. , 1986), p. 29; M. G. J. Minnaert: "Stevin, Simon," *Dictionary of Scientific Biography*, vol. 13 (New York: Charles Scribner's Sons, 1976), p. 49; Ben Vermeulen: "Simon Stevin and the Geometrical Method in *De Jure Praedae*," *Grotiana*, 1983, 4: 63—66. Dirk J. Struik: *The Land of Stevin and Huygens: A Sketch of Science and Technology in the Dutch Republic during the Golden Century* (Dordrecht/Boston/London: D. Reidel Publishing Company, 1981), pp. 47, 53, 56.

关于格劳秀斯的生平和职业生涯,参见 William S. M. Knight: *The Life and Works of Hugo Grotius* (Reading: The Eastern Press, 1925)。另见 E. H. Kossmann: "Grotius, Hugo," *International Encyclopedia of the Social Sciences*, vol. 6 (New York: The Macmillan Company & The Free Press, 1968); *The World of Hugo Grotius* (1583—1645): Proceedings of the International Colloquium Organized by the Grotius Committee of the Royal Netherlands Academy of Arts and Sciences, Rotterdam, 6—9 April 1983 (Amsterdam & Maarsen: APA-Holland University Press, 1984); Stephen Buckle: *Natural Law and the Theory of Property: Grotius to Hume* (Oxford: Clarendon Press, 1991); Hedley Bull, Benedict Kingsbury, and Adam Roberts (eds.): *Hugo Grotius and International Relations* (Oxford: Clarendon Press, 1990); Edward Dumbauld: *The Life and Legal Writings of Hugo Grotius* (Norman: University of Oklahoma Press, 1969); Charles S. Edwards: *Hugo Grotius: The Miracle of Holland: A Study in Political and Legal Thought* (Chicago: Nelson-Hall, 1981)。

卡耐基国际和平基金会出版了 Francis W. Kelsey 对 *De Jure Belli ac Pacis Libri Tres* 的出色翻译 (Oxford: Clarendon Press; London: Humphrey Milford, 1925—The Classics of International Law, no. 3, vol. 2);同一套丛书中的(no. 3, vol. 1)是 1646 年拉丁文版的摹真版(Washington: Carnegie Institution of Washington, 1913)。另见 Hugo Grotius: De Jure Belli ac Pacis Libri Tres, ed. and trans. William Whewell, 3 vols. (Cambridge: John W. Parker, London, 1853)。在这个版本中,英译文(节略版)出现在每一页底部,拉丁文下方。

利略成就的无比钦佩,他说这些成就"超出了一切人类努力,以至于我们既不需要古人的著作,也不担心未来会胜过这个时代"。他又说,他并不"奢求自称是您的一位弟子,因为即使有您带路,达到那种水平也需要极大的能力"。他写道,但"如果我自称一直是您的一位仰慕者,我并没有说错"。他以诗意的笔调提出了自己的主要观点:"如果我能以任何方式作为您后代的助产士,我将荣幸之至,因为它们注定会走向不朽和光明。"①

109

从 1625 年奠定格劳秀斯声誉的著作《战争与和平法》(*De Jure Belli ac Pacis*)中可以看出他对伽利略数学物理学的钦佩。他在该书绪论(*Prolegomena*)中自称在写这本书时尚未考虑"我们这个时代的任何争论,无论是那些已经出现的还是可能出现的",并说在这方面,他曾遵循数学家的做法。他写道,"正如数学家把图形当作从物体中的抽象来处理,所以在讨论法律时,我也把我的心智从任何特殊事实中撤回"。格劳秀斯显然认为,他的国际法科学和任何数学体系一样可靠和安全,因为他已经采用了同样高级别的抽象,因此摆脱了实际的事件。他认为,他"对涉及自然法的

---

① Galileo Galilei: *Le Opere*, vol. 16 (Florence: Tipografia Barbera, 1905 and later reprints), pp. 488—489, a letter from Hugo Grotius in Paris to Galileo, written in September 1636; 以及 Hugo Grotius: *Briejwisseling*, vol. 7, ed. B. L. Meulenbroek (The Hague: Martinus Nijhoff, 1969—Rijks Geschiedkundige Publicatien, Grote Series, 130), pp. 398—399。

当伽利略遭到异端裁判所的谴责时,格劳秀斯希望为其找到庇护。参见 Hugo Grotius: *Briejwisseling*, vol. 5, ed. B. L. Meulenbroek (The Hague: Martinus Nijhoff, 1966—Rijks Geschiedkundige Publicatien Grote Serie 119), pp. 489—490。另见 Giorgio de Santillana: *The Crime of Galileo* (Chicago/London: The University of Chicago Press, 1955; Midway reprint, 1976), p. 214, n. 17。

事物的证明"基于"某些无可置疑的基本构想,因此任何人否认它们都必定会自相矛盾"。[①]

　　早在写于 1604 年至 1606 年的《论战利品法》(*De Jure Prae-dae Commentarius*)中(尽管直到 1868 年才全文发表)就已经出现了一则关于"数学家"的声明,虽然在指称和应用上略有差异,但它仍然与 1625 年出版的那部名著中关于"数学家"的声明非常接近。格劳秀斯开始写《论战利品法》时大约只有 21 岁,写作这本书是把它作为一份诉讼案情摘要来提出同时代的一场特殊危机。在该书第一章,这位年轻而博学的法学家解释了他的方法:

> 　　正如数学家在任何具体证明之前通常会预先陈述几条所有人都能达成一致的宽泛公理[*communes quasdam... notiones*],从而找到某个固定点可以由之追溯接下来的证明,我们也会指出某些最一般的规则[*regulas*]和法[*leges*],把它们当作需要回忆而不是初次学习的预先假设,从而奠定一个可以放心地建立其他结论的基础。

费尔穆伦(Ben Vermeulen)已经言简意赅地描述了这种方法在《论战利品法》中的应用:

---

　　① Hugo Grotius: *De Jure Belli ac Pacis Libri Tres*, trans. Francis W. Kelsey (Oxford: Clarendon Press, 1925), pp. 23, 29—30; Hugo Grotius: *De Jure Belli ac Pacis Libri Tres*, ed. and trans. William Whewell, 3 vols. (Cambridge: John W. Parker, London, 1853), vol. Ⅰ, pp. lxv, lxxvii.

第二章包括九个定义(*regulae*)形式的前提,其中各种类型的法都是通过立法者阶层表达的意志等级来描述的,还包括从这些定义中推导出来的十三条法则(*leges*)。随后,从这些定义和法则中推导出各种命题(结论和推论)(第三章到第十章)。第十一章是关于该案例的历史叙述,对它的判断通过结论(*conclusiones*)和推论(*corollaria*)来进行(第十二章和第十三章)。

因此,格劳秀斯所使用的方法即使不能被视为物理-数学的、算术的或定量的,在一定程度上也可以被看成数学的或几何的。①

110

---

① Hugo Grotius: *De Jure Praedae Commentarius*: *Commentary on the Law of Prize and Booty*, vol. 1: A Translation of the Original Manuscript of 1604 by Gladys L. Williams with the collaboration of Walter H. Zeydel (Oxford: at the Clarendon Press; London: Geoffrey Cumberlege, 1950—Publications of the Carnegie Endowment for International Peace, Washington; The Classics of International Law, no. 2, vol. 1; also reprinted, New York: Oceana Publications; London: Wiley & Sons, 1964), p. 7; Hugo Grotius: *De Jure Praedae Commentarius*, vol. 2: The Collotype Reproduction of the Original Manuscript of 1604 in the Handwriting of Grotius (Oxford: at the Clarendon Press; London: Geoffrey Cumberlege, 1950—Publications of the Carnegie Endowment for International Peace, Washington; The Classics of International Law, no. 2, vol. 2), f. 5ʳ; Ben Vermeulen: "Simon Stevin and the Geometrical Method in *De Jure Praedae*," *Grotiana*, 1983, 4, p. 63; Alfred Dufour: "L'influence de la méthodologie des sciences physiques et mathématiques sur les fondateurs de l'Ecole du Droit naturel moderne (Grotius, Hobbes, Pufendorf)," *Grotiana*, 1980, 1: 33—52, esp. 40—44; Alfred Dufour: "Grotius e le droit naturel du dix-septième siècle," in *The World of Hugo Grotius* (1583—1645): Proceedings of the International Colloquium Organized by the Grotius Committee of the Royal Netherlands Academy of Arts and Sciences, Rotterdam, 6—9 April 1983 (Amsterdam & Maarsen: APA-Holland University Press, 1984), pp. 15—41, esp. 22—23; Peter Haggenmocher: "Grotius and Gentili: A Reas-

　　类似地,当格劳秀斯在《战争与和平法》中写到他以数学模式来构想国际法科学时,他并不是想说应当给法律一种定量的基础。他的意思其实是,他将遵循一种理性程序:"在我的整个工作中,我的目标主要有三个:为我的结论提出尽可能清楚明白的理由;以明确的顺序阐述有待讨论的事项;明确区分看起来相同和看起来不同的事物。"此外,波兰学者沃伊塞(Waldemar Voisé)指出,格劳秀斯在分析正义概念时引证了"几何比例和算术比例",并认为对于数学家来说,"比较的或几何的"正义"被称为'比例'"。[①] 不仅如

(接上页)

sessment of Thomas E. Holland's Inaugural Lecture," in Hedley Bull, Benedict Kingsbury, and Adam Roberts (eds.): *Hugo Grotius and International Relations* (Oxford: Clarendon Press, 1990), pp. 142—144, 162; C. G. Roelofsen, "Grotius and the International Politics of the Seventeenth Century," in Hedley Bull, Benedict Kingsbury, and Adam Roberts (eds.): *Hugo Grotius and International Relations* (Oxford: Clarendon Press, 1990), pp. 99,103—111. 同样必须指出,不应过分强调数学方面;例如,William S. M. Knight: *The Life and Works of Hugo Grotius* (Reading: The Eastern Press, 1925)认为《论战利品法》的程序是经院式的(p. 84)。1609 年,《论战利品法》修订的第十二章以《公海》(Mare Liberum)发表。《论战利品法》的手稿于 1864 年被发现,全文最终以 *De Jure Praedae Commentarius*, ed. H. G. Hamaker (The Hague: Martinus Nijhoff, 1868)出版。参见 Jacob ter Meulen and P. J. J. Diermanse: *Bibliographie des écrits imprimés de Hugo Grotius* (The Hague: Martinus Nijhoff, 1950), no. 407, nos. 541, 684。应当注意的是,《论战利品法》的几何形式远远没有莱布尼茨的《政治证明的样本》那样引人注目。然而,这两份文件是可以比较的,因为它们都援引和运用了数学方法,都提出了当时特定的危机,其作者当时也都很年轻。

　　[①] Hugo Grotius: *De Jure Belli ac Pacis Libri Tres*, trans. Francis W. Kelsey (Oxford: Clarendon Press, 1925), p. 29; Hugo Grotius: De Jure Belli ac Pacis Libri Tres, ed. and trans. William Whewell, 3 vols. (Cambridge: John W. Parker, London, 1853), vol. 1, p. lxxvii. Waldemar Voisé: *La réflexion présociologique d'Erasme à Montesquieu* (Wroclaw: Zaklad Narodowy Imienia Ossolinskich, Wydawnictwo Polskiej Akademii Nauk, 1977), p. 86.

此,格劳秀斯还把自然构想为不可改变的,认为无论人还是上帝都不会干扰自然法则的必然性。在引证一个数学例子时,他宣称连上帝自己都只能让2乘2等于4,上帝不能改变在自然权利和自然法领域中必然的东西。这类似于格劳秀斯本人认为近乎亵渎的一个结论:即使没有最高的存在,自然权利也可以存在。[1] 就这样,格劳秀斯"将自然法概念从其异名的神圣起源中解脱出来",把它归结为"人性的一个要素,可以像运用数学规则一样通过运用理性来认识它"。[2] 也许至少部分是因为格劳秀斯以数学模式来设想他的体系,因此只谈到了抽象的东西,而没有谈到同时代或历史上的实际事件,所以那些尚未意识到这个框架的理由的人会批评他不切实际。[3]

---

[1] Hugo Grotius: *De Jure Belli ac Pacis Libri Tres*, trans. Francis W. Kelsey (Oxford: Clarendon Press, 1925), pp. 40, 13; Hugo Grotius: *De Jure Belli ac Pacis Libri Tres*, ed. and trans. William Whewell, 3 vols. (Cambridge: John W. Parker, London, 1853), vol. 1, pp. 12, XIIV-XIVI. 另见 Ernst Cassirer: *The Myth of the State* (New Haven: Yale University Press, 1946), p. 172; reprint (Garden City, N. Y. : Doubleday & Company [Doubleday Anchor Books], 1955), p. 216; also, e. g. , Hendrik van Eikema Hommes: "Grotius on Natural and International Law," *Netherlands International Law Review*, 1983, 30: 61—71, esp. 67。

[2] Waldemar Voisé: *La réflexion présociologique d'Erasme à Montesquieu* (Wroclaw: Zaklad Narodowy Imienia Ossolinskich, Wydawnictwo Polskiej Akademii Nauk, 1977), p. 86. Cf. Jerzy Lande, *Studia z filozofii prawa*, ed. Kazimierz Opalek & Jerzy Wróblewski (Warsaw: Panstwowe Wydawnictwo Naukowe, 1959), pp. 537—543.

[3] Johan Huizinga: *Men and Ideas: History, the Middle Ages, the Renaissance*, trans. James S. Holmes and Hans van Marie (New York: Meridian Books, 1959), pp. 332—333, 337—338; Waldemar Voisé: *La réflexion présociologique d'Erasme à Montesquieu* (Wroclaw: Zaklad Narodowy Imienia Ossolinskich, Wydawnictwo Polskiej Akademii Nauk, 1977), p. 85.

格劳秀斯的国际法工作的数学背景并没有得到今天专家的足够关注。在通行的《国际社会科学百科全书》(*International Ency-clopedia of the Social Sciences*,1968)或其前身《社会科学百科全书》(*Encyclopaedia of the Social Sciences*,1935)中,讨论格劳秀斯的文章甚至没有提到数学。格劳秀斯的经典著作《战争与和平法》至少有一种英译本把(包含着对格劳秀斯数学方法最明确讨论的)绪论部分完全略去了。①

对我们来说,把一部论著说成是数学的,要么需要运用公认的数学分析技巧,要么需要引入数值和定量数据。因此,格劳秀斯的《战争与和平法》对我们来说不像是数学论著。但科学革命的世纪和启蒙运动时期的学者却认为格劳秀斯方法的数学方面至关重要。1707 年出版了《战争与和平法》德文版②的法学家托玛西乌斯(Thomasius)认为,格劳秀斯、霍布斯和普芬道夫(Samuel Pufen-dorf)曾因使用了关于自然法的数学推理方法而为人称道。托玛西乌斯甚至宣称,一个人如果不是数学家,就永远也别想理解自然

111

---

① Hugo Grotius: *The Rights of War and Peace*, trans. A. C. Campbell (Wash-ington/London: M. Walter Dunne, 1901; reprint, Westport, Conn.; Hyperion Press, 1979). 当然,Ernst Cassirer: *The Myth of the State* (New Haven: Yale University Press, 1946)知道格劳秀斯对伽利略的崇敬以及格劳秀斯对数学方法的依赖,但甚至连卡西尔也没有详细讨论这些话题。我所碰到的认真讨论格劳秀斯职业生涯的这个方面的著作只有 Waldemar Voisé: *La réflexion présociologique d'Erasme à Montesquieu* (Wroclaw: Zaklad Narodowy Imienia Ossolinskich, Wydawnictwo Polskiej Akademii Nauk, 1977), esp. pp. 84—87。但即使是沃伊塞也没有完整探究格劳秀斯选择数学模型的后果。

② Waldemar Voisé: *La réflexion présociologique d'Erasme à Montesquieu* (Wroclaw: Zaklad Narodowy Imienia Ossolinskich, Wydawnictwo Polskiej Akademii Nauk, 1977), p. 88.

法的科学。普芬道夫则明确宣布,真正的法律科学只从格劳秀斯
和霍布斯开始,因为他们把数学推理引入了这门学科。[①]

在科学革命时代,几何学-数学的论述模式最著名的例子是斯
宾诺莎(Benedict Spinoza,1632—1677)的《伦理学》(Ethics,于
1674年完成,但直到1677年才出版),其完整标题是《用几何程序
证明的伦理学》(*Ethica Ordine Geometrico Demonstrata*)。这部
著作被置于一个严格的欧几里得框架中,一开始就列出了一组八
条编了号的定义和公理,然后依次导出命题及其证明。之后又有
其他几组编号的定义和公理,并且导出了另外的命题和证明。此
外还有公设和引理。[②] 然而,尽管外在形式是严格几何学的或欧
几里得式的,但斯宾诺莎并没有用实际的数学方法或几何方法来
发展他的学科,他的论证也没有以任何方式依赖于数值数据或定
量考虑。

斯宾诺莎并未把他这种几何形式用于其他作品。但是在《政
治论》(*Treatise on Politics*)中,他自称已经采用了"我们通常在数
学研究中显示的那种客观性"。[③] 也就是说,在把政治建立在"真

---

① Waldemar Voisé: *La réflexion présociologique d'Erasme à Montesquieu*
(Wroclaw: Zaklad Narodowy Imienia Ossolinskich, Wydawnictwo Polskiej Akademii
Nauk, 1977), pp. 88—89.

② 斯宾诺莎去世后出版的《伦理学》有若干不同的英文版。讨论斯宾诺莎《伦理
学》的一部出色的参考书是 Jonathan Bennett: *A Study of Spinoza's Ethics* (Indianap-
olis: Hackett Publishing, 1984)。Halbert Hains Britan 翻译了斯宾诺莎讨论笛卡儿
《哲学原理》的著作(Chicago: The Open Court, 1905)。

③ Benedict Spinoza: *The Political Works*, ed. and trans. A. G. Wernham (Ox-
ford: Clarendon Press, 1958), p. 263. 该书包含一部非常有价值的历史研究、《政治论》
的完整文本以及对《神学政治论》主要部分的翻译。

实人性"的基础上时，他已经"着力去理解人类的活动，而不是嘲笑、痛惜或谴责它们"。简而言之，他写道：

112

　　因此，我并不把爱、恨、愤怒、嫉妒、骄傲、怜悯等人类激情以及其他搅动心灵的感受看成人性的罪恶，而是看成它的属性，像热、冷、风暴、雷电等属于大气一样属于它。①

　　将几何方法用于社会科学问题的另一个例子是莱布尼茨（1646—1716）就选立波兰国王所写的一篇文章。该文标题为《政治证明的样本》(Specimen Demonstrationum Politicarum)，这部短篇作品通过它的副标题宣称，莱布尼茨使用了"一种新的书写风格，旨在产生清晰的确定性"。莱布尼茨的《样本》出版于1669年，比斯宾诺莎的《伦理学》出版早8年。它不同于那个时代所有类似的努力，因为莱布尼茨的目标是解决一个特定的政治问题，而不是构建一个抽象的一般体系。

　　《样本》之所以有意义，还因为它建议在一种政治背景下进行概率的逻辑演算。虽然许多关于莱布尼茨的作品都没有提到《样本》，或是草草地不予理会，但它在1921年的确获得了一定的声誉。当时凯恩斯(John Maynard Keynes)在其讨论概率的著作序言一开始就宣称，"本书的主题由莱布尼茨在他23岁所写的论文

---

　　① Benedict Spinoza: The Political Works, ed. and trans. A. G. Wernham (Oxford: Clarendon Press, 1958), p. 263.

中……最先构想出来,该文讨论的是选立波兰国王的模式"。[①]

　　莱布尼茨以一系列编号命题展开了他的主题,其间偶尔会引入推论或引理。然而,各个命题的内容一般来说并不是数学的。例如,命题 9 全文如下:

> 凡违反自由的东西都会违反波兰的安全。
>
> 根据命题 3,凡违反自由的东西都会违反波兰人的最大愿望。
>
> 根据命题 5,波兰人是一个好战的民族。
>
> 凡违反一个好战民族愿望的东西都容易成为战争的起因。
>
> 因此,凡违反自由的东西都容易成为波兰战争的起因。
>
> 因此,它容易成为内战的起因。
>
> 但内战是危险的。
>
> 凡危险的东西都会违反安全。

　　[①]　参见 John Maynard Keynes：*A Treatise on Probability*（London：Macmillan and Co. ,1921；reprint，New York：AMS Press，1979），p. v.；亦作为 *The Collected Writings of John Maynard Keynes*（London：Macmillan for the Royal Economic Society，1973），vol. 8，p. XXV 重印。莱布尼茨的 *Specimen Demonstrationum Politicarum pro Eligendo Rege Polonorum novo scribendi genere ad claram certitudinem exactum* 最初以拉丁文发表于 *Samtliche Schriften und Briefe*，series 4，vol. Ⅰ，ed. Prussian Academy of Sciences（Darmstadt：Otto Reichl Verlag，1931），pp. 3—98；编者的评注参见该卷 pp. XVII-XX 和 vol. 2，ed. German Academy of Sciences at Berlin（Berlin：Academie-Verlag，1963），pp. 627—635。Patrick Riley（ed.）：*Political Writings of Leibniz*（Cambridge/London/New York：Cambridge University Press，1972)并没有包含这一文本,编者的导言和注释中也没有提到它。

　　Eric Aiton：*Leibniz：A Biography*（Bristol：Adam Hilger，1985)是这条一般原则的一个例外,它包含着对《样本》的简要讨论;在提到《样本》的那些关于莱布尼茨的著作中,更典型的是 C. D. Broad：*Leibniz：An Introduction*，ed. C. Lewy（Cambridge：Cambridge University Press，1975），p. 3："他的次要成就之一是提出一则几何论证,证明波兰君主的选民应当选菲利普·奥古斯都(Philip Augustus of Neuburg)做国王。"

因此,凡违反自由的东西都会违反波兰的安全。

到《样本》出版时,波兰国王已经选定,王位并未授予莱布尼茨所支
持的候选人。因此,《样本》的主要意义在于它是一份将政治学数
学化的开创性文献。

113　　　莱布尼茨终生都密切关注政治科学或社会科学的问题。他的
目标是用数学方法来造就一种包括数学、物理科学和社会科学在
内的"一般科学"(*scientia generalis*)。他还想提出一种"民事逻
辑"(logique civile)或"生活逻辑"(logique de la vie),通过概率演
算来分析实际问题特别是法律问题。他特别希望提供一种简单而
确定的方式来解决一切争端。"当争议发生时,"他写道,"需要进
行争论的不再是两个哲学家,而是两个会计。""他们只需拿着笔,
坐到自己的款项前,对对方说(如果他们愿意,也可以叫来一位朋
友):'让我们算一算。'"①

---

① Godfried Wilhelm Leibniz: *Die Philosophischen Schriften*, ed. C. l. Ger-
hardt, vol. 7 (Berlin: Weidmannsche Buchhandlung, 1890), p. 200. 从莱布尼茨这段
话的版本数量可以看出其信念的坚定程度,例如参见 Godfried Wilhelm Leibniz: *Die
Philosophischen Schriften*, ed. C. l. Gerhardt, vol. 7 (Berlin: Weidmannsche Buch-
handlung, 1890), pp. 26, 64—65; 125; Eduard Bodemann: *Die Leibniz-Handschrift-
en der Königlichen Öffentlichen Bibliothek zu Hannover* (Hanover: Hahn, 1895 [not
1889]; reprint, Hildesheim: Georg Olms Verlagsbuchhandlung, 1966), p. 82; Leibniz:
Opera Omnia, ed. Ludovicus Dutens, vol. 6, part 1 (Geneva: Apud Fratres De Tour-
nes, 1768; also reprint, Hildesheirn/Zurich/New York: Georg Olms Verlag, 1989),
p. 22; Leibniz: *Opuscules et fragments inédits de Leibniz: extraits des manuscrits de
la Bibliothèque royale de Hanovre*, ed. Louis Couturat (Paris: Félix Alcan, Éditeur,
1903), pp. 155—156, 176。另见 Louis Couturat: *La logique de Leibniz d'après des
documents inédits* (Paris: Félix Alcan, Éditeur, 1901), p. 141。

17 世纪的数学社会科学领域不仅包括这样一些思想家的著作,其目的是模仿几何学系统的形式结构或者采用数学推理抽象的确定性,而且也包括尝试为理解社会提供一种数据基础和定量分析。为了掌握这样的社会数据,需要有某种人口普查。[①] 我们以曾在路易十四治下被称为"法国最伟大的军事工程师"的法国元帅沃邦(Sébastian Le Prestre de Vauban,1633—1707)为例,将足以说明对人口普查数字日益增长的感受。由于强烈关注并且极好地利用了统计信息或数据信息,沃邦被称为"统计学之父"或"统计学的创建者"。[②] 丰特奈勒(Fontenelle)在代表法兰西科学院所作的官方颂词中说,沃邦作为数学家之所以能够当选科学院的荣誉院士,是因为他比任何人都能"把数学从天上拉下来"。[③] 在《王国什一税草案》(*Dixme*)这部著作中,他提出了一种新的税收系统。

17 世纪的人希望产生一种关于国家和社会的定量科学,它的一个体现就是渴望拥有精确的社会数据或人口普查数据。它是发展出一种在形式和确定性上类似于数学的社会科学的既定目标的补充,这种确定性源于抽象,源于没有讨论能够引起人的热情的议

① Hyman Alterman: *Counting People*: *The Census in History* (New York: Harcourt, Brace & World, 1969), esp. pp. 45—47.

② Henry Guerlac: "Vauban," *Dictionary of Scientific Biography*, vol. 13 (New York: Charles Scribner's Sons, 1976), p. 590, 591;关于沃邦论"统计学和预测"的工作,参见 Michel Larent: *Vauban*: *un encyclopédiste avant la lettre* (Paris: Berger-Levrault, 1982), pp. 132—160。沃邦的《王国什一税草案》(*Dixme royale*)初版于 1707 年,现在有了学术版 E. Coornaert (ed.): *Projet d'une dixme royale*, *suivi de deux écrits financiers* (Paris: Librairie Félix Alcan, 1933)。

③ Francisque Bouiller (ed.): *Eloges de Fontenelle* (Paris: Garnier Freres, 1883), p. 28.

题和事件。为了产生一种伽利略式的社会科学,这些数学方面是
不够的。需要通过技巧来产生一种基于社会数据的数学解释。在
17 世纪,为了产生这样一种社会科学或"政治算术"(political
arithmetick),后来有人试图使用代数这一新的数学技巧和店主的
簿记。这些关于一种非数值或非定量的数学社会科学的先行愿景
很重要,因为它们预示着有可能把一些已被证明在新物理科学中
卓有成效的数学理想转移到社会研究中。

2.3　政治算术和政治解剖学
(格朗特和配第)

今天,基于自然科学模型把数学引入社会科学这种想法本身
所暗示的东西远不只是格劳秀斯的抽象观念或者莱布尼茨的《样
本》或斯宾诺莎的《伦理学》的几何形式。毋宁说,"数学"一词意味
着积累数值的或定量的数据以及引入数学技巧:比例、代数、图表、
统计方法、微积分和其他类型的高等数学。

虽然在科学革命之前很久就有各种形式的人口普查,也有人
以各种方式就自然资源和经济学的其他方面收集定量数据,[①]但

---

① 参见 Hyman Alterman: *Counting People: The Census in History* (New York: Harcourt, Brace &. World, 1969);以及 Helen M. Walker: *Studies in the History of the Statistical Method: With Special Reference to Certain Educational Problems* (Baltimore: Williams &. Wilkins, 1929; reprint, New York: Arno Press, 1975), p. 32. 作为补充,还应参见 Stephen M. Stigler: *The History of Statistics: The Measurement of Uncertainty before 1900* (Cambridge/London: The Belknap Press

最早定期产生的有用的系列社会数据是 16 世纪初每周发布的"伦敦死亡表"。中断一段时间之后,此表在瘟疫期间又得以重新制定,1603 年以后则较为规律地发布,甚至在瘟疫或其他流行病相对较少的年份也是如此。起初这些表只是给出了葬礼数,而后又增加了洗礼数。对于统计学家来说,更重要的是最终按照瘟疫以外的死亡原因编列成表,然后根据性别把葬礼和洗礼分开。①

当格朗特(John Graunt,1620—1674)对这些数据进行分析时,就朝着数学的社会科学迈出了重要一步。格朗特是伦敦的一个布商,几乎没有受到正规教育。他在 1662 年出版了一本小书,名为《关于死亡表的自然观察和政治观察》(*Natural and Political Observations upon the Bills of Mortality*)。这本书确立了他的名

(接上页)

of Harvard University Press,1986);以及 John A. Koren:*The History of Statistics: Their Development and Progress in Many Countries* (New York:The Macmillan Company,1918;reprint,New York:Burt Franklin,1970)。

要想理解格兰特和配第时代的计算能力,特别参见 John Brewer:*The Sinews of Power:War,Money and the English State,1688—1783* (New York:Alfred A. Knopf,1989;paperback reprint,Cambridge:Harvard University Press,1990),ch. 8,"The Politics of Information:Public Knowledge and Private Interest"。这里用的是 Knopf 版;此外还有两个英国版本:London:Century Hutchinson,1988;London/Boston:Unwin Hyman,1989。另见 Keith Thomas:"Numeracy in Early Modern England," *Transactions of the Royal Historical Society*,1987,37:103—132。

① 对死亡表的详细论述可参见 Charles Henry Hull (ed.):*The Economic Writings of Sir William Petty,together with Observations upon the Bills of Mortality more probably by Captain John Graunt*,2 vols. (Cambridge:Cambridge University Press,1899;reprint,Fairfield [N. J.]:Augustus M. Kelley,1986),pp. lxxx-xci。

声,使其当选为英国最重要的科学组织英国皇家学会的会员。[①]
格朗特在献词中指出,其著作"依赖于我的店铺算术的数学"。也
就是说,格朗特并没有使用像理论几何学或抽象数论那样的学术
数学。他使用的是商业数学或会计学,即计算总计和小计的总数,
115　估算分数,以商人的方式对数据进行分析。举一个例子,他注意到
在 20 年的时间里,死于"天花、猪痘、麻疹和寄生虫病"的人数总计
12210 例,他假定其中"约有 1/2 可能是 6 岁以下的儿童"。在
229250 例死亡总数中,大约有 16000 例是由瘟疫引起的。因此,
"在所有出生时活着的婴儿中,约有 36⅑ 的人在 6 岁之前死去"。
在这个总数中,瘟疫以外的"急性病"所导致的死亡有"大约 50000
例,或 2/9"。他的结论是,这个数字"在一定程度上显示了这种气

---

①　格兰特《关于死亡表的自然观察和政治观察》的第五版(London,1676)重印于
Charles Henry Hull (ed.): *The Economic Writings of Sir William Petty*, *together
with Observations upon the Bills of Mortality more probably by Captain John Graunt*,
2 vols. (Cambridge: Cambridge University Press, 1899), pp. 314—435。第一版(London, 1662)以摹真本重印于(New York: Arno Press, 1975)。赫尔(Hull, pp. ⅩⅩⅩⅣ-
ⅩⅩⅩⅧ)收集了关于格朗特生活和《关于死亡表的自然观察和政治观察》作者身份的所
有信息。赫尔认为格朗特"在任何真正意义上都是《关于死亡表的自然观察和政治观
察》的作者",但他收集了各种证据表明,除了为格朗特提供医疗信息和其他信息,配第
对于该书的实际创作也起了重要作用。

Major Greenwood: *Medical Statistics from Grauntto Farr* (Cambridge: Cambridge University Press, 1948; reprint, New York: Arno Press, 1977)后来对这一问题
的分析(pp. 36—39)又重新讨论了格朗特是否写过"这本以他的名字出版的书"。格林
伍德(Greenwood)回顾了这个问题的历史,并按照时间顺序列出了从 1925 年到 1937
年与此争论有关的一些研究。他认为,格朗特的确是它的作者,但格朗特《关于死亡表
的自然观察和政治观察》中的一张出生表可能源于配第,理由是它"太过臆测,不大可能
是像格朗特那样谨慎的推理者的作品"。

候和空气的状态及其对健康的影响"。①

　　格朗特按照年份、季节和伦敦地区等因素对其数据作了许多分析。有一整章在讨论"男性与女性数量之间的差异"。他对伦敦居民人数作了估计,试图确定人口增长的速度,并且比较了"乡下"和城市中的"死亡原因"。他提出了这样的一般问题:"在这些一般和特殊的伤亡人员中,有多大比例会死亡?""哪些年份出生率高和死亡率高? 它们以什么空间和时间间隔彼此跟随?""为什么在伦敦葬礼数会超过洗礼数,而在乡下却相反?"尤其是,他强调"管理术和真正的政治学"即政治科学应当建立在定量数据及其分析的基础上。他的结论是,需要有关人口(包括就业)、土地和贸易等信息。简而言之,他强调治国方略应当建立在定量的基础上。②

　　格朗特开拓性的分析很快就在配第(William Petty,1623—1687)爵士的"政治算术"中结出了果实,配第曾经强烈影响过格朗特的工作。配第极富进取心,在数学和航海方面训练有素,最终获得了牛津大学的医学学位。在爱尔兰担任军医期间,他组织了一次土地勘测。回到英格兰之后,他成为英国皇家学会的创始会员

---

　　①　气候和空气对于健康的重要性是自希波克拉底时代以来医学思想的一个重要特征。直到 18 世纪末,希波克拉底讨论"空气、水和位置"的论著始终产生着重要影响。

　　②　Charles Henry Hull (ed.): *The Economic Writings of Sir William Petty*, *together with Observations upon the Bills of Mortality more probably by Captain John Graunt*, 2 vols. (Cambridge: Cambridge University Press, 1899)在 pp. ⅠⅩⅩⅩⅤ-ⅠⅩⅩⅰⅩ 讨论了"格朗特和统计学"。Stephen M. Stigler: *The History of Statistics: The Measurement of Uncertainty before 1900* (Cambridge: The Belknap Press of Harvard University Press, 1986), p. 4 指出,格朗特的《关于死亡表的自然观察和政治观察》"基于他的数据包含着许多明智的推论,但它在当时的主要影响更在于证明了收集数据的价值,而不在于发展出了分析的模式"。

之一。他写了许多讨论经济学主题的小册子,其中最著名的便是
1690 年他去世后出版的《政治算术》(*Political Arithmetick*)。[①]
配第发明"政治算术"这个名称据说是为了表示"如何通过普通的
算术规则把人民的幸福和伟大变成某种证明"。[②] 配第对他的方
法阐述如下:

---

　① 　配第的《政治算术》重印于 Charles Henry Hull (ed.): *The Economic Writings of Sir William Petty*, *together with Observations upon the Bills of Mortality more probably by Captain John Graunt*, 2 vols. (Cambridge: Cambridge University Press, 1899)的第一卷。Peter H. Buck: "People Who Counted: Political Arithmetic in the Eighteenth Century," Isis, 1982, 73: 28—45 是最近关于配第的一项重要研究。概率和统计学史也讨论了配第的工作,比如 Helen M. Walker: *Studies in the History of Statistical Method* (Baltimore: The Williams & Wilkins Company, 1929; reprint, New York: Arno Press, 1975)。今天配第之所以受到推崇,既是因为他对人口统计学和政治算术的研究,也是因为他的经济学著作。在经济学中,配第很早就阐述了"劳动分工"学说。参见 William Letwin: *The Origins of Scientific Economics*: *English Economic Thought*, *1660—1776* (London: Methuen & Co., 1963; reprint, Westport: Greenwood Press, 1963), ch. 6。

　　对于配第研究而言,Lindsay Gerard Sharp: *Sir William Petty and Some Aspects of Seventeenth Century Natural Philosophy* (Unpublished D. Phil. Thesis, Faculty of History, Oxford University, deposited in the Bodleian Library 2.2.77)是极有价值的资料,其中包含着来自此前未曾使用过的手稿资料的丰富信息。这项重要研究从未出版,实为憾事。

　　Sir Geoffrey Keynes: A *Bibliography of Sir William Petty*. F.R.S. *and of Observations on the Bills of Mortality by John Graunt*. F. R. S. (Oxford: Clarendon Press, 1971)是一部有用的参考资料。

　② 　引自 Lord Edmund Fitzmaurice: *Life of Sir William Petty*, *chiefly from Private Documents hitherto unpublished* (London: John Murray, 1895), p. 158。配第甚至更早就在他的 *Discourse of Duplicate Proportion* (London, 1674)一文和 1672 年 12 月 17 日写给 Lord Anglesey 的一封信中使用了"政治算术"一词。参见 Charles Henry Hull (ed.): *The Economic Writings of Sir William Petty*, *together with Observations upon the Bills of Mortality more probably by Captain John Graunt*, 2 vols. (Cambridge: Cambridge University Press, 1899), p. 240n。

　　我的工作方法目前还比较罕见。因为我并非只用比较级 116
和最高级的语词和理智上的论证,而是(作为我早就想建立的
政治算术的一个样本)通过数、重量和度量来表达我自己,只
使用能够诉诸感官的论证,只考虑在自然中有可见根据的原
因。至于那些依赖于特定的人的易变的思想、意见、爱好和激
情的原因,还是留待别人去研究吧。①

　　和格朗特一样,配第也坚持数的首要地位,并因此强调算术及
其到代数的推广。② 这是新的数学,而不是可以追溯到古希腊的
传统学院派几何学。此外,他所关注的主题(财富、贸易、航运、税
收和养兵费用)是通过数值数据来讨论的。在早期的政治算术论
文中,他研究了住房、医院和人口的具体问题。例如,他发现伦敦

---

　　①　*Political Arithmetick*, preface, in Charles Henry Hull (ed.); *The Economic Writings of Sir William Petty*, *together with Observations upon the Bills of Mortality more probably by Captain John Graunt*, 2 vols. (Cambridge; Cambridge University Press, 1899), p. 244.

　　②　在 1687 年 11 月 3 日致 Edward Southwell 的一封信中,配第详细描述了什么是代数。他先是解释了原理和一些例子,然后以一部简要的历史作结,将代数的起源追溯到阿基米德和丢番图,但指出"韦达(Vieta)、笛卡儿、罗贝瓦尔(Roberval)、哈里奥特(Harriot)、佩尔(Pell)、舒滕(van Schooten)和沃利斯(Wallis)博士在这最后一个时代已经做过很多工作"。然后他指出,代数"源于阿拉伯半岛,被摩尔人引入西班牙,并从那里传到这里。威廉·配第将其应用于其他当时是纯数学的问题;以"政治算术"的名义将其用于政策,为了用数学来处理,它将问题诸项归结为数、重量和度量诸项。"配第的这些说法摘自 Petty-Southwell Correspondence,载 *The Petty Papers*; *Some Unpublished Writings of Sir William Petty*, ed. by Marquis of Lansdowne, 2 vols. (London; Constable & Company; Boston/New York; Houghton Mifflin Company, 1927), vol. 2, pp. 10—15; cf. pp. 3—4。

的人口每 40 年增加一倍,"全英格兰"的人口每 360 年增加一倍,
他得出结论说,"伦敦的人口增长必定在 1800 年以前自行停止",
"在未来两千年里,世界各地将人满为患"。①

尽管配第基于社会和经济统计数据为政治提出一种行动方案
的勇气令人钦佩,但必须承认,他的努力以失败而告终。他没有取
得成功的一个主要原因在于缺乏准确的数据。他承认自己不得不
去猜测一个城市的面积。他用报道的房屋和葬礼的数目来估计伦
敦的人口,把葬礼数乘以 30,房屋数乘以 6,有时乘以 8。他很清
楚,在没有适当的人口普查的情况下,他只能给出近似值。只要可
能,他就试图通过与其他资料相比较来检查他的估计,例如声称他
的人口估计与人头税申报和主教对领圣餐者的计数等独立数据
"符合得很好",②但他通常并不给出实际数字。正如其著作现代
版的编者所指出的,至少有一次,"配第的估计与主教的调查结果
之间并不很相近"。③ 他本人已经意识到其计算结果的缺陷,这从
他写给奥布里(John Aubrey)的一封信中可以看出来。他写道:

①   Charles Henry Hull (ed.); *The Economic Writings of Sir William Petty*, *together with Observations upon the Bills of Mortality more probably by Captain John Graunt*, 2 vols. (Cambridge; Cambridge University Press, 1899), p. 460.

②   Charles Henry Hull (ed.); *The Economic Writings of Sir William Petty*, *together with Observations upon the Bills of Mortality more probably by Captain John Graunt*, 2 vols. (Cambridge; Cambridge University Press, 1899), p. 460.

③   Charles Henry Hull (ed.); *The Economic Writings of Sir William Petty*, *together with Observations upon the Bills of Mortality more probably by Captain John Graunt*, 2 vols. (Cambridge; Cambridge University Press, 1899), p. lXVll, n. 6.

"我希望人们不会把我对人的生死所说的话当成数学论证。"①

　　还必须指出,配第经常使用"仓促的计算",甚至"对同样的事物给出不同估计"。"在对权威的使用上,他也经常不够准确",而且"计算粗心";"至少有一次,他因为篡改数据而受到质疑"。② 没有合适的图表方法来表示数据使配第遭遇了严重障碍。他所需要的数学即概率论当时尚未完全形成。此外,他并没有真正从根本上使用任何代数方法,尽管他自称要这样做。因此,虽然我们有理由称赞配第所提出的设想和理想,但也必须承认,他的著作并未达到他所宣称的高标准。

　　要想理解配第对数据和数学的关心,就必须考虑到在他生活的时代,英格兰不断扩张的经济和军事治国问题正日益把数值考虑置于显著地位。布鲁尔(John Brewer)和托马斯(Keith Thomas)的研究使我们现在更能理解,在配第时代的英格兰,各个国家部门造成了巨大的数据信息压力。正如布鲁尔所表明的,这些"选民"(constituencies)乃是"王国的阁员",他们需要"不同部门各方面资源的信息,以严控政府的政策";国会"既是政策的制定者,又要致力于确保行政部门担负起责任",因此需要政府的统计数据;各种"行业组别和特殊利益群体直接受到国家政策的影响",他们"渴望了解这些决策的依据";甚至连一般公众也"热衷于了解只有

---

① 　Charles Henry Hull (ed.): *The Economic Writings of Sir William Petty*, together with Observations upon the Bills of Mortality more probably by Captain John Graunt*, 2 vols. (Cambridge: Cambridge University Press, 1899), p. ｌXViii.

② 　Charles Henry Hull (ed.): *The Economic Writings of Sir William Petty*, together with Observations upon the Bills of Mortality more probably by Captain John Graunt*, 2 vols. (Cambridge: Cambridge University Press, 1899), p. ｌXViii.

非常重要的国家资源才能提供的各种信息"。①

　　作为一位训练有素的医生，配第认识到解剖学对于医学的独特重要性。他坚信，把关于政体或治国方略的新科学建立在对数据的数学分析上，类似于把解剖学研究建立在解剖的基础上（他在学医时学习过解剖）。关于其政治解剖学方法，他最明确的说法见于其身后出版的一部作品《爱尔兰的政治解剖学》（*The Political Anatomy of Ireland*，伦敦，1691）中。在"作者前言"中配第声称，由于解剖学对于认识"自然身体"是唯一可靠的基础，所以应把类似的程序应用于"政治［身］体"。如果不"了解它的对称、结构和比例"，那么对政治［身］体进行"操作"就会像未受教育的医生、"老妇和江湖郎中"一样。② 此外，"解剖学不仅对于医生是必不可少的"，对于"每一个哲学人"来说，它也是宝贵的知识来源。③ 配第自豪地宣称，他已经"尝试撰写了第一篇政治解剖学论文"。④

　　配第的前言以纯粹解剖学的方式提出了政治问题："如果没有各种适当的仪器，是不可能作出恰当的解剖的"。当然，他很清楚

---

　　① John Brewer：*The Sinews of Power：War，Money and the English State，1688—1783* (Cambridge：Harvard University Press, 1988)，p. 223.

　　② Charles Henry Hull (ed.)：*The Economic Writings of Sir William Petty，together with Observations upon the Bills of Mortality more probably by Captain John Graunt*，2 vols. (Cambridge：Cambridge University Press, 1899)，pp. 451—478，esp. p. 473.

　　③ Charles Henry Hull (ed.)：*The Economic Writings of Sir William Petty，together with Observations upon the Bills of Mortality more probably by Captain John Graunt*，2 vols. (Cambridge：Cambridge University Press，1899)，p. 501.

　　④ Charles Henry Hull (ed.)：*The Economic Writings of Sir William Petty，together with Observations upon the Bills of Mortality more probably by Captain John Graunt*，2 vols. (Cambridge：Cambridge University Press, 1899)，pp. 521—544.

像土地所有权、人口、租金、工资和农业生产等的统计数据质量很差甚至十分缺乏。他的结论是，即便如此，他也"找到了肝、脾、肺之所在"，尽管未能从国家中"辨别出淋巴血管、神经丛、脉络膜、睾丸内的血管扭转"。这些表述体现了配第以解剖学家的方式分析国家职能的方法。他主要不是在寻求国家职能在人体生理机能中的类比物，因为他的首要目标并不是发展出一种新的政治[身]体隐喻，而是要创建一种以数为基础的国家科学，用数学工具来揭示治国方略的规律和原则。时隔三个世纪，我们在反思他的努力时，可能会敬畏于他的宏伟远见，注意到除经济学以外，尚未有其他社会科学达到过将其基本规律和原则归结为一种"算术"的崇高目标。

2.4 基于运动的独立的"公民"科学（霍布斯）

配第试图结合数值分析与生物医学方法来创建一门关于治国方略的新科学，霍布斯（Thomas Hobbes，1588—1679）[①]则试图基

---

　　① 在本章讨论的所有思想家当中，霍布斯是研究社会政治思想的学者最为熟知的之一。不仅如此，众所周知，霍布斯的体系建立在新的运动物理学的基础之上，但他对哈维生理学的运用却没有得到足够关注。因此，我对霍布斯使用自然科学的阐述强调其政治思想的生物医学基础，而不是他对数学和物理科学的使用。

　　关于霍布斯的思想有许多出色的论述，比如 Leo Strauss: *The Political Philosophy of Hobbes; Its Birth and Its Genesis*, trans. from the German manuscript by Elsa M. Sinclair (Oxford: The Clarendon Press, 1936; Chicago: Universityof Chicago Press, 1966); Arnold A. Rogow: *Thomas Hobbes: A Radical in the Service of Reaction* (London/New York: W. W. Norton & Company, 1986). C. B. Macpherson: *The

于新的运动科学、力学概念和新生理学来创建一门关于政治或社
会的科学。① 关于这项成就，霍布斯自视甚高。他自称"第一次为
两门新科学奠定了基础"：一门是"最奇特的光学科学，另一门则是

（接上页）
Political Theory of Possessive Individualism, *Hobbes to Locke* (Oxford: Clarendon
Press, 1962) 和 *Democratic Theory*: *Essays in Retrieval* (Oxford: Clarendon Press,
1973) 也很有用。

　　在目前的语境下，J. W. N. Watkins: "Philosophy and Politics in Hobbes," *Philo-
sophical Quarterly*, 1955, 5: 125—146; expanded into the book *Hobbes's System of I-
deas*: *A Study in the Political Significance of Philosophical Theories* (London:
Hutchinson & Co., 1965; 2d ed., 1973), Thomas A. Spragens: *The Politics of Mo-
tion*: *The World of Thomas Hobbes* (London: Croon Helm, 1973) 以及 M. M. Gold-
smith: *Hobbes's Science of Politics* (London/New York: Columbia University Press,
1966) 尤其重要。

　　还有 David Johnston: *The Rhetoric of Leviathan*: *Thomas Hobbes and the Politic-
s of Cultural Transformations* (Princeton: Princeton University Press, 1986); Tom
Sorell: *Hobbes* (London/New York: Routledge & Kegan Paul, 1986-The Arguments of
the Philosophers); Richard Tuck: *Hobbes* (Oxford/New York: Oxford University
Press, 1989-Past Masters); 以及 Frithiof Brandt: *Thomas Hobbes' Mechanical Concep-
tion of Nature* (Copenhagen: Levin & Munksgaard, 1928)。

　　①　霍布斯的主要著作《利维坦》有许多版本并多次重印，其中有 Pelican Classics
edition, ed. C. B. Macpherson (Harmondsworth: Penguin Books, 1968)。Richard
Tuck 新近编的版本 (Cambridge/New York: Cambridge University Press, 1991) 附有主
题索引和人名地名索引，以及与之前版本的比较。

　　霍布斯的著作有两套选集：Sir William Molesworth (ed.): *The English Works of
Thomas Hobbes*, 11 vols. (London: John Bohn, 1839—1845; reprint, Aalen [Germa-
ny]: Scientia, 1962); Sir William Molesworth (ed.): *Thomae Hobbes Malmesburiensis
Opera Philosophica Quae Latine Scrips it Omnia*, 5 vols. (London: John Bohn, 1839—
1845; reprint, Aalen [Germany]: Scientia, 1961)。此外还有 *Encyclopaedia of the
Social Sciences*, vol. 4 (New York: The Macmillan Company, 1937) 和 *International
Encyclopedia of the Social Sciences*, vol. 6 (U. S. A.: The Macmillan Company &
The Free Press, 1968) 中关于霍布斯的文章。

我在《论公民》(*De Cive*)一书中创建的自然正义科学,这是所有科学中最有裨益的"。① 顺便指出,在这段话中,霍布斯(也许是无意识地)把自己与伽利略相比,因为伽利略在关于运动科学的最后一部伟大著作中自诩创建了"两门新科学",这可见于《关于两门新科学的谈话和数学证明》(*Discourses and Demonstration Concerning Two New Sciences*,1638)的标题。事实上,霍布斯的光学工作并没有使他成为光学的重要创始人。② 而他对政治学的贡献却受到普遍尊崇,几百年来一直是讨论的来源。

　　霍布斯亦曾吹嘘自己创建了一门关于人类事务的新科学。他先是表达了对伽利略的推崇备至(这让我们想起了格劳秀斯),他在佛罗伦萨时(可能是在 1635 年)就曾试图与之结识:"在我们这个时代,……伽利略第一次为我们打开了普遍自然哲学之门,使我们认识了运动的本性。"③ 对自然科学家的罗列把他引向了生物学:"最后,我们的同胞哈维博士第一次以令人钦佩的睿智发现了自然科学中最有益的部分——人体科学。"现在,他这样评价自己的贡献:"因此,自然哲学还年轻,而公民哲学则要年轻得多,年龄

119

---

① 　Sir William Molesworth (ed.): *The English Works of Thomas Hobbes*, vol. 7, pp. 470—471.

② 　关于霍布斯的光学,参见 Alan E. Shapiro: "Kinematic Optics: A Study of Wave Theory of Light in the Seventeenth Century," *Archive for History of Exact Sciences*, 1973, 11: 134—266。

③ 　"Epistle Dedicatory," *De Corpore*, in Sir William Molesworth (ed.): *The English Works of Thomas Hobbes*, vol. 1, p. Ⅷ.

不晚于……我的《论公民》一书。"①

在创建新的政治科学时,霍布斯试图紧扣运动概念创建一门伽利略式的社会科学。他也受到笛卡儿的影响,特别是他使用了笛卡儿的运动"倾向"或"努力"概念,并且采用了笛卡儿惯性概念的某个版本。② 从笛卡儿和伽利略那里,霍布斯获得了对数学确定性的坚定信念。他写道,"数学大师们不像法学的大教授们那样常常犯错"。③ 他在《利维坦》(*Leviathan*)中宣布,几何学"是上帝乐于赐予人类的唯一科学"。④ 在《论物体》(*De Corpore*)中,他阐述了数学原理,并以伽利略的方式用它们来分析各种运动。但他

---

① "Epistle Dedicatory," *De Corpore*, in Sir William Molesworth (ed.): *The English Works of Thomas Hobbes*, vol. 1, p. Ⅷ. 值得注意的是,在这两处谈及他在历史中地位的地方,霍布斯特别提到了他的《论公民》而不是《利维坦》。

② 关于笛卡儿的涡旋概念,参见 A. Koyré: *Etudes galileennes* (Paris: Hermann, 1939); trans. John Mapham as *Galilean Studies* (London: Harvester Press; Atlantic Highlands [N. J.]: Humanities Press, 1978), part 3, "Descartes and the Law of Inertia". 另见 William R. Shea: *The Magic of Numbers and Motion: The Scientific Career of Rene Descartes* (Canton [Mass.]: Science History Publications, 1991), René Dugas: *Histoire de la Mécanique* (Neuchâtel: Editions du Griffon, 1950), trans. J. R. Maddox *as A History of Mechanics* (Neuchâtel: Editions du Griffon; New York: Central Book Company, 1955) 和 R. Dugas: *La mécanique au ⅩⅦe siécle: des antécédents scolastiques à la pensée classique* (Neuchâtel: Editions du Griffon, 1954), trans. Freda Jacquot as *Mechanics in the Seventeenth Century: From the Scholastic Antecedents to Classical Thought* (Neuchâtel: Editions du Griffon; New York: Central Book Company, 1958)。

③ Sir William Molesworth (ed.): *The English Works of Thomas Hobbes*, vol. 6, p. 3.

④ *Leviathan*: ch. 4, Richard Tuck ed. (Cambridge/New York: Cambridge University Press, 1991), p. 28. 霍布斯直到晚年才学习了几何学,他从来也没有真正精通几何学。

是在一个抽象层次上这样做的,这让人想起了他那些中世纪先驱者。[1] 例如,他甚至没有把伽利略的匀加速运动定律用于观察到的外部自由落体世界的任何物理问题。需要补充一句,霍布斯执着而坚定地相信自己能够化圆为方,这即使没有摧毁也削弱了我们对他作为数学家的信心。[2]

霍布斯的政治目标一直被描述为"试图创建一个包含自然物科学的哲学体系,并把那门科学的方法扩展到人的行动和政治[身]体"。[3] 他深信,关于政治或人类社会的科学必须类似于自然科学,以运动和物质这两个主要概念为基础,从而与所谓的"机械论哲学"相符合。在把运动的重要性从无机世界转移到有机世界的过程中,霍布斯还大量借鉴了哈维的发现。对他来说,这些发现必定有着特殊的意义,因为它们都基于数学或定量考虑,且集中于连续运动的概念。在霍布斯看来,("哈维博士"发现的)血液循环这一"维持生命所必需的运动"是生命的本原。它"永远在循环",以至于根据他的说法,"生命的原型""在心脏中"。他说心脏就像

120

---

[1]　关于中世纪晚期力学作者的风格,参见 Marshall Clagett: *The Science of Mechanics in the Middle Ages* (Madison: University of Wisconsin Press, 1959); 以及 John E. Murdoch and Edith D. Sylla: "The Science of Motion," pp. 206—264 of David C. Lindberg (ed.): *Science in the Middle Ages* (Chicago/London: University of Chicago Press, 1978)。

[2]　数学家沃利斯(John Wallis)一直在抨击霍布斯化圆为方的努力。虽然尚未证明化圆为方是不可能的,但 17 世纪任何称职的数学家都不相信这是可能的。关于沃利斯对霍布斯化圆为方努力的攻击,参见 J. F. Scott: *The Mathematical Work of John Wallis* (London: Taylorand Francis, 1938), pp. 166—172。

[3]　M. M. Goldsmith: *Hobbes's Science of Politics* (London/New York: Columbia University Press, 1966), p. 228。

一个大"机械装置,其中……一个轮子推动另一个轮子"。[①]

因此,霍布斯的政治体系拒绝接受传统的有机体隐喻,即拒绝认为国家类似于一个本质上有生命的存在。经由笛卡儿哲学的强化,霍布斯从哈维的生理学中了解到动物的身体在何种程度上像一个复杂的机械装置,他将政治[身]体的旧概念从一个纯粹的活物变成了一部庞大的动物机器,它像动物一样运作,但由机械部件组成。哈维将心脏比作泵,把循环系统比作管道或导管的液压网络。霍布斯直接借鉴了这些比喻,(在《利维坦》导言的开篇)提出了机器与动物或人的身体之间的类比。他宣称,"心脏无非就是发条,神经只是一些游丝,而关节不过是一些齿轮,使整体得到运动"。然后,他把"只是一个人造的人"的国家或国民整体与"自然的"人或生物的人相比较。在详细进行比较时,他发现"主权是使整体得到生命和活动的人造的灵魂";"官员和其他司法、行政人员"是"人造的关节";"奖励和刑罚"是"推动每一关节和成员执行任务的神经",等等。因此在霍布斯那里,传统类比的纯粹有机性已经变得有些丧失了,因为政治[身]体已被改造成一部机器,依照物理的而非生物的或生命的法则和原理来行为和反应。

霍布斯认为,运用数学(即几何学)推理会产生关于心灵和社会即伦理和政治的新的精确科学。他分三部分提出,"推理是步

---

① Sir William Molesworth (ed.): *The English Works of Thomas Hobbes*, vol. 1, pp. 406—407; 参见 *Leviathan*, Richard Tuck ed. (Cambridge/New York: Cambridge University Press, 1991), p. 3; Thomas A. Spragens: *The Politics of Motion: The World of Thomas Hobbes* (London: Croon Helm, 1973), p. 69。

伐,科学的增长是道路,人类的利益则是目标"。① 霍布斯通过比较推理和算术来介绍这门学科。"一个人进行推理时,"他写道,"不过是设想将各部分相加求得一个总和,或是设想将一个数减去另一个数求得一个余数。"②但推理也类似于传统上"仅仅用于几何学的"证明方法,"其结论也因此成为无可争辩的"。③ 在霍布斯看来,这种方法包括:

> 首先是恰当地赋予名称,其次是从基本要素——名称开始,到把一个名称与另一个名称连接起来组成断言的过程中,使用一种良好而又有条不紊的方法;然后再形成三段论论证,即一个断言与另一个断言的联合,直到获得属于相关主题之名称的全部推论为止。这就是人们所谓的科学。④

应当注意的是,霍布斯说这种程序会引出一门人类科学的预测规则,从而有助于在伦理道德和政治行动领域获得可预测的结果。简而言之,霍布斯设想有一门社会科学能够具有物理科学那样的精确性和可预测性:

----

① *Leviathan*, ch. 5, Richard Tuck ed. (Cambridge/New York: Cambridge University Press, 1991), p. 36.

② *Leviathan*, ch. 5, Richard Tuck ed. (Cambridge/New York: Cambridge University Press, 1991), p. 31.

③ *Leviathan*, ch. 5, Richard Tuck ed. (Cambridge/New York: Cambridge University Press, 1991), p. 34.

④ *Leviathan*, ch. 5, Richard Tuck ed. (Cambridge/New York: Cambridge University Press, 1991), p. 35.

科学是关于推论以及一个事实与另一个事实之间依赖关系的知识。通过科学,我们就可以根据目前所能做的事情,推知在自己愿意的时候怎样做其他事情,或者在其他时候怎样做类似的事情;因为我们在看到某一事物是由于什么原因、以何种方式怎样发生的之后,当我们掌握类似的原因时,就知道怎样使之产生类似的结果。①

霍布斯坚信,如果"道德哲学家"能像"几何学家非常令人钦佩地做好自己的事情"一样"愉快地履行自己的职责",那么"我不知道人的勤勉能够添加什么,以完成那种与人的生活相一致的幸福"。② 因为,

倘若明确认识到人类行动的本性就像几何图形中的数量本性,那么触及对错本质的受庸众错误意见支持的贪婪和野心之力就会微弱下去和失去活力。人类应当享有这样一种不朽的和平,……几乎不会留下任何借口进行战争。③

这便是用几何学和自然科学的方法建立的一门社会或道德科学的乌托邦式目标。

----

① Sir William Molesworth (ed.): *The English Works of Thomas Hobbes*, vol. 3, p. 35.

② Sir William Molesworth (ed.): *The English Works of Thomas Hobbes*, vol. 2, p. iv.

③ Sir William Molesworth (ed.): *The English Works of Thomas Hobbes*, vol. 2, p. iv.

霍布斯在思想上得益于伽利略、哈维和笛卡儿,这在他的著作 中显而易见,而且一直是众多评论家的评论主题。他对运动和运动定律的强调表明,伽利略和笛卡儿所拥护的运动哲学给他的思想留下了深刻的印象,他甚至相信"政治的原理在于认识心灵的运动"。①

后来,霍布斯比较了几何学的确定性、物理学的确定性和"公民哲学"的确定性。他写道,"几何学是可以证明的,因为我们推理所凭借的线和图形是我们自己画的和描述的",而"公民哲学之所以是可以证明的,是因为我们把国家变成了我们自己"。但他指出,"由于我们并不知晓自然物的构造,而是从结果中寻求它,所以我们并不能证明所寻求的原因是什么,而只能证明它们可能是什么"。② 简而言之,政治科学不如几何学确定,但比物理学或自然哲学更确定。

在《利维坦》的开篇,霍布斯解释说,国家是"一个人造的动物",和"所有自动机"一样,它也具有"人造的生命"。因此,被称为"联合体"或"国家"(拉丁语为 Civitas)的庞然大物"利维坦"是由技艺创造出来的,它只是一个"人造的人"。接着,他通过与身体的类比描述了国家的结构;例如,团体是肌肉,公职人员是器官或神经,国家的问题是疾病。这些类比的细节被逐步建立起来。有一种病"类似于胸膜炎",另一种"毛病"就像"医生称为蛔虫的那种蠕虫"

---

① Thomas A. Spragens: *The Politics of Motion*: *The World of Thomas Hobbes* (London: Croon Helm, 1973), *De Corpe*, Ⅰ. ⅵ, 7, English Works, vol. 1, p.74.

② *Six Lessons to the Professors of Mathematics* (Ep. Oed.), Sir William Molesworth (ed.): *The English Works of Thomas Hobbes*, vol. 7, p.184.

所导致的疾病。"国家的"不规则性与"人的自然身体"的另一比较聚焦于一种很像"疟疾"的"瘟热"。在这种病症中,"肌肉部分凝结,或被毒物堵塞,于是静脉循着自然过程向心脏排空血液之后,便不能像应有的情形那样从动脉那里得到供应"。[①] 这只是霍布斯从哈维的血液循环理论和国家的运作中引出的若干类比之一。在另一个类比中,霍布斯说货币是国家的血液,货币的流通就类似于"自然血液"的循环,血液"在流通过程中一路滋养人体的各个部分"。霍布斯指出,货币有两种运动,一种是"送交国库",另一种是"从国库中重新发放出来作公共支付之用"。就这个特征而言,"人造的人和自然人相类似,自然人的静脉从身体的各个部分接受血液送到心脏,在这里充实生机之后再由心脏经动脉送出,使各个肢体充满活力并能运动"。[②]

123

必须记住,在霍布斯的陈述中,利维坦或国家据信并不是一个有生命的自然存在,而是由人的心灵创造出来的"一个人造的人",并且被人类设计者赋予了与自然人相似的功能。然而,虽然作为"政治[身]体"的国家仅仅是"虚构的"或"人造的"身体,但它的官能和属性却是通过研究自然生理学(例如哈维的工作)而被认识的,它的运作则是通过研究自然运动(例如伽利略和笛卡儿的工作外加霍布斯自己的创新)而被认识的。哈维的生理学已经表明,心脏的活动方式就像一个机械泵,这为霍布斯提供了证据,表明可以

---

① *Leviathan*, ch. 29, Richard Tuck ed. (Cambridge/New York: Cambridge University Press, 1991), pp. 228—230.

② *Leviathan*, ch. 24, Richard Tuck ed. (Cambridge/New York: Cambridge University Press, 1991), pp. 174—175.

对生命过程进行机械地解释,正如笛卡儿等"机械论哲学"的拥护者所教导的那样。于是,哈维的工作在部分程度上认可了把生命机能比作机器,尽管他从未打算让他的研究批准这样一个论点,即动物和人的所有身体机能是如此机械,以至于可以由精心设计的自动机来执行。[①]

在一定程度上,霍布斯的成就在于用新的生理学发现来改造政治[身]体的有机体概念,赋予它一种符合笛卡儿还原论哲学的机械论基础。霍布斯的政治社会世界是一种机械运作的混合有机结构,在伽利略、笛卡儿和哈维的启发下被构想出来。他的社会系统是作为"运动物质的机械系统"起作用的人的集合。和之前的格劳秀斯一样,霍布斯不再像传统中那样"依赖于宇宙中假设的意志或目的"。索雷尔(Tom Sorell)指出,如果我们以为霍布斯"试图让物理学的科学地位影响他的公民哲学",我们就误解了他,因为霍布斯本人说,"他认为公民哲学比物理学更是一门科学"。[②]

2.5　平衡的概念:基于新生理学的
 社会科学(哈林顿)

124

霍布斯试图把生命科学的某些方面引入一个主要基于运动科

----

① Leonora Cohen Rosenfield: *From Beast-Machine to Man-Machine*: *Animal Soul in French Letters from Descartes to La Mettrie* (New York: Oxford University Press, 1941).

② Tom Sorell: "The Science in Hobbes's Politics," pp. 67—80 of G. A. J. Rogers & Alan Ryan (eds.): *Perspectives on Thomas Hobbes* (Oxford: Clarendon Press, 1988), esp. p. 71.

学的政治思想体系,而哈林顿(1611—1677)则采取了完全不同的策略。他有意识地拒斥霍布斯的方法论,把社会政治体系基于新的哈维生物学,扮演着"政治科学家"的角色。① 哈林顿的工作更重要的地方在于,他是"第一个在先前的社会变革中寻找政治动荡原因的英国思想家"。② 此外,在实际政治领域,哈林顿最终比霍布斯——或者在这方面比沃邦、莱布尼茨、格朗特或配第——更有影响力,因为他的学说在 18 世纪得以实施,特别是以美国宪法所采用的政体形式。③

在美国革命和制宪会议期间,许多美国政治家都知道,社会政治背景下的"平衡"概念可以追溯到哈林顿的《大洋国》(Oceana)。于是,亚当斯在《为美国宪法辩护》(Defence of the Constitutions)中写道,这个政治概念是哈林顿的发现,它归功于哈林顿就像发现血液循环归功于哈维一样。④ 亚当斯的这种情绪呼应了托兰德

① C. B. Macpherson: "Harrington's 'Opportunity State,'" reprinted from *Past and Present* (no. 17, April 1960) in Charles Webster: *The Intellectual Revolution of the Seventeenth Century* (London/Boston: Routledge & Kegan Paul, 1974), pp. 23—53, esp. p. 23.

② Richard H. Tawney: "Harrington's Interpretation of His Age," *Proceedings of the British Academy*, 1941, 27: 199—223, esp. p. 200.

③ 哈林顿对美国政治组织的影响参见 H. F. Russell Smith: *Harrington and His Oceana: A Study of a 17th Century Utopia and Its Influence in America* (Cambridge: Cambridge University Press, 1914)。另见 Theodore Dwight: "James Harrington and His Influence upon American Political Institutions and Political Thought," *Political Science Quarterly*, 1887, 2: 1—44。

④ Charles Francis Adams (ed.): *The Works of John Adams, Second President of the United States: With a Life of the Author*, vol. 4 (Boston: Charles C. Little and James Brown, 1851—reprint, New York: AMS Press, 1971), p. 428.

(John Toland)在他编的哈林顿著作集中所作的称赞,亚当斯的图书馆中存有后者的两个副本。①

哈林顿的平衡原理表达了他的激进立场,即经济力量会影响政治,不能脱离经济基础来思考政治权力。托兰德简单而直接地提出了这种想法,那就是"国家建立在财产平衡的基础之上,无论财产掌握在一人、数人还是多人手中"。②用哈林顿本人给出的一组例子来说:如果一个国王拥有或控制其王国土地的四分之三,那么他的君权与他的财产之间就有一个平衡。但如果国王的财产只有三分之一,那么就没有平衡,任何君主专制都将是不稳定的。同样,"如果少数人或贵族,或者贵族连同教士一起"成为地主,或者"他们所拥有的土地也可能按上述比例超过人民",其结果将是"哥特式的平衡",这样的"国家"将是"混合君主制"。最后还有一种情况,"如果全体人民都是地主,或者拥有分给他们的土地,以至于少数人或贵族阶层中没有一个人或相当数目的人能够超过他们",那么"这种国家如果不受武力干预,就是一个共和国"。③

125

---

① James Harrington：*Works*：*The Oceana and Other Works*，ed. John Toland (London：printed for T. Becket，T. Cadell，and T. Evans，1771；reprint，Aalen [Germany]：Scientia Verlag，1980). 关于托兰德选编著作集的版本和印刷的简明清单,参见 Charles Blitzer，*An Immortal Commonwealth*：*The Political Thought of James Harrington*（New Haven：Yale University Press，1960），pp. 338—339,更详细的论述参见 J. G. A. Pocock（ed.）：*The Political Works of James Harrington*（Cambridge/London/New York：Cambridge University Press，1977），pp. XI-XVI。

② James Harrington：*Works*：*The Oceana and Other Works*，ed. John Toland，p. XV.

③ J. G. A. Pocock（ed.）：*The Political Works of James Harrington*（Cambridge/London/New York：Cambridge University Press，1977），p. 164；James Har-

　　在哈林顿的解释中，现代世界的危机开始于英格兰的都铎王朝。当时封建贵族的势力被打破，土地所有权开始被转交给人民，从而或多或少破坏了稳定的"哥特式平衡"。他在英国内战中看到了这种变化的最终结果，认为"不受个人感情影响的同样力量"正在欧洲大陆产生政治动荡。

　　哈林顿的思想主要是在《大洋国》中阐明的。该书首版于1656 年，被称为"宪法蓝图"，"堪称一部放大的成文宪法"。① 他在

（接上页）

rington：*Works*：*The Oceana and Other Works*，ed. John Toland（London：printed for T. Becket，T. Cadell，and T. Evans,1771；reprint，Aalen［Germany］：Scientia Verlag，1980），p.37；James Harrington：*Oceana*，ed. S. B. Liljegren（Heidelberg：Carl Winters Universitätsbuchhandlung，1924-Skrifter utgivna av Vetenskaps-societeten i Lund，no. 4；reprint，Westport，Conn.：Hyperion Press，1979），p. 15. 我也参考了 James Harrington：*The Common-Wealth of Oceana*（London：printed by J. Streater for Livewell Chapman，1656）；关于这一版以及其他"第一版"，参见 J. G. A. Pocock（ed.）：*The Political Works of James Harrington*（Cambridge/London/New York：Cambridge University Press，1977），pp. 6—14。还有一个有用的版本是 Charles Blitzer，*The Political Writings of James Harrington*：*Representative Selections*（New York：The Liberal Arts Press，1955）。

　　① Judith N. Shklar："Harrington，James，"*International Encyclopedia of the Social Sciences*，vol. 6（New York：The Macmillan Company & The Free Press，1968），p. 323；H. F. Russell Smith：*Harrington and His Oceana*：*A Study of a 17th Century Utopia and Its Influence in America*（Cambridge：Cambridge University Press，1914）. Charles Blitzer，*An Immortal Commonwealth*：*The Political Thought of James Harrington*（New Haven：Yale University Press，1960）是关于哈林顿信息最丰富和最权威的著作，pp. 337—339 有哈林顿的出版物清单。同样值得参考的是 Charles Blitzer 的博士论文："The Political Thought of James Harrington（1611—1677）"（Harvard University，1952）。更为简要但有用的阐述见 Michael Downs：*James Harrington*（Boston：Twayne Publishers，1977）。J. G. A. Pocock：*Politics，Language，and Time*：*Essays on Political Thought and History*（Chicago：The University of Chicago

书中提出了两院立法机构,一个是经选举产生的"元老院",另一个则是由当选代表组成的"人民大会"。他强调使用选票,甚至设计了一种复杂的间接选举制度,其特征使我们想起了美国的选举团。他主张严格分权,极力主张需要一部明确的成文宪法。他的一个基本原则是政治职位轮换,要对任何人可以任职的时间加以严格限制。他主要关注土地政策问题,主张给人通过遗赠所能获得的土地数量设置严格的上限,以及平均分配家庭土地。这份清单虽然非常简要,但已经可以帮助我们理解为什么《大洋国》会对缔造美国制度的诸多政治家产生影响。

哈林顿非常钦佩哈维,他声称自己的工作是一种"政治解剖学",这将使它类似于哈维的动物身体解剖学。[①]哈林顿坚信,他对

（接上页）

Press, 1989), ch. 4, "Machiavelli, Harrington, and English Political Ideologies in the Eighteenth Century"对哈林顿的解释作了重要的批判性考察。

哈林顿反对国家应当以机器为蓝本或者基于数学原理来构建。他的攻击显然是针对霍布斯,在《大洋国》中,霍布斯在"利维坦"的名义下是一个几乎无所不在的靶子。但最近有人认为,哈林顿在很大程度上是赫尔蒙特(Helmontian)哲学的追随者,他"嘲笑把数学用于'新的机械论哲学',显得像是赫尔蒙特主义者"。于是,当雷恩责备哈林顿持一种永久的力学[机械学]时,哈林顿回答说,"在政治上没有任何机械的或类似机械的东西",这样认为"不过是体现了某个数学家的愚蠢罢了"。参见 Wm. Craig Diamond: "Natural Philosophy in Harrington's Political Thought," *Journal of the History of Philosophy*, 1978, 16: 387—398 esp. pp. 390, 395。Diamond 进一步指出(例如 p. 397),不仅赫尔蒙特的"精气"(spiritus)概念在哈林顿的自然哲学中很重要,"哈林顿还把一些相关的'精气'概念包含在他的政治哲学中"。在从一个新的学术视角来探讨哈林顿的自然哲学时,这篇颇具原创性的重要分析的作者并未提及哈林顿的政治解剖学概念,也没有探讨哈林顿对哈维科学的使用。

　　[①]　J. G. A. Pocock (ed.): *The Political Works of James Harrington* (Cambridge/London/New York: Cambridge University Press, 1977), p. 656; James Har-

当时问题的剖析以及提出新的政治机构作为补救远不只是那种传统的历史-政治分析。根据哈林顿的说法,它严格对应于哈维的生理解剖学。他写道,"政府的典范"必须"包含所有那些肌肉、神经、动脉和骨骼,这些东西对于一个秩序井然的共和国的任何功能来说都是必不可少的",它们相当于"解剖学家"所揭示的"人体的美妙结构和各个部分"。①对哈林顿而言,这种立场意味着政治解剖学家必须像生理解剖学家一样,把自己的学科建基于自然的原理,而不仅仅是一两个例子。他写道,哈维并没有把血液循环发现建基于"对某个身体的解剖",而是建基于"自然的原理"。②

　　哈林顿对哈维生理学的欣赏并不限于泛泛而谈,而是援引了这门新生物科学的细节特征。他既提出了一般类比,也提出了具

（接上页）

rington: *The Art of Law-Giving: In Ⅲ Books; The Third Book: Containing a Model of Popular Government* (London: Printed by J. C. for Henry Fletcher, 1659), p. 4; James Harrington: *Works: The Oceana and Other Works*, ed. John Toland, pp. 402—403.

　　① J. G. A. Pocock (ed.): *The Political Works of James Harrington* (Cambridge/London/New York: Cambridge University Press, 1977), p. 656; James Harrington: *The Art of Law-Giving: In Ⅲ Books; The Third Book: Containing a Model of Popular Government* (London: Printed by J. C. for Henry Fletcher, 1659), p. 4; James Harrington: *Works: The Oceana and Other Works*, ed. John Toland, pp. 402—403.

　　② J. G. A. Pocock (ed.): *The Political Works of James Harrington* (Cambridge/London/New York: Cambridge University Press, 1977), p. 162; James Harrington: *Oceana*, ed. S. B. Liljegren, p. 13; James Harrington: *Works: The Oceana and Other Works*, ed. John Toland, p. 36. 参见 Harrington's *Politicaster*, in J. G. A. Pocock (ed.): *The Political Works of James Harrington*, p. 723（另见 James Harrington: *Works: The Oceana and Other Works*, ed. John Toland, p. 560）。哈林顿在其中强调,"在政治学中",就像在解剖学中一样,关键是"由自然进行证明";政治学必须遵循"已知的自然进程"。

体的解剖学同源。在讨论他所提出的两院立法机构时,哈林顿直接借鉴了哈维的《心血运动论》,认为"议会是心脏",它就像一个吸泵,"通过持续的循环"先吸入而后泵出"大洋国的生命血液"。在这段话中我们看到,哈林顿很欣赏哈维激进的核心思想,即心脏是一个泵。他甚至仿照哈维使用了泵技术的机械论语言,他关于持续的血液循环过程的概念显然是哈维的。单纯是血液的流入流出,只需肤浅地了解哈维血液循环的一般方面。我们已经看到,霍布斯就货币的流入流出国库使用了这样一个类比。而哈林顿对心脏和血液生理学的了解却要深得多。他的完整说法是,"议会是心脏,由两个心室组成。一个心室较大,由一个较粗的心房补充血液;另一个心室较小,充满了更纯净的血液。它们在持续的循环中将大洋国的生命血液吸入又喷出"。[①] 仔细分析起来,哈林顿的类比有两个方面会引起认真读者的注意。第一是他明显只集中于心室而不是心房;第二是认识到从左心室喷射的血液和从右心室喷射的血液之间有一种物理上可观察的差异,而且两个心室大小不等。

认真阅读这段话的读者会注意到,虽然哈林顿很清楚心室吸入和泵出(或喷出)血液,但他并没有提到心室所排出的血液是从它们各自的心房吸入的,而不是直接从静脉吸入的。这里我们应当指出,哈维把血液循环解释成包含两个部分循环。在一个循环中,左心室把血液泵出心脏,经由主动脉进入主要的动脉系统,再

---

① J. G. A. Pocock (ed.): *The Political Works of James Harrington* (Cambridge/London/New York: Cambridge University Press, 1977), p. 287; James Harrington: *Oceana*, ed. S. B. Liljegren, p. 149; James Harrington: *Works: The Oceana and Other Works*, ed. John Toland, p. 149.

经由静脉系统返回心脏,在那里进入右心房;在有时被称为"小循环"(或肺循环)的另一个循环中,右心室泵出的血液经由肺动脉进入肺部,再经由肺静脉返回左心房。因此,心脏产生循环是通过两个心房和两个心室,而不是仅仅通过两个心室。于是,历史学家必定会追问,当哈林顿讨论两室而非四室的心脏时,是否不经意地显示出他对哈维循环的理解或认识是不完美的甚至是肤浅的。这个议题并不是纯粹地卖弄学问,因为据说他并没有真正深刻地理解科学甚至是哈维的工作。[①]

　　在评价哈林顿的表现时,我们必须记住,在哈维的时代,生理学家和解剖学家通常认为心房是通往心脏的静脉的延伸,下腔静脉和上腔静脉的延续。于是,当哈林顿的注意力完全集中在从心脏中排出或泵出血液的两个心室,并把它们当成心脏的主要腔室时,他根本没有关注血液在流经动脉和静脉之后所由以进入心脏的两个心房。笛卡儿的《方法谈》(1637)也类似地关注了心脏的两室,该书是承认哈维的发现有效的早期作品之一。对心脏的解剖结构拥有可靠认识的笛卡儿建议他的读者,为了准备阅读他的讨论,不妨观看对"某个大型动物心脏"的解剖,观察"那里的两个室(chambres)或心室(concavitez)"。[②] 当哈林顿忽视心房而集中于

---

　　① Judith N. Shklar: "Ideology Hunting: The Case of James Harrington," *The American Political Science Review*, 1959, 53: 689—691.

　　② René Descartes, *Discours de la méthode*, ed. Charles Adam and Paul Taunery, vol. 6 (Paris: Léopold Cerf, Imprimeur-Éditeur, 1902; reprint, Paris: Librairie Philosophique J. Vrin, 1965), p. 47. 笛卡儿对哈维的讨论见《方法谈》的第五部分。参见 René Descartes: *Treatise of Man*, French text with trans. and comm. by Thomas Steele Hall (Cambridge: Harvard University Press, 1972)。

心室时,他是在以他那个时代的风格来写作。

哈林顿发明的心脏与两院立法机构之间的类比既表明他了解哈维科学,又显示了其原创性。与霍布斯不同,他注意到哈维详细讨论了左心室泵出血液与右心室泵出血液之间的物理差异。因此,他的类比提出,立法机构的两个部门有着不同的功能,正如来自两个心室的血液有着不同的品质——"一个心室较大,由一个较粗的心房补充血液;另一个心室较小,充满了更纯净的血液"。

哈林顿对《心血运动论》的使用表明他无疑确信,哈维的发现和方法对社会科学家有重大意义。但我发现,哈林顿对哈维的了解超出了血液循环和相关的生理学问题,包含着哈维科学的其他方面。在对哈林顿的思想进行分析时,大多数学者只专注于哈维的《心血运动论》和血液循环。然而,哈维后来耗费最多时间的作品乃是他 1651 年出版的《论动物的产生》。正是在这部著作中,哈维"创造"了"现代胚胎学意义上的'渐成论'(epigenesis)一词",指"胎儿和动物是通过加入一个又一个部分而形成的"。① 哈维的研究精神和结论包含在富含寓意的卷首插图中,显示宙斯正在打开一个小瓶或卵形箱,从中产生了各种动物。卵上大胆地刻着"万物源出于卵"(*Ex ovo omnia*)!② 这些词本身并未出现在哈维的正文中,但却包含着他的生育哲学,即"所有东西都来自一个卵"。当科

128

---

① Walter Pagel: *William Harvey's Biological Ideas: Selected Aspects and Historical Background* (Basel/New York: S. Karger, 1967), p. 233.

② 参见 I. B. Cohen: "A Note on Harvey's 'Egg' as Pandora's 'Box,'" pp. 233—249 of Mikuhis Teich & Robert Young (eds.): *Changing Perspectives in the History of Science: Essays in Honour of Joseph Needham* (London: Heinemann, 1973)。

学家普遍倾向于相信某种预成论时,①哈维却在倡导渐成论,并且大部分研究都在尝试通过一个受精卵来理解哺乳动物的生育。

作为哈维的忠实弟子,哈林顿不仅熟悉哈维《论动物的产生》的思想,还在其政治思想中利用了哈维科学的这个方面。在一篇名为《政治体系》(*A System of Politics*)的身后发表的作品中,哈林顿写道:"那些对生育有过最佳著述的博物学家的确注意到,所有东西都来自一个卵。"②这是对哈维著作卷首插图拉丁文格言的直接翻译。在这篇文章中,哈林顿表明他并非只有一种一般的渐成论概念;他根据哈维的发现较为详细地描述了胚胎在鸡蛋中发育的各个方面,并把这些胚胎学事实用作政治类比的基础。

在阐述其胚胎学时,哈林顿先是讨论了"搏动点"或小鸡的原始心脏:

1. 那些对生育有过最佳著述的博物学家的确注意到,所有东西都来自一个卵。而且在每一个卵中都有一个"搏动点"或最先移动的部分,比如在那些鸡蛋中观察到的紫色斑点;通过它的运作,其他器官或合适部位被描绘、区分和加工成一个有机体。③

---

① 参见 F. J. Cole: *Early Theories of Sexual Generation* (Oxford: Clarendon Press, 1930)。

② J. G. A. Pocock (ed.): *The Political Works of James Harrington* (Cambridge/London/New York: Cambridge University Press, 1977), p. 839; James Harrington: *Works: The Oceana and Other Works*, ed. John Toland, p. 470.

③ J. G. A. Pocock (ed.): *The Political Works of James Harrington* (Cambridge/London/New York: Cambridge University Press, 1977), p. 839; James Harrington: *Works: The Oceana and Other Works*, ed. John Toland, p. 470.

　　早在哈维之前很久,胚胎学家就已经知道"搏动点",它被视为生命的起点,胚胎的心脏。正如哈维所说,亚里士多德发现"搏动点"在移动。① 亚里士多德和后来的胚胎学家都认为,心脏是鸡在 129 胚胎发育过程中形成的第一个器官,而血液则是在肝脏出现之后形成的。在哈维的时代,占统治地位的盖伦生理学的一个特征是,血液是由肝脏制造的,因此不可能先于肝脏存在。但通过认真仔细的实验,哈维证明在鸡蛋中,血液在心脏或肝脏等成形之前就开始存在了。哈维的研究表明,在鸡蛋发育的早期阶段出现了一个紫红色小点,"它是如此之小,以至于在舒张期,它会像最小的火花一样闪烁,而在收缩期则会立即逃脱视线消失不见"。这个急速跳动的(或搏动的)点被认为可以分成两部分,它们以反复心律(reciprocating rhythm)搏动,"当一个收缩时,另一个会发亮和充血",然后当这一个"稍后收缩时,它会直接排出其中的血液",并且像这

---

　　① 　William Harvey: *Disputations touching the Generation of Animals*, trans. Gweneth Whitteridge (Oxford/London: Blackwell Scientific Publications, 1981), pp. 96, 99; 另见 William Harvey: "Anatomical Exercises in the Generation of Animals," in *The Works of William Harvey*, trans. Robert Willis (London: printed for the Sydenham Society, 1847; reprint, New York/London: Johnson Reprint Corporation, 1965—The Sources of Science, no. 13; reprint, Philadelphia: University of Pennsylvania Press, 1989—Classics in Medicine and Biology Series), pp. 235, 238; 以及 William Harvey: *Anatomical Exercitations concerning the Generation of Living Creatures*, trans. (London: Printed by James Young for Octavian Pulleyn, 1653), pp. 90, 94。

样持续地往复运动下去。① 如前所述,哈维向查理一世自豪地展示了搏动点。哈维的结论被总结如下:"血液先于脉搏而存在",是"活胚胎的第一个部分";由血液"产生了胚胎的身体",也就是说,由血液"形成了血管和心脏,并且在适当的时间形成了肝脏和大脑"。② 哈林顿的段落1总结了哈维关于"搏动点"以及各个器官如何由它发育而来的胚胎学发现。

接下来,哈林顿引入了一个政治类比。他的段落2讨论了一个"没有政府的国家"或"没有形式"的国家。哈林顿写道,它就"像一个未孵化的卵","搏动点,或者从瓦解先前形式到产生后续形式的第一推动者,要么是单一的立法者,要么是一个议会"。③ 在段落4中,哈林顿考虑了"搏动点或产生形式的第一推动者"是"单一立法者"的情形,其程序——"不仅要根据自然,而且也要根据技艺"——"从描述不同的器官或肢体"开始。哈林顿在段落5中继续说,这种"对不同器官或肢体(作为政府的形式)的描述"是"根据所要引入形式的本性或真实情况将领地截然划分成合适的管辖

---

① William Harvey: *Disputations touching the Generation of Animals*, trans. Gweneth Whitteridge (Oxford/London: Blackwell Scientific Publications, 1981), pp. 96, 101; *The Works of William Harvey*, trans. Robert Willis, pp. 235, 241; William Harvey: *Anatomical Exercitations concerning the Generation of Living Creatures*, *trans.* (London: Printed by James Young for Octavian Pulleyn, 1653), pp. 89, 97.

② William Harvey: *An Anatomical Disputation concerning the Movement of the Heart and Blood in Living Creatures*, trans. Gweneth Whitteridge (Oxford/London: Blackwell Scientific Publications, 1976), p. 218.

③ J. G. A. Pocock (ed.): *The Political Works of James Harrington* (Cambridge/London/New York: Cambridge University Press, 1977), p. 839; James Harrington: *Works: The Oceana and Other Works*, ed. John Toland, p. 470.

区,形成它们固有的职能"。①

　　在段落 4 中,哈林顿区分了"根据自然"和"根据技艺"对政治 130
国家的分析。在他的各种著作中,他一再引入基础科学(自然知
识)与技艺(科学知识的应用)之间的这种差异。他认为,无论在自
然科学中还是在政治科学或社会科学中,自然之中都可能存在着
尚未(由科学)发现或(在技艺中)应用的原理。他指出,政治平衡
的概念或原理"在自然中和她一样古老,但在技艺中和我的著作一
样新"。② 通过比较自己的例子与哈维的例子,哈林顿对比了他的
发现的原创性和他所发现原理的永恒性。事件的起因是雷恩
(Matthew Wren)对《大洋国》的诋毁,他提出,平衡原理根本不是
哈林顿作出的非凡发现或新发现,而仅仅是重述了在某种意义上
一直为人所知的东西。哈林顿回应说,这就好比有人要告诉"哈维
博士,⋯⋯他使整个世界有理由感到极度失望,因为他没有表明人
是由姜饼制成的,人的血管中流淌着葡萄酒",③而是指出了自古
以来就已经知道的血液特征。

---

　　① J. G. A. Pocock (ed.): *The Political Works of James Harrington* (Cambridge/London/New York: Cambridge University Press, 1977), p. 840; James Harrington: *Works: The Oceana and Other Works*, ed. John Toland, p. 470.

　　② *The Prerogative of Popular Government: A Politicall Discourse in Two Books* (London: Printed for Tho. Brewster, 1658 [1657]), p. 20; James Harrington: *Works: The Oceana and Other Works*, ed. John Toland, p. 232.

　　③ J. G. A. Pocock (ed.): *The Political Works of James Harrington* (Cambridge/London/New York: Cambridge University Press, 1977), p. 412; *The Prerogative of Popular Government: A Politicall Discourse in Two Books* (London: Printed for Tho. Brewster, 1658 [1657]), p. 21; James Harrington: *Works: The Oceana and Other Works*, ed. John Toland, p. 232.

哈维的《论动物的产生》之所以对哈林顿极为重要,是因为它有一个特征明显不同于《心血运动论》。《心血运动论》各处包含着关于方法的不经意的评论,而《论动物的产生》却在构成整部著作前言的几篇短文中对方法作了一般讨论,比如怎样做科学,如何在研究自然时作正确的推理。哈维在这里明确指出,他的目标不只是告知他所获得的关于生育的新知识,而且尤其要"为好学的人指明一条新的、如果我没有弄错也是更可靠的获得知识的道路",那就是研究自然而不是书本,"用自己的眼睛遵循自然的指导":

> 大自然本身必须是我们的顾问;她所记录的路径必须是我们的路径,因为这样一来,当我们请教自己的眼睛,从低劣的事物走向更高的事物时,我们终将参透她的秘密。①

像哈林顿这样的思想家很可能会设想哈维在直接对他说话。

哈维的方法论文章有两个非常不同的方面。在 20 世纪的读者看来,它们初看起来似乎是矛盾的。哈维不仅没有为研究方向和产生新知识建立某些规则,而且还试图建立与亚里士多德这位实验生物学大师的亲缘关系。亚里士多德第一次表述了生物学的研究模式,特别强调感官知觉和记忆所起的作用以及从单称到全称的途径。哈维彻底改变了生物学,且在相当程度上是一个亚里

131

---

① William Harvey: *Disputations touching the Generation of Animals*, trans. Gweneth Whitteridge (Oxford/London: Blackwell Scientific Publications, 1981), pp. 8—10; *The Works of William Harvey*, trans. Robert Willis, pp. 152—153.

士多德主义者,这真是思想史上的一个悖论。不过,虽然哈维一直在称赞亚里士多德,但他并未因此而忽视亚里士多德的错误,并且试图纠正它们。

在《论动物的产生》特别是那几篇方法论文章中,哈维一再坚称,经验——直接实验和观察——是了解大自然的唯一途径。于是,"感觉和经验"是"技艺和知识的……来源"。此外他还宣称,"在每一门学科中,勤于观察都是……前提,必须频繁地请教感官本身"。他甚至恳请读者"不要相信我说的任何东西",呼吁把他们的眼睛当作我的"证人和法官"。①

根据哈维的说法,自然研究不仅要勤于观察,而且要反复观察。在哈维看来,观察自然有两个不同的方面。首先是要仔细描述和界定动物身体或人体的每一个器官或部位;其次是做我们所说的实验。不过在哈维的时代,实验尚未从更一般的术语"经验"中分离出来(在法语和意大利语中仍然如此)。当哈维的同时代人迪格比(Kenelm Digby)说"哈维博士凭借经验作出了发现,并且传授了如何做这种经验"②时,他想到的正是哈维工作的后一特征。在强调归纳法时,哈维从未讨论想象力的飞跃如何产生有待检验的假说,也没有讨论在任何研究计划中都极为重要的指导思想。③

---

① William Harvey: *Disputations touching the Generation of Animals*, trans. Gweneth Whitteridge (Oxford/London: Blackwell Scientific Publications, 1981), pp. 12—13; *The Works of William Harvey*, trans. Robert Willis, pp. 157—158.

② 引自 Kenneth D. Keele: *William Harvey: The Man, the Physician, and the Scientist* (London/Edinburgh: Nelson, 1965), p. 107。

③ 关于哈维的方法,特别参见 Walter Pagel: *William Harvey's Biological Ideas: Selected Aspects and Historical Background* (Basel/New York: S. Karger, 1967)。

哈维的研究计划总是遵循着他自己对解剖学研究目的的构想,显示出另一个对哈林顿有意义的成分。哈维认为解剖学家的目标是研究身体的部位以确定结构,使人可以通过认识这些结构来理解功能。到了17世纪末,给哈维留下强烈印象的这门学科的后一方面已经得到公认。哈里斯(John Harris)的《技艺词典》(*Lexicon Technicum*,1704)这部17世纪科学的广泛纲要把解剖学定义为"对动物尤其是人的一种人工解剖",其中"各个部位被分别发现和解释",以服务于"物理学和自然哲学之用"。以哈维为领军人物的新解剖学已被刻画为把旧的描述性解剖学或"死"解剖学改造成了"活解剖学"(anatomia animata),或者从对"人体各个部位"的静态"描述和刻画"变成了对每一个部位在其结构中的功能和每一个结构在生命过程中的功能的动态理解。简而言之,为了产生一种生理学,哈维建议我们作今天所谓的解剖学研究。①

根据哈维的要求,政治解剖学家需要寻求详细的信息(基于直接经验的信息),并且将其组织成政治结构。配第认为,统计数据可能取代解剖作为经验信息的来源,而哈林顿——依照哈维的要求和范例——却认为,在政治领域中要求直接观察。哈林顿的方法类似于哈维所体现的经验科学家或解剖学家的方法。对于解剖学家来说,经验是对活着和死去的实际身体进行研究,而对于政治

① Walter Pagel: *William Harvey's Biological Ideas*: *Selected Aspects and Historical Background* (Basel/New York: S. Karger, 1967), pp. 24, 331(带有限定,比如pp. 24—25, 330—331)。另见 Charles Singer: *The Evolution of Anatomy* (New York: Alfred A. Knopf, 1925), pp. 174—175; Kenneth D. Keele: *William Harvey*: *The Man*, *the Physician*, *and the Scientist* (London/Edinburgh: Nelson, 1965), p. 190。

学家来说,经验则来源于个人接触(通过旅行)和阅读历史记录。哈林顿写道:"除非首先是历史学家或旅行家,否则没有人能够成为政治家[政治学家];因为除非他能看到必然有什么或可能有什么,否则他就不是政治家。"哈林顿指出,如果一个人"不了解历史,他就说不出过去有什么;如果他不是旅行家,他就说不出现在有什么;如果既不知道过去,又不知道现在,他就说不出必然有什么或可能有什么"。①

用布利策(Charles Blitzer)的话说,哈林顿"对政治学研究与解剖学研究的比较不只是一种随随便便的比喻",而是"表达了对两门学科基本相似性的合理信念"。政治[身]体和人体都是由协调运作的、以类似方式连结的机械结构所组成的。在通过经验和理性方法来研究人体方面,哈维已经取得了巨大成功;政治解剖学家想必认为运用类似的方法也可以得出同样重要的结果。

在回应雷恩时,哈林顿提醒他的批评者说,"解剖学是一门技艺,但通过这门技艺来演示的人其实是通过自然来演示"。② 因此,他写道,"政治学不能建立在想象的基础上,而应基于已知的自然进程",正如解剖学"不能通过想象来反驳,而应通过自然之中的

133

---

① J. G. A. Pocock (ed.): *The Political Works of James Harrington* (Cambridge/London/New York: Cambridge University Press, 1977), p. 310; James Harrington: *Works: The Oceana and Other Works*, ed. John Toland, p. 170.

② Charles Blitzer, *An Immortal Commonwealth: The Political Thought of James Harrington* (New Haven: Yale University Press, 1960), p. 99; J. G. A. Pocock (ed.): *The Political Works of James Harrington* (Cambridge/London/New York: Cambridge University Press, 1977), p. 723; James Harrington: *Works: The Oceana and Other Works*, ed. John Toland, p. 560.

演示来反驳"一样。他得出结论说,政治学和解剖学的情况没有什么两样。① 简而言之,政治学研究和解剖学研究之所以类似,是因为它们都通过理性和经验来寻求自然的原理。不过,哈林顿会同意哈维的看法,认为人不应屈从于"古人的权威"。在哈维看来,"自然的行为……不在乎任何意见或任何古代","没有任何东西比自然更古老或具有更大的权威性"。哈林顿对此表示赞同。在《心血运动论》的"书信献词"中,哈维解释说,他并未"宣称要根据哲学家的书本或格言(即根据'作品'或'作家和解剖学作者的观点')来学习或讲授解剖学",而是要"根据解剖和大自然本身的结构"。② 在对里奥朗(Jean Riolan)等批评者所作的第二个回应中,他提到

① Charles Blitzer, *An Immortal Commonwealth : The Political Thought of James Harrington* (New Haven: Yale University Press, 1960), p. 99; J. G. A. Pocock (ed.): *The Political Works of James Harrington* (Cambridge/London/New York: Cambridge University Press, 1977), p. 723; James Harrington: *Works: The Oceana and Other Works*, ed. John Toland, p. 560.

② *The Anatomical Exercises of Dr. William Harvey : De Motu Cordis*, 1628; *De Circulatione Sanguinis*, 1649: *the First English Text of* 1653, ed. Geoffrey Keynes (London: The Nonesuch Press, 1928), pp. 165—166, 145; "A Second Disquisition to John Riolan, Jun., in Which Many Objections to the Circulation of the Blood Are Refuted," *The Works of William Harvey*, trans. Robert Willis, pp. 123, 109. William Harvey: *An Anatomical Disputation concerning the Movement of the Heart and Blood in Living Creatures*, trans. Gweneth Whitteridge (Oxford/London: Blackwell Scientific Publications, 1976), p. 7; *The Works of William Harvey*, trans. Robert Willis, p. 7; *The Anatomical Exercises of Dr. William Harvey : De Motu Cordis*, 1628; *De Circulatione Sanguinis*, 1649: *the First English Text of 1653*, ed. Geoffrey Keynes (London: The Nonesuch Press, 1928), p. XIII; William Harvey: *Exercitatio Anatomica de Motu Cordiset Sanguinis in Animalibus : Being a Facsimile of the 1628 Francofurti Edition*, *Together with the Keynes English Translation of 1928* (Birmingham: The Classics of Medicine Library, 1978), p. XI.

了"实验、观察和眼睛的证词"对其思想的确证。实际上,哈林顿是把这些要求从人的解剖学转移到了政治解剖学。

哈林顿特意为政治学选择了依赖于直接观察和"经验"的解剖学家的方法。也就是说,他有意拒绝了物理科学和数学的路径。他嘲笑霍布斯把数学用于政治语境,因为他特别厌恶模仿几何学的演绎系统。在这方面,他在霍布斯的"推理"中找到了一个主要范例。他一再公开表达他对他有时所谓的"几何学"、有时是"数学"、有时是"自然哲学"[①]的蔑视。他嘲笑霍布斯以为可以"通过几何学"来建立一种君主制。[②]

哈林顿也不屑于把物理科学当作政治模型或类比的来源。他认为,物理科学倾向于产生抽象而不是现实。在这一点上,他的观点与哈维一致。哈维在写给里奥朗的第二封信中说,"我们关于天体的知识"是"不确定的和猜测性的"。他想到的无疑是不可能证明哥白尼体系、托勒密体系或第谷体系(或任何其他可能的变体)

134

---

① 令哈林顿感到失望的是,某些"自然哲学家"(例如威尔金斯主教在其《数学魔法》[*Mathematical Magick*]中)谈到了要么不能被构造出来,要么不能像理论中所说的那样实际运转的机器或设备;参见 Charles Blitzer, *An Immortal Commonwealth*: *The Political Thought of James Harrington* (New Haven: Yale University Press, 1960), pp. 90—95 中的出色论述。

② J. G. A. Pocock (ed.): *The Political Works of James Harrington* (Cambridge/London/New York: Cambridge University Press, 1977), pp. 198—199; James Harrington: *Oceana*, ed. S. B. Liljegren, p. 50; James Harrington: *Works*: *The Oceana and Other Works*, ed. John Toland, p. 65. Cf. *Politicaster* in J. G. A. Pocock (ed.): *The Political Works of James Harrington*, p. 716; James Harrington: *Works*: *The Oceana and Other Works*, ed. John Toland, p. 553.

中哪一个是正确的。① 无论如何,他的立场很明确:"这里不能以天文学为范例"。他解释说,这是因为天文学家是从观察到的现象中间接地论证出"原因",论证出"这些东西存在"的理由。但在这种研究中,天文学家要想像解剖学家一样行事,就必须直接用感觉去观察,而不是仅仅依靠理性去寻求"月食的原因",因此必须置身于月亮之外。②

天文学的这种不确定性很容易与哈维证据的清晰性和明确性形成对比。在《心血运动论》中,哈维将直接证据的要素一一收集起来,以表明心脏不断泵出血液,脉搏的收缩和舒张与心脏的收缩

---

① *The Anatomical Exercises of Dr. William Harvey*: *De Motu Cordis*, 1628; *De Circulatione Sanguinis*, 1649; *the First English Text of 1653*, ed. Geoffrey Keynes (London: The Nonesuch Press, 1928), p. 179; *The Works of William Harvey*, trans. Robert Willis, p. 132. (在《心血运动论》中,哈维的确把"受造物的心脏"称为"万物的主宰,其小宇宙的太阳"(参见 n. 14 supra),但这并不意味着他支持哥白尼的日心体系);参见 William Harvey: *An Anatomical Disputation concerning the Movement of the Heart and Blood in Living Creatures*, trans. Gweneth Whitteridge (Oxford/London: Blackwell Scientific Publications, 1976), p. 76; *The Anatomical Exercises of Dr. William Harvey*: *De Motu Cordis*, 1628; *De Circulatione Sanguinis*, 1649; *the First English Text of 1653*, ed. Geoffrey Keynes (London: The Nonesuch Press, 1928), p. 47; *Movement of the Heart and Blood in Animals*: *An Anatomical Essay by William Harvey*, trans. Kenneth J. Franklin, p. 59。在《论动物的产生》中,哈维并没有把心脏比作中心的太阳,而是持一种地心立场(可能是托勒密的、第谷的等),把血液称为"小宇宙的太阳",并进而把它比作"更好的发光体,太阳和月亮","通过它们持续的圆周运动为这个低劣的世界赋予生命"。参见 Whitteridge translation (n. 105 supra), pp. 381—382; *The Works of William Harvey*, trans. Robert Willis, pp. 458—459。

② *The Anatomical Exercises of Dr. William Harvey*: *De Motu Cordis*, 1628; *De Circulatione Sanguinis*, 1649; *the First English Text of 1653*, ed. Geoffrey Keynes (London: The Nonesuch Press, 1928), p. 168; *The Works of William Harvey*, trans. Robert Willis, p. 124.

和舒张之间存在着关联,血液经由动脉从心脏中流出,经由静脉流入心脏,静脉瓣只允许血液流向心脏。面对着这种解剖学的确定性,尤其是对比天文学的不确定性,哈林顿为其政治思想的科学模型作出了一个明显的抉择。①

哈林顿的政治解剖学类似于哈维关于人和动物的解剖学,因为其目的是要准确细致地描述和界定指导运作的各个部位或解剖学特征。哈维和哈林顿之所以研究结构,最终都是为了进行一般的综合,其中每一个结构或器官的运作都将联系它的形式和结构来认识,因此它的活动可以被视为整个活的身体运作的一部分。类似的目的激励了对动物或人的身体以及政治[身]体的解剖生理学研究。

在目前的情况下,哈林顿特别让人感兴趣,因为他的政治思想与他那个时代的科学相关,尤其是因为他的思想最终影响了实际政策。他和霍布斯的那些著作都在 17 世纪得到了最广泛的讨论,体现了科学在社会政治领域的应用。《利维坦》和《大洋国》都广泛利用了新的生命科学。霍布斯将有机体类比与物理学原理和数学

---

① Williamm Craig Diamond:"Natural Philosophy in Harrington's Political Thought,"*Journal of the History of Philosophy*,1978,16:387—398 对哈林顿对物理学(力学)的蔑视作了全新的解释。Diamond 用令人信服的证据表明,在这方面,哈林顿在相当程度上是赫尔蒙特哲学的追随者。也就是说(pp. 390,395),就哈林顿"嘲笑把数学用于'新的机械论哲学'"而言,他可能是一个"赫尔蒙特主义者"。Diamond 进而指出(比如 p. 397),不仅赫尔蒙特的"精气"(*spiritus*)概念是哈林顿自然哲学中的一个重要概念,"哈林顿还把一些相关的'精气'观念纳入了他的政治哲学中"。这篇文章的作者虽然从一个新的学术视角对哈林顿的自然哲学作了颇具原创性的重要分析,但他并没有提到哈林顿的政治解剖学概念,也没有探讨哈林顿用哈维科学来形成一种自然哲学或一个政治思想体系。

135　的方法和理想结合起来,但哈林顿明确否认数学和数学物理科学
能为政治提供要诀。正如我们所看到的,哈林顿相信政治解剖学
能够揭示政治的原理,即遵循以解剖学为基础的哈维生命科学的
经验方法,从哈维所谓的"自然结构"中得出原理。[①] 霍布斯旨在
把数百年来关于政治[身]体的有机体概念改造成一个体现机械论
系统的新的隐喻。而哈林顿则为这个古老的概念赋予了哈维新生
理学的性质,从而发展出一种修正的生物学隐喻和一门体现了"科
学革命"主要特征的政治科学。

[①]　William Harvey: *An Anatomical Disputation concerning the Movement of the Heart and Blood in Living Creatures*, trans. Gweneth Whitteridge (Oxford/London: Blackwell Scientific Publications, 1976), p. 7; *The Works of William Harvey*, trans. Robert Willis, p. 7; *Movement of the Heart and Blood in Animals: An Anatomical Essay by William Harvey*, trans. Kenneth J. Franklin, p. 7; *The Anatomical Exercises of Dr. William Harvey: De Motu Cordis*, 1628; *De Circulatione Sanguinis*, 1649; *the First English Text of 1653*, ed. Geoffrey Keynes (London: The Nonesuch Press, 1928), p. ⅹⅲ; William Harvey: *Exercitatio Anatomica de Motu Cordiset Sanguinis in Animalibus: Being a Facsimile of the 1628 Francofurti Edition*, *Together with the Keynes English Translation of 1928* (Birmingham: The Classics of Medicine Library, 1978), p. ⅺ. 哈林顿对哈维还有其他引用,甚至——正如弗兰克(Robert Frank)所指出的——用"血液循环的发现来论证社会需要一个改革者,这里是需要一个立法者来制定政府方案";参见 Robert G. Frank, Jr.: "The Image of Harvey in Commonwealth and Restoration England," pp. 103—143 of JeromeI. Bylebyl (ed.): *William Harvey and His Age: The Professional and Social Context of the Discovery of the Circulation* (Baltimore/London: The Johns Hopkins University Press, 1979), esp. p. 120. 在这种语境下,弗兰克引用哈林顿的《大众政府的特权》(*The Prerogative of Popular Government*):"发明是一件孤独的事情。世界上所有的医生聚到一起也没有发明血液循环,也不可能发明出任何这样的东西,尽管这在他们自己的技艺之内;然而,这是由一个人发明的,而且医生们一致同意和欣然接受这项发明。"哈林顿的这部论著载 J. G. A. Pocock (ed.): *The Political Works of James Harrington* (Cambridge/London/New York: Cambridge University Press, 1977)。

2.6　结　论

　　虽然在 17 世纪初，一些人尝试基于数学原理或自然科学原理来创建某一门社会科学，但这个时代的任何社会科学都不曾达到伽利略的运动物理学或哈维的生理学那样高的成就。从历史角度来看，（在科学革命之初）创建一门能与自然科学并驾齐驱的社会科学的这些尝试的意义主要在于，它们表明许多思想家力图像自然科学家理解自然界那样成功地理解社会及其建制。事实上，要想评判这些 17 世纪先驱者的成果，必须考虑到今天大多数社会科学和与之对应的自然科学并不完全相像。

　　为什么这些早期的社会科学家会在自然科学中为自己的学科寻求一种模型，或者试图沿着自然科学的思路去创建一门社会科学呢？首先，有一种自然的愿望要去模仿伽利略或哈维的著作，把他们的方法和隐喻应用于社会领域来分享自然科学所赢得的赞誉。此外还存在着一种共识：创建一门新的社会科学就是放弃对柏拉图、亚里士多德和经院“博士”等公认权威的传统依赖，从新的权威来源即自然“本身”另起炉灶，重新开始。从事自然科学的人认为，至高的权威寓于自然之中，而不在古代和中世纪先哲的著作中。在寻求由经验揭示的自然界的对应物时，社会科学家转向了旅行、政治社会数据和历史记录。

　　我在分析时一直集中于那些旨在基于自然科学创建社会科学的人对自然科学的实际运用。在阅读这些思想家的作品时，他们的深刻信念一再使我深受触动，即自然科学掌握着创建一种关于人类行为和人类建制的科学的钥匙。正如我所引述和概括的，他们的说法有力而明确。但必须承认，我所讨论的他们作品的那些内容只能说明这些作者所有工作中的很少一部分。① 在大多数情况下，我所关注的事情可能只是这些社会科学家发表论著的很少一部分。此外，今天的社会科学百科全书以及政治和社会理论史的常规作品一般不会提到，格劳秀斯和哈林顿本人曾宣称其社会政治思想依赖于伽利略的运动物理学或哈维的生理学。如前所述，政治思想通史乃至大多数研究莱布尼茨的著作并不引用莱布尼茨的政治论文。甚至连霍布斯对伽利略物理学和哈维生理学的使用，也只在专门的著作中有所讨论。这样一来，我们立刻碰到了两个基本问题：一是对自然科学的使用果真如我所说是他们思想不可或缺的一部分，抑或引入自然科学仅仅是那个时代所特有的华丽辞藻的淋漓挥洒？二是为何新科学没有大量渗透到像《战争与和平法》或《大洋国》这样的作品中，以至于读者不禁要时刻注意着只有通过详细的历史研究才能看出端倪的自然科学基础？

　　第二个问题更容易回答，而且有助于我们讨论第一个问题。如果这些作品以这样一种方式写成，以至于只有对新的数学或自然科学有所了解才能读懂书中的大部分内容，那么潜在的读者数量将会大大减少。只有对社会科学感兴趣并且在科学或数学方面有所准备的学者才能胜任这项任务。这样一来，作品的影响力将会受到限制。牛顿在写作《自然哲学的数学原理》时就面临着类似

137

————————————

① 配第和格朗特是例外，因为他们几乎所有著作都是联系一般政治组织来讨论科学或数学中的话题的。

的情况。如果他的每一个论证和证明都是用他发明的微积分算法写成的,那么只有极少数人会读它,这些人既掌握了新的数学,又有能力并且愿意采用一种新的理论力学。另一方面,如果他以一种更加几何的、较为传统的方式来写作,不时引入微积分的代数表述,他将不会用不必要的障碍吓退潜在的读者。

这里所要得出的结论是,我们不能通过数学或自然科学在社会科学早期论著中的绝对数量或无处不在的程度来衡量诸位作者在何种程度上来构想一种对数学或自然科学的深刻的内在依赖性。因此今天来看,最有意义的并不在于 17 世纪政治科学或社会科学著作中直接涉及自然科学的讨论的数量和范围,而在于存在着这样一些段落本身。试图用这些学科的方法来解决社会和人类建制的复杂问题,从而扩展自然科学的领域,必定需要勇气和远见。

哈佛大学

3. 社会科学、自然科学与公共政策
——I. 伯纳德·科恩与哈维·布鲁克斯①对谈

科恩：首先想问一下，在你的科学生涯中，你是从什么时候开始意识到那些与社会科学有关的问题的？

布鲁克斯：我很早就意识到科学政策中有一些问题涉及我所谓的社会议题和社会价值。但在那时，我并不认为这些问题与社会科学直接相关。直到 20 世纪 60 年代，特别是在 1965 年我就任国家科学院科学与公共政策委员会主席之后，才真正注意到问题的这个方面。这一时期我们与时任俄克拉荷马州参议员的弗雷德·哈里斯(Fred Harris)接触很多，他很重视这类问题，提议设立国家社会科学基金会。在向哈里斯这个小组委员会就这一提案作证时，我对社会科学的感受尤为强烈。我意识到，在政策制定过程中，社会科学也有用武之地，这一点此前一直被忽视了。因此我想说，我在 60 年代初到中期这段时间里第一次明确意识到了社会科学与科学政策的关联。

---

① 哈维·布鲁克斯(Harvey Brooks)：哈佛大学技术与公共政策荣誉退休教授，哈佛大学工程学与应用物理学院前任院长。作为专业物理学家，他曾就职于总统科学顾问委员会和国家科学委员会，并曾担任国家科学院科学与公共政策委员会主席。

科恩：这跟我预想的差不多。普遍的情形似乎是，对于大多数自然科学家来说，与社会科学的关系问题直到 60 年代才真正变得重要起来。60 年代之前，受到这种直接影响的大概只有国家科学基金会，那时基金会正在为某些筛选出来的社会科学提供研究资金。这又关系到一个很一般的问题，在讨论国家科学基金会之前，我想先将它提出来。记得一位新任官员曾对我说，"我才发现我们为软科学投了很多钱"。科学家通常如何看待社会科学？ 他们认为社会科学在多大程度上是不同于"硬"科学的"软"科学呢？

布鲁克斯：说来话长，这个问题可以追溯到提议设立国家科学基金会之初，基尔戈和布什两派之间的争论。

科恩：是哈利·基尔戈（Harley Kilgore）参议员，西弗吉尼亚州的那个民主党人吗？

布鲁克斯：正是。他希望设立一个机构，把社会科学纳入基础科学和应用科学范畴，由政府出资支持。你应该有印象，万尼瓦尔·布什（Vannevar Bush）持一种更加传统的"纯粹科学"进路。他希望基金会能由自然科学家来管理，只做基础研究，不要关注眼前的实用成果。

科恩：印象很深，布什 1945 年的《科学：无尽的疆界》（*Science：The Endless Frontier*）那份报告就是我们的研究团队准备的。

布鲁克斯：原来如此！ 我毫不知情。

科恩：嗯。麻省理工学院的鲁珀特·麦克劳林（Rupert Maclaurin）在当时就职于该校辐射实验室的历史学家亨利·格拉克（Henry Guerlac）的指导下设立了一个"秘书处"（Secretariat）。报告中我和约翰·埃兹尔（John Edsall）完成的内容，有一部分是对

154

美国、英国和法国所提供的研究资助进行比较。我还记得,当时围绕是否把社会科学纳入筹建中的国家研究基金会的资助范围产生了许多争论。I. I. 拉比(I. I. Rabi)激烈反对把社会科学与自然科学关联起来。他一直认为,社会科学研究的是观点而不是事实。最终,布什报告没有给社会科学在基金会中设想出清晰的位置,但这个授权法案(enabling act)以"其他科学"这一表述为社会科学留下了余地。

布鲁克斯:在所有这些争论中,对于要不要把社会科学纳入进来,自然科学家们并没有形成共识,不过他们的看法基本上反映了社会大众的观点。那些政治倾向比较保守的人认为社会科学的确很"软",也就是说,社会科学理论的证据和可证伪性之标准不同于自然科学。而且在我看来,从政治上来说,保守派担心"科学"一词会因为社会科学的政治意味而变得不再纯粹。有些保守派把社会科学尤其是社会学等同于社会主义。

换句话说,许多科学家所担心的正是在 MACOS 项目上所产生的争议。

科恩:什么项目?"人:学习的过程"(Man: A Course of Study)吗?

布鲁克林:正是,这是国家科学基金会的课程拓展项目。与它类似的还有已经予以资助的物理学项目(Project Physics),是为中学物理课开发的新课程,内容重要,开设面广。可以想见,MACOS 的内容引起了很大争议。比如,一直批评国家科学基金会的参议员普罗克斯迈尔(Proxmire)提出了 MACOS 的问题,来自亚利桑那的众议员约翰·康伦(John Conlon)认为 MACOS 会破坏基本的家庭价值观。后来争议实在太大,这个项目不得不放弃。许多科学界人士担心,类似的争议可能会影响整个国家科学基金会,使自然科学家能够获得的资助减少,这大概是最令人头疼的问题。MACOS项目之所以备受争议,是因为它所讨论的人类学和社会学议题本身就存在重大争议,这与关于物理学原理和理论的讨论截然不同。这类议题从一开始就浮现出来,也就是在提议把社会科学纳入国家科学基金会的时候。不过,自然科学家对社会科学没有一致的看法。

科恩:你和其他所谓硬科学界人士想到社会科学时会想起哪些学科? 社会学显然会入列吧。

布鲁克斯:与经济学相比,我更容易想起社会学。我把经济学看成社会科学中的一种热力学,因为经济学从过分简化的实在模型开始,再从模型中进行严格的推论,并且不一定强调模型的严格,而是强调推论的严格。这个过程与物理学领域的热力学方法很相似。热力学的研究者也从非常宽泛的假设出发,看看用数学能推论出什么结果。

我把经济学与其他社会科学在某种程度上分开了。从一定意义上讲,经济学是与物理科学尤其是物理学最为对应的社会科学的代表。从经济学往其他社会科学一路看过去,我敢说大多数自然科学家会把其他社会科学按照"软"的程度排序,从低到高依次是定量社会学、调查研究等,直到政治学。我也知道,社会学和政治学都会用到调查研究的方法。但在较软的社会科学中有一种典型的语词传统,政治学就是这样一门语词的描述性科学,直到近来才有所改观,而社会学很早就属于定量传统了。

　　我想,自然科学家对社会科学家并没有成见。但自然科学中有一种观点的确有必要强调一下,那就是自然科学家对社会科学使用的模型多少有些怀疑,这种怀疑来自他们在自然科学研究中的切身体验。在自然科学中,即使有为数不多的几个可互换的实体项,如电子、质子等,建立模型也很困难。而在社会科学中,每一个个体都有某种程度的差别,即使个体间有一些共同属性,在分类上也难免有随意性。因此我认为,自然科学家会怀疑社会科学家是否能够建立与现实足够相似的模型,从中得出有效的严格推论。即使在自然科学中也无法断定是否所有重要因素都包含在模型中,因此推论是靠不住的,不是说它们不严格,而是模型并不完全对应实际的物理世界。

157　　**科恩**:这个问题不妨多聊一会儿。我的研究表明,大多数自然科学家首先把社会学看成……

　　布鲁克斯:看成一门社会科学。

　　科恩:唯一的社会科学(the social science)。关于社会科学科学性的讨论通常不怎么涉及历史、政治理论、考古学、社会人类学或社会心理学。有一个有趣的现象,我发现我认识的人中对社会科学自称的科学性怀疑最甚的是研究物理科学和数学的人。地球科学界是不是也是这个情况? 生物学界呢? 在你分别属于的各个圈子里讨论这些问题时,不同领域的人对社会科学是否有不同的态度? 比如,有些自然科学家就对社会科学中预测的准确率不高颇有微词。

　　布鲁克斯:的确如此。

　　科恩:但地球科学家要进行预测也非常困难,却没人怀疑他们研究的科学性。他们不会像物理学家那么看重预测的准确性。

布鲁克斯：一点不假。事实上，1972 年我在《密涅瓦》(*Minerva*)季刊上发表了一篇文章，评论阿尔温·温伯格(Alvin Weinberg)关于"越界科学"(trans-science)的介绍，当时我就明确提出了这一点。

科恩：我有印象。阿尔温是橡树岭国家实验室主任，也是总统科学顾问委员会成员吧？

布鲁克斯：是的。阿尔温对"越界科学"一词的使用，我不敢苟同，他似乎把所有社会科学都归入了越界科学。我所提出的一个问题是，社会科学一直以牛顿力学为模型，而气象学实际上更适合作为模型。我提到了麻省理工学院的洛伦茨(Lorenz)，他在天气预测方面做了一些基础性的研究。他根据大气运动方程严格表明，无论对初始边界条件掌握得多么准确，十五天以上的天气预报原则上是不可能的。这种状况与边界层(boundary layer)现象有关，因为实际上需要无限精确地指定边界条件。初始条件或变量边界值的微小变化就会导致从严格的运动方程中得出的预测大幅改变。这样一来，变量边界值的任意小的误差都会使方程的解有所不同。换句话说，因果律的基本假设即结果正比于原因就失效了。这在数学上可以内在于看似决定论的方程，比如流体力学的纳维尔－斯托克斯方程中，极微小的原因可能在数学上导致非无限小的结果。你可以预测某个大的区域在某个时间点很可能会刮龙卷风，却无法准确预测刮风的地点和路径。天气预测的界限实际上是由边界现象决定的。也许正是这个洞见最先启发了现已流行的混沌理论。事实上，一些讨论混沌理论的人也的确把它追溯到洛伦茨 60 年代的那篇原始论文。

不过,大多数社会科学家所使用的科学思维模型仍然是牛顿力学的理想化模型。他们不知道洛伦茨得出的结果,也不知道物理科学中其他许多以严格方程为基础的模型,这些方程并不能进行准确的预测。毕竟,流体力学方程虽然严格,但显示出的边界层和湍流现象却使可预测性的问题与台球或行星的牛顿力学问题截然不同。事实上,乔治·卡里尔(George Carrier)就是在此领域做出重要工作的先驱之一,他最初正是因为对边界层现象所作的数学分析而广为人知。

科恩:我查阅文献的时候发现,即使像经济学这样的社会科学,也在努力以某种方式模仿牛顿的理性力学,有时为了获得更好的效果还会引入能量物理学。

布鲁克斯:是的。

科恩:就连"经典"物理学多数情况下也不这么做。

布鲁克斯:对。

科恩:还有能量学的大量引入,尤其是往经济学中。

159　　**布鲁克斯:**你问过一个问题,我有点跑题了,现在回到这个问题上来:与其他科学家相比,生物学家是什么态度?应该说,动植物分类学家和分子生物学家这两类生物学家之间差别太大,需要分别考察,各寻答案。分子生物学家,或者更宽泛的还原论生物学家,他们的思维更接近于物理学家,而分类学家的思维更像社会科学家,他们也更亲近社会科学的方法。

科恩:就此而论,你或许可以谈谈在所有的公共团体,比如国家科学基金会、国家科学院、总统科学顾问委员会中,与生物学家相比,物理科学家的重要性。

布鲁克斯:在总统科学顾问委员会最初的人员架构中,可以说作了一个折衷,因为一方面要照顾到学科平衡,另一方面又要使聚在一起的一群人有共同的语言,能按自己的规范轻松交流。委员会在成立之初往后一方面作了很大调整,结果就是在艾森豪威尔时代,委员会由物理学家主导。这种状况的形成有很多原因,一个主要原因是,委员会的多数物理学家都曾经历"二战",供职于各种军事系统。艾森豪威尔总统交给委员会的那些问题和议题,即使是初次提出,他们也早已熟悉。很自然地,在委员会成立之初,物理科学家们就获得了主导权。事实上,这些专家有时甚至认为,其他形式的专业知识没有用武之地。究其原因,不是因为他们对其他专业知识无知,而是所提交问题的性质使然。

委员会最初面对的议题中,有一个需要照顾社会形势,并且高度透明,那就是民防。肯尼迪与赫鲁晓夫在柏林问题上发生冲突后,赫鲁晓夫威胁要单方面废除苏、美、英、法《四国柏林协定》,民防危机随之出现。政府内部普遍施压,要求建立一个大的民防工程。任务落到了国防部头上,他们几乎完全从民防的实物和工程方面看这个问题,考虑的只是防空洞建设等。问题一时牵动了各方情绪。总统科学顾问委员会成立了自己的民防小组,监督国防部的项目推进,也提供一些建议。形势很快变得明朗,如我所说,国防部的工程几乎完全着眼于实物和工程方面,而公众和媒体则更关注社会、行为和组织方面。经委员会同意,在科学政策各个领域一直颇为活跃的杰罗尔德·扎卡赖亚斯(Jerrold Zacharias)在坎布里奇(Cambridge)组建了一个非正式小组,于每个周末碰头,

160

讨论民防计划的心理和行为方面,尤其是日渐强烈的公众反应。我参加了这个小组,小组成员还包括来自总统科学顾问委员会的物理学家和三四位知名心理分析学家和精神病专家。部分成员具体包括:哈佛大学物理学家埃德·珀塞尔(Ed Purcell)、凯斯西储大学精神病学系主任道格·邦德(Doug Bond)、剑桥大学知名精神分析学家格雷特·比布林(Grete Bibring)、密歇根大学心理学教授加德纳·夸顿(Gardner Quarton)、麻省总医院外科医师奥利弗·柯普(Oliver Cope),部分由于 20 世纪 40 年代早期经历的波士顿椰林俱乐部大火,柯普对这个问题非常关注。记不清精神分析学家埃里克·埃里克森(Erik Erikson)有没有参加过我们的周末碰头,也记不清我们当中是否有人跟他私下谈过这些问题。在对民防问题最为忧心的那段时期,我们每个周末都要碰头。其中有几位,像加德纳·夸顿和道格·邦德,实际上每周都是自掏腰包飞往坎布里奇。这个小组影响很大,帮助总统科学顾问杰里·威斯纳(Jerry Wiesner)说服了肯尼迪总统,让他相信,民防涉及的问题不仅限于实物层面的硬科学,还要特别考虑,如果发生核战争,在最初两周之后可能会发生什么。核战发生一周内对民众的保护,相比后期随之而来的社会崩溃以及心理和社会问题,只是很小的一个方面。这是社会科学家们最早与总统科学顾问委员会的工作产生联系。这些周末碰头会没有形成正式的报告或结论,但碰头的专家都从其他与会者那里受益良多。小组提供给总统科学顾问杰里·威斯纳(Jerry Wiesner)的非正式建议帮助他说服了肯尼迪总统,使这项国家工程的布局比最初设想的更为均衡合理。我想,总统科学顾问委员会大概是第一次面对一种形势,让他们真正意识到此类问题的心理和社会方面。一个伴生的结果是，对于涉及自然科学或技术的其他许多公共政策问题，社会科学显然大有用场。

科恩：你的观点看来极为重要，它关系到一个非常基本的问题，即社会科学与政策问题的总体关系。

布鲁克斯：是的。社会科学对公共政策制定和执行的影响由来已久。在 20 世纪 30 年代的大萧条时期，有人坚信对社会现象的科学研究能为解决全国危机提供很大帮助，那时政治的关注焦点都在这个危机上。"二战"结束时，围绕万尼瓦尔·布什提议设立的国家研究基金会产生的争论，一个主要方面就是，在战后政府为科学研究提供资助的新政策中，要不要给社会科学留下一席之地。芝加哥大学社会学家威廉·奥格本（William F. Ogburn）主要研究技术创新，他在国会作证时称，技术发明不可避免地会带来社会变迁，引发社会问题，因此支持发现和发明的政府有责任支持社会科学，以预见并解决从这些发现和发明中产生的问题；况且，若非政府为自然科学和工程提供支持，就没有这些发现和发明。

1949 年至 60 年代初，冷战加剧，社会科学对公共政策的基础性作用有所削弱。但是从 60 年代初到 70 年代初，随着"伟大社会"计划的兴起和公众对技术负面效应的关注，它又复兴了。

70 年代末和整个 80 年代，公众越来越关注美国国际竞争力的下降和美国劳动者的异化问题，为在公共政策中应用社会科学观点打开了一个新的视角。更加推波助澜的是，公众越来越意识到，日本在国际竞争中获得的成功，不仅是由于硬件生产的进步，还得益于劳动安排和劳动力管理方面的创新。然而，随着里根在

80 年代上台,就政府层面来说,社会科学的政策效用又经历了短暂的衰退。而现在,公众再次越来越强烈地意识到,为了制定出更为连贯的科学政策,需要进一步认识作为一种社会体系的科学和技术。于是,一种新的局面又出现了。这种认识的重要性既表现在对科学研究和技术创新所提供的国家资源的分配上,也表现在科学知识和科学家在技术含量较高的公共政策制定过程中的角色上。

科恩:关于总统科学顾问委员会,你已经说了一个特例。能不能进一步谈谈委员会对社会科学家的接纳,以及社会科学对科学政策制定的后续影响?

布鲁克斯:要充分回答你的问题,需要回顾一小段历史。还是从艾森豪威尔在任那些年说起吧。那时有个科学顾问委员会(Science Advisory Committee),从 1951 年开始就在国防动员办公室之外运行。1957 年,这个委员会改组为总统科学顾问委员会(President's Science Advisory Committee),受艾森豪威尔总统直接领导。促成这次转变的契机是,1957 年 10 月苏联成功发射人造地球卫星后公众中出现了信心危机。这次危机甚至引起了对科学和科学政策的正视。苏联科学家和工程师迈出的这一大步,也使得有必要在最高级别的政府委员会中安排自然科学家担任新的更重要的角色。总统科学顾问委员会的设立成为"二战"之后科学政策演变过程中被谈论最多、研究最多的事件。不仅在美国国内,在世界其他地方也是如此。

1957 年 12 月,人造地球卫星升空两个月后,艾森豪威尔任命詹姆斯·基利安(James Killian)为总统科学顾问。基利安本人并不是科学家，他的专业是人文学科，后来成为一名资深政务人员。受命后，他与科学家密切合作，了解他们的态度，历练得非常善于向一般公众解释科学。我觉得大家很有必要认识到，第一位（在某些方面也是最成功的一位）总统科学顾问完全不是科学家。他只是在麻省理工学院四处走动，与科学家和工程师通力合作，浸淫于科学文化，体会他们的所思所虑，谙熟他们的语言和妙想。意味深长的一点是，和杰里·威斯纳（Jerry Wiesner）不同，他几乎从不亲自准备向总统进行汇报的说明材料。他会带上一两位总统科学顾问委员会成员，让他们提供说明材料中的技术部分，再由他当着科学家的面向总统解释。

如我之前所说，在最初的人员架构中，总统科学顾问委员会本身是一个相当统一、结合紧密的团体，由物理学家主导。"二战"时期，这些物理学家或者在麻省理工学院辐射实验室，或者在曼哈顿计划，或者同时在这两项研究中一起工作，深度参与政府顾问活动以及与冷战时期的重要技术事件密切相关的"夏季研究"（Summer Studies）。不仅如此，社会科学家在委员会初始成员中引人注目的缺席并不是无心的疏忽，而是受到了委员会内部成员以及外部批评者和观察者的热议。这些外部批评者和观察者中有经济合作与发展组织任命的一个欧洲工作小组的成员，他们负责考察和评估经济合作与发展组织各成员国的国家科学政策。这个工作小组的三名成员中有两位是社会科学家，他们对于社会科学和"人文"学科代表缺席的批评不仅指向总统科学顾问委员会，也指向与科学政策相关的多数美国政府高级顾问委员会。

科恩：我知道你提到过这一点。能不能再详细谈谈对总统科

164

学顾问委员会发展方向的两种看法？

布鲁克斯：关于这个主题的争论，有一点指向了关于总统科学顾问委员会角色的两种现存观点，它们截然不同。一种观点认为，委员会应该广泛体现整个美国科学界的精神旨趣和思想风格，它的功能应当类似于科学界向美国政治领导层派驻的大使。另一种观点认为，委员会应该是一个由科学通才组成的密切合作的团体，它的职责是向总统及其政治幕僚解释专业的科学分析和判断。总统和委员会本身赞同第二种模式，但科学界和政府以外的公众中有许多人持第一种观点，他们在意的是委员会在多大程度上代表了各个科学群体，因为在他们看来，委员会就是为这些科学群体的利益服务的，至少部分是这样。然而，在认为委员会应当由通才组成的人看来，科学群体的代表应该由委员会或总统科学顾问委任的约300名专门小组成员和顾问来体现。他们专门服务于总统，解决特定的技术难题。委员会也可以从半私有、半公开的国家研究委员会（National Research Council）下面的许多委员会那里获得帮助。它的主席，也是国家科学院院长，本人就代表该委员会加入了总统科学顾问委员会。服务于国家研究委员会各下属委员会的约4000名专家，涵盖了自然科学、工程学、社会科学和其他专业学科的所有领域。

科恩：与成立初期相比，总统科学顾问委员会在60年代初面临的问题有没有发生什么显著变化，影响了对社会科学家的接纳？

布鲁克斯：成立初期，该委员会颇受总统倚重，那时它接到的问题都是军事技术方面的，涉及对陆海空三军提出的不同主张和技术建议的裁决。这些争议只能在总统层面解决。问题专业性很

强,不过经验丰富的物理学家能很快熟悉。如前所述,总统科学顾 165
问委员会更像是一个组织严密的俱乐部,成员们交流时用语简省
却不影响理解。对于多数成员来说,即使研究领域不同,由于近似
的训练和经历,特别是军事技术经历,他们都熟悉一种多少具有共
通之处的技术文化。要往这种文化中塞入其他物理学家或工程师
很难。当委员会真的试图扩大成员基础时,发现有些"扩招"的成
员在参加几次会议后就退出了,他们无意去理解这种神秘的交流
方式。在委员会发展的这个早期阶段,要往这种文化中塞入社会
科学家想必也不可行,至少委员会和社会科学家双方当时都是这
么想的。

60 年代后期,委员会的问题议程超出了国家安全范畴,一些
社会科学家的确加入进来。1968 年,赫伯特·西蒙(Herbert Si-
mon)首先加入,两年后詹姆斯·科尔曼也加入了。西蒙不是作为
经济学家,而是作为人工智能专家入选的。科尔曼是社会学家。
两人都青睐定量研究方法,而且都有大量的跨学科研究经验,这样
融入委员会文化就容易得多。

不过总体上来说,总统科学顾问委员会非常警惕一种危险,即
一个学科在委员会中只有一个代表,且与委员会自己的成员截然
不同。他们很担心会过分依赖某一个专家,无法在不熟悉的领域
对多样的观点保持判断力。如果每个学科两个代表,像诺亚方舟
上的动物那样,委员会又会过于臃肿。

科恩:能谈谈委员会实际的日常工作吗?研究工作、讨论工作
与听取和评估专家意见各占多大比重?

布鲁克斯:委员会的多数工作实际上是听取专家们对于他们

研究领域之外事项的看法。他们经常像一个报告评估委员会,那
些专业小组在把报告提交给总统或向公众发布之前,会将初稿交
166 给他们评估。就这个角色而言,他们充当的是科学通才,而不是头
衔所标示的高级专家,虽然他们在短时间内就能熟稔和精通面临
的问题。他们经验足够丰富,对科学推理非常熟练,因而能问出简
单却犀利的问题,让专家们不得不仔细审视自己的隐含假设,修改
不那么严密的结论。委员会承担的这一质疑角色,外界和整个专
业界一直不太了解。

科恩:不过,没记错的话,委员会还是向社会科学作了一些努
力,是吧?

布鲁克斯:那是在 60 年代末。委员会最终的确扩大范围,吸
纳了社会科学,发布了一份关于青年的精彩报告。撰写报告的小
组由詹姆斯·科尔曼领头,我前面说过,他当时是委员会成员。

科恩:报告名叫《青年:走向成年的过渡》(*Youth：Transition
to Adulthood*)吧,1973 年发表的?

布鲁克斯:是的。此外还有一些报告,关注的主题是政府对行
为科学的支持。

科恩:有许多报告非常引人注目,1962 年的《加强行为科学》
(*Strengthening of the Behavioral Sciences*)无疑是其中之一。

布鲁克斯:是的,不过这只是以支持社会科学为主题的许多报
告中的一份。比如其中一份关注的是隐私和研究,另一份则关注
隐私和行为研究,还有许多报告关注教育。我说过,行为科学家最
初参与总统科学顾问委员会的工作时,从来没有形成公开的报告。
这当然就是民防小组的工作,以及非正式的坎布里奇小组所从事

的与民防和核战威胁相关的活动。

科恩：关于总统科学顾问委员会我们已经谈得够多了，现在还是转向国家科学院吧。你会不会认为，国家科学院提供了另一个明显的例证，表明社会科学家这个群体后来如何被纳入科学家之列，以及此后社会科学如何被纳入科学范畴？

布鲁克斯：殖民地时期北美创立了两大博学之士云集的研究机构，即 1743 年创立的费城美国哲学学会和 1780 年创立的波士顿美国艺术与科学学院。这两家研究机构涵盖了所有知识领域，包括自然科学、人文学科、艺术、学术职业、公共事务，以及今天被称为社会科学的那些学科，虽然当时几乎还没有认识到。在欧洲大陆传统中，这种兼容并包的特点表现更甚。1863 年由国会批准设立时，美国国家科学院遵循了英国模式，只遴选自然科学家和一些工程师为会员，这种模式在成立后的一百年里一直延续着。

科恩：这一点很有趣。当然，总有一些例外。比如在欧洲大陆，法国科学院（French Academy of Sciences）一直比英国皇家学会更为严格地将会员资格限定于自然科学和数学领域，而柏林科学院则从一开始就既接纳自然科学家和数学家，又接纳人文学者和社会科学家。实际情况是，虽然美国国家科学院最初只接纳自然科学家，但自然史这个学组（class）的确包含了民族学，也总有一些院士可以被视为社会科学家。

布鲁克斯："一战"期间，为加强美国国家科学院的政府顾问职能，国家研究委员会得以设立。国家科学院从一开始就在章程中规定了这一角色，却从未广泛落实。国家研究委员会允许接纳非院士为其成员，国家科学院的威望又给国家研究委员会的顾问工作赋予了合法性。委员会经常处理的是应用科学与工程,而不是大多数院士赖以入选的纯科学。但相对来说,在此早期阶段,国家研究委员会极少处理社会科学及其应用。

科恩:我搜集了一些关于这个主题的笔记,对我们的讨论很重要。1865 年,梵文学者威廉·德怀特·惠特尼(William Dwight Whitney)是国家科学院院士。他是当时民族学学部(section)的唯一一名院士。1866 年,该学部更名为民族学与语文学学部,有了第二名院士乔治·珀金斯·马什(George Perkins Marsh),他的研究领域无疑与这两个类别相吻合。1899 年国家科学院修改章程,成立了六个"常务委员会",其中一个是人类学的。1905 年,如当年年度报告所述,国家科学院院长任命了一个包括威廉·詹姆士(William James)在内的委员会,"负责向国家研究委员会陈述科学院与哲学、经济学、历史学和哲学的关系"。那段时期,院士中不仅有詹姆士,还有哲学家兼数学家查尔斯·桑德斯·皮尔士(Charles Sanders Peirce)、哲学家兼心理学家乔赛亚·罗伊斯(Josiah Royce)。约翰·杜威(John Dewey)于 1910 年当选院士,1911年成为新成立的人类学与心理学委员会成员。1965 年,国家科学院正式承认"生物学与行为学"学组,1971 年又划分为两个学组,其中之一称为"行为学与社会科学"学组。1975 年,这一学组包含四个学部:人类学、心理学、社会科学与政治学、经济学。到 1977年我的两位同行翘楚马丁·克莱因(Martin J. Klein)和奥托·诺伊格鲍尔(Otto E. Neugebauer)入选时,甚至连科学史家都得到了承认,他们分别被归入物理学学部和天文学学部。克莱因是作为固态物理学家开始其职业生涯的,想必是因为之前的科学成就而当选院士的,而诺伊格鲍尔则从来都不是一名实际开展研究的天文学家。1977 年,罗伯特·默顿(Robert Merton)任社会科学与政治学学部主任,肯尼思·阿罗(Kenneth Arrow)任经济学学部主任。70 年代的时候,他们已经可以改变自己的学部归属,但在 1968 年入选时,默顿被归入人类学学部,阿罗则被归入应用物理学和数学学部。阿罗是作为应用数学家入选的,他在这个领域的出色研究足以使他在国家科学院获得一席之地。默顿则显然不是狭义的人类学家,他能入选是基于社会学方面的研究成就。

布鲁克林:很高兴你提到这些例子。在我看来,默顿和阿罗的情形象征着国家科学院历史的两个侧面,值得进一步研究。一些不属于自然科学和数学大类中已确立门类的学科,似乎在它们的领域还没有被承认为科学的时候,就有学科代表入选了国家科学院。这些人,包括社会科学家,按照现有的体系被归入了某个学组,之后若设立与之更为适合的学组,再转过去。因此,某项研究的科学性得到总体承认(表现为有人当选院士),往往滞后于按照官方对某个学科科学特征的正式承认来重新组织科学院的人员架构。

从更普遍的范围来看,可以说在 20 世纪,自然科学的范畴扩大了,纳入了心理学(主要是实验心理学)、考古学、人类学(主要是体质人类学)等学科。60 年代末,一些声誉最为卓著的定量经济学家当选院士。70 年代初,社会学与政治学增设了一些新的学部,此后国家科学院中社会科学家的人数缓慢增长,虽然与他们在美国学术界的人员规模还不成比例。

科恩:对于我还有其他许多人来说,有一个现象很让人好奇:

最早被视为国家科学院正当部分的是人类学、考古学（包括《圣经》研究）等社会科学，为什么它们比较容易被接纳？

　　布鲁克斯：我可能给不出权威答案，但确定无疑的是，"伟大社会"计划使社会科学作为一个整体走到台前，从政策角度看，唤起了对社会科学的兴趣。同时，对社会科学合法性的态度也通过一个事实表现出来：科学院院士的遴选非常严格，当选的社会科学家所做的研究都被视为非常客观。这尤其让人想到像鲍勃·亚当斯（Bob Adams）这样的人类学家兼考古学家，或者 1960 年当选的考古学家戈登·威利（Gordon Willey）。一般认为，考古学家的研究对象是人造物件，体质人类学家当选院士的时间要比社会和文化人类学家早很多。社会和文化人类学即使在科学院中获得了其他社会科学所没有的合法地位，很大程度上也是因为它们研究的不是我们现在的社会。当选院士的人类学家多数研究的都是原始文化。它们的研究中有一种可以称为客观性的东西，使研究者处于超然位置，随着研究者一步步接近自己目前身处的社会，这种超然性会越来越弱。因此，社会科学中首先获得合法性的部分，就是研究主题或对象与我们自己的文化明显无涉的那个部分。显然，这个部分既包括人类学，也包括考古学。

　　科恩：我对这种态度很感兴趣。我发现，与法国和英国一样，在美国的国家科学院中，科学往往被局限于狭义的自然科学，社会科学并不是真正不可或缺的一部分。而且正如我们前面提到的，人文学科更无容身之地。与法国科学院和英国皇家学会不同，德国科学院、意大利科学院和俄罗斯科学院则为社会科学和人文学科保留一席之地。

布鲁克斯：这个话题还有重要的另一面，因为在国家科学院和英国皇家学会，即使是工程学也没有获得与研究群体规模相称的地位。

科恩：其中一个原因可能是，那时美国的纯自然科学正在努力获得承认，组织混乱，缺少支持。他们不想与应用科学或工程学混到一起，稀释自己的努力。

布鲁克斯：是的，有些道理。

科恩：有人曾寄望于通过设立国家科学院来最终提升对自然科学的认可。现在我们不妨转向国家科学院的其他方面，尤其是它的科学与公共政策委员会，沿着你已经开始的思路继续深入这个主题，同时也考察一下你自己能够通过哪种方式为社会科学的提升做点什么。

布鲁克斯：好的。

科恩：你是继乔治·基斯佳科夫斯基（George Kistiakowsky）之后担任科学与公共政策委员会主席的吧？

布鲁克斯：是的。我是 1965 年 7 月 1 日就任的。

科恩：这么说来，关于行为科学和社会科学的前景和需求，你是那份著名报告的主要发起者啰？

布鲁克斯：赫伯特·西蒙（Herbert Simon）和我都是主要发起者。西蒙当选院士的时候，国家科学院还没有社会科学学组，他是作为心理学家入选的，因为心理学在自然科学中确实有合法性。最终，西蒙坚持作为一名社会科学家入选了科学院。

科恩：是的。1967 年西蒙入选的时候，还没有哪个学组或学部被称为社会科学。我们前面说过，当时有一个学组叫生物与行为科学,设立于 1965 年,但其中唯一一个真正属于行为科学的学部是人类学和心理学学部。直到 1971 年,名为行为与社会科学的学组才正式设立,而要等到次年,社会、经济与政治科学学部才成立。1972 年,赫伯特·西蒙离开心理学学部加入新成立的学部,1975 年当这个学部一分为二时,他又加入了社会与政治科学那个学部。

布鲁克斯:这些细节所勾画的轨迹从罗伯特·默顿和肯尼思·阿罗身上也能看到。我之所以谈到西蒙的身份隶属,是因为科学与公共政策委员会成立的时候,国家科学院每个学部都有一名代表入选。那时总共只有 14 个学部,现在有 25 个。科学与公共政策委员会的每一个成员都必须是科学院某个学部的院士,因此当选院士使西蒙得以供职于我主席任期内的科学与公共政策委员会。

事实上,那份社会科学报告的由头是我和西蒙的一个"共谋",那时他甚至还没有加入科学与公共政策委员会。他于 1965 年任社会科学研究委员会(Social Science Research Council)董事会主席,而科学与公共政策委员会一直在从事物理学和化学等学科的研究工作。我们想,如果能让两个委员会携手开展社会科学研究,一定是个妙着。欧内斯特·希尔加德(Ernest R. Hilgard)应邀主持这项研究,他与赫伯特、我以及其他一些人从国立卫生研究院、国家心理健康研究所、国家科学基金会、罗素塞奇基金会得到了资助,来准备那份生物与社会科学报告。我们对报告的界定很宽泛,比如把一些小册子,不仅是关于传统社会科学的,还有关于历史和地理的,都包括进来。所谓 BASS 报告真的就是这么来的,它的正式名称叫《行为与社会科学：前景与需求》(*The Behavioral and Social Sciences：Outlook and Needs*)。在国家科学院科学与公共政策委员会以及社会科学研究委员会的问题与政策小组委员会(Committee on Problems and Policy)的支持下，报告由行为与社会科学调查委员会(Behavioral and Social Sciences Survey Committee)提交。1969 年，报告正式发布。

科恩：关于科学院院士对这项研究的总体态度或者某些人的个别态度，你有何感想？

布鲁克斯：科学与公共政策委员会非常赞同编制一份行为与社会科学报告。我记得没有任何怀疑的声音。报告完稿时，国家科学院尚未进行重组以纳入行为与社会科学学组，但现在回想，没有遇到任何反对意见。相反，如我所述，所有人都赞同进行此类联合研究。

科恩：对于报告的效果和影响，你有没有得到详细反馈？

布鲁克斯：这个很难量化。实际上，科学与公共政策委员会的所有研究都有同样的问题，我担任委员会主席时多次被问到此类问题。报告中如果建议了优先事项，基本上不会有什么效果，但的确把这些事项提上了日程。这样，出现的所有争论便围绕着委员会报告(包括那些关于社会科学的报告)中所提出的问题类别(categories)而展开。换句话说，委员会报告所做的，就是通过设定各分支领域的内容及其对现实社会问题的潜在意义，来给出一个精心遴选的机会清单。这就在相当程度上为政治领域讨论所有门类科学的优先权设定了条件，对社会科学与自然科学一视同仁。然而，能得到讨论的只有位于大的领域之内的优先权，而不是大的

173

领域之间比如物理学和生物学之间的优先权。

科恩：科学与公共政策委员会能够成立，谁是背后的真正推手？是乔治·基斯佳科夫斯基吗？

布鲁克斯：是的，这个委员会的缘起非常特别。1959 至 1960 年，基斯佳科夫斯基任艾森豪威尔总统的科学顾问。在艾森豪威尔任期尾声辞去科学顾问一职之前，他做的最后一件事就是推动国会批准了对斯坦福直线加速器项目（Stanford linear accelerator project）的首批拨款，进行核物理研究。项目负责人是皮耶夫·帕诺夫斯基（Pief Panofsky）。

科恩：就是那位沃尔夫冈·帕诺夫斯基（Wolfgang K. H. Panofsky），斯坦福的物理学教授，也是总统科学顾问委员会成员。

布鲁克斯：是的。基斯佳科夫斯基虽然支持这项提议，却颇感为难，因为这个特别项目被上升到总统层面，而且其中一位主要负责人是总统科学顾问委员会成员。他忧心的是，没有一个中立的机构能应邀来评估这项提议。他相信国家科学院能与此类具体问题保持足够距离，因而能够帮助政治部门作出此类选择。这就意味着，他认为让那么多重要事项取决于总统科学顾问委员会是不妥当的。1961 年 1 月一卸任总统科学顾问，他就跑去拜会当时的国家科学院院长德特勒夫·布朗克（Detlev Bronk），提议设立一个不同于国家研究委员会（National Research Council）的特别委员会。如我们之前所说，它的成员可以不必是科学院院士。布朗克同意了。根据章程，科学与公共政策委员会并不隶属于国家研究委员会，而是完全由院士构成，直接向国家科学院院长和院委员会（president and council of the Academy）报告。按照基斯佳科夫斯基的设想，它的职能主要是评估各科学学科的状况与机遇，评估的方式是公开的，以使评估结果能够进入政治辩论。这个委员会的确就是这么来的。

不过很快，科学与公共政策委员会就扩展到其他领域，比如与人口相关的领域以及其他各种公共政策领域。此类公共政策辩论，最早的一次是关于麦克尔罗伊的报告。威廉·麦克尔罗伊（William McElroy）主持了一项人口研究，影响广泛，促使联邦首次支持了计划生育项目。其报告名为《世界人口的增长》（*The Growth of World Population*），于 1963 年发布。因此，从一开始，科学与公共政策委员会就既处理与科学相关的公共政策问题，又处理各科学学科及总体科学的健康发展与机遇问题。

首批报告中有一份不是关于学科，而是关于对科学的总体支持，即 1965 年发布的基础研究与国家目标报告。

科恩：就是名为《基础研究与国家目标》（*Basic Research and National Goals*）的那份报告吧？

布鲁克斯：是的。报告是应科学与航空内务委员会（House Committee on Science and Astronautics）的要求编制的，发起者是康涅狄格州众议员达达里奥（Daddario），他是科学、研究与发展小组委员会（subcommittee on Science，Research，and development）的主席。报告最终于 3 月发布时，我正要就任科学与公共政策委员会主席。不过报告是在基斯佳科夫斯基任内发起的，他还兼任负责报告准备工作的基础研究与国家目标特别小组组长，我则是小组成员。事实上，我撰写了报告中相当一部分内容。这份报告意义很特别，它要回应国会向国家科学院提出的两个重大问

题,这两个问题都与对研究的支持相关。为了编制这份报告,国会
实际上与国家科学院签订了一项协议。

科恩:科学与公共政策委员会还以某种形式存在吗?

布鲁克斯:还在,从设立以来就一直存在,不过形式改变了。
国家工程院(Engineering Academy)于 1964 年成立后设立了一个
类似的组织,即公共工程政策委员会,那是 1966 年的事。1981
年,科学与公共政策委员会被改组为国家科学院、国家工程院和医
学研究所的联合委员会,更名为科学、工程与公共政策委员会
(Committee on Science, Engineering, and Public Policy)。起初,
175 国家科学院的每一个学部在科学与公共政策委员会中都有代表。
随着科学院中学部数量的增加,科学与公共政策委员会成员不再
包括所有学部的代表。而且,由于科学、工程与公共政策委员会的
成员或来自国家工程院,或来自医学研究所,或来自国家科学院,
委员会成员不再像 60 年代初医学研究所和国家工程院尚未成立
时那样仅限于国家科学院院士。所以,对于你的问题,答案就是科
学与公共政策委员会确实还存在着,现在叫科学、工程与公共政策
委员会,事实上还非常活跃。

科恩:它不再发布以往那种报告了吧?

布鲁克斯:是的,不再发表学科报告了。

科恩:那现在的活动和报告是指向一般科学议题还是特定的
科学议题?

布鲁克斯:弗兰克·普雷斯(Frank Press)任主席初期,总统
科学顾问是杰伊·基沃思(Jay Keyworth)。那时科学、工程与公
共政策委员会编制了一系列特别报告,主题在我看来可以称为科

学中的新机遇,或者科学中新举措的机遇。这些报告质量很高。

科恩:我们可以留意一下,弗兰克·普雷斯于 1981 年 7 月 1 日就任国家科学院院长,乔治·基沃思二世(A. Keyworth Ⅱ)是里根总统的首任科学顾问,自 1981 至 1985 年一直担任此职,并且兼任科学与技术政策办公室(Office of Science and Technology Policy)主任。

布鲁克斯:是的,这又关联着科学、工程与公共政策委员会的另一个问题,源头可以追溯到 1976 年。你也记得,总统科学顾问委员会于 1973 年被撤销,1976 年国会通过立法设立了科学与技术政策办公室,并且设立了该办公室主任兼总统科学顾问一职。结果,一个改头换面的总统科学顾问委员会于 1976 年重生了,主要发起者是与福特总统搭档的副总统纳尔逊·洛克菲勒(Nelson Rockefeller)。曾于 1972 年至 1976 年任国家科学基金会主席的盖福德·斯蒂弗(H. Guyford Stever)成为新任的第一位科学顾问。1976 年吉米·卡特在总统大选中击败福特后,有很长一段时间的空白期,卡特没有着手任命科学顾问。不过最后,还是任命了弗兰克·普雷斯。

　　必须留意的是,几乎受到所有前总统科学顾问反对的 1976 年立法,规定了一套相当详尽的报告体系。其中一个体系是美国科学发展的五年前景,另一个是年度报告。该立法要求总统利用科学与技术政策办公室主任提供的信息,向国会移交一份报告,报告中包含立法和政策建议。不论是弗兰克·普雷斯还是吉米·卡特都不想承担这些职责,关于此事也有很多讨论。最后的结果是,1977 年,准备五年前景和年度报告这两项报告的任务都交到了国家科学基金会手中。1978 年,国家科学基金会与国家科学院达成协议,共同编制一份报告,这份报告将成为五年前景的主体。1982年,编制国家科学院报告的职责交给了科学、工程与公共政策委员会。

科恩:五年前景报告是由国家科学基金会还是由国家科学院发布的?

布鲁克斯:两者共同发布,比如国家科学院完成的第一份五年前景报告就是作为单行本由弗里曼(W. H. Freeman)与国家科学院于 1979 年共同发布的。

科恩:报告名叫《科学与技术:五年前景》(*Science and Technology: A Five-year Outlook*)吧?

布鲁克斯:是的。那份报告还作为国家科学基金会五年前景在 1980 年发布过。国家科学基金会发布的版本体量更大,包含两卷。

科恩:书名叫《五年前景:科学与技术中的问题、机遇与约束》(*The Five-Year Outlook: Problems, Opportunities and Constraints in Science and Technology*)。

布鲁克斯:是的。第一卷是论题综述,由国家科学基金会完成。第二卷是原材料,包括三个部分:第一部分是国家科学院报告,第二部分是经过筛选的政府机构提交的报告,第三部分是专家以个人身份撰写的论文。

科恩:第二个五年前景是以同样方式编制和发布的吗?

布鲁克斯:基本上一样。只是在第二个五年前景中,国家科学基金会的版本包含三卷,于 1982 年发布。

科恩：那个版本名叫《1981 年科学与技术五年前景》（*The Five-Year Outlook on Science and Technology*，1981）。

布鲁克斯：这一次，国家科学基金会的版本中有一卷是综述和 概论，由国家科学基金会在原材料那两卷基础上完成。这几卷现在就在我手边。原材料卷的第二卷包括三个部分，第一部分是美国科学促进会（American Association for the Advancement of Science）的报告，名为《政策前景：科学、技术与 80 年代的主要问题》（*Policy Outlook：Science，Technology，and the Issues of the Eighties*）。这部分内容在 1982 年由 Westview 出版社单独出版过，书名颠倒了一下顺序，叫《科学、技术与 80 年代的主要问题：政策前景》，署名为"阿尔伯特·泰西（Albert H. Teich）、雷·桑顿（Ray Thornton）编"。

科恩：社会科学研究委员会（Social Science Research Council）不是也有贡献吗？

布鲁克斯：有的，原材料卷第二卷第二部分就是社会科学研究委员会的一篇报告，名为《科学与技术五年前景：社会与行为科学》（*The Five-Year Outlook for Science and Technology：Social and Behavioral Sciences*）。不知道该委员会有没有出过单行本。

科恩：社会科学研究委员会的《简报》（*Items*）上的确发过这篇报告的概述，也发过国家科学基金会版本的出版新息。

布鲁克斯：国家科学基金会原材料卷第二卷的第三部分是联邦机构提供的"视角"。不过我们现在特别感兴趣的是第一卷，内容是国家科学院提交的报告。这部分的标题是《科学与技术前景：下一个五年》（*Outlook for Science and Technology：The Next*

Five Years),作为"国家研究委员会的报告"(*A Report from the National Research Council*)发布。这些内容也在 1982 年由弗里曼和国家科学院联合发布了单行本。

科恩：后面几次五年前景报告情况如何？

布鲁克斯：第三和第四次由科学、工程与公共政策委员会完成，分别发布于 1983 年和 1985 年(或 1986 年)，篇幅都很小。

科恩：下面我们来谈谈国家科学委员会(National Science Board)和国家科学基金会。我相信从许多方面来看这会是个最有趣的话题。可以说，社会科学一直在经历兴衰起伏。

178　我们不妨回到杜鲁门总统签署法案设立国家科学基金会的时候。这个基金会的设立依据的是万尼瓦尔·布什在他 1945 年的报告《科学：无尽的疆界》中倡导的基础科学研究方针。在基金会主席之外，立法还授权设立了一个由 24 人组成的国家科学委员会来负责基金会的运行。杜鲁门选中的大多是科学家、由科学家转任的管理者，以及实业家或公共事务领导者，他们的工作都与科学相关。只有两个人代表社会科学。你是什么时候加入委员会的？

布鲁克斯：1962 年加入，1974 年退休，也就是说在委员会干满了两届法定任期。菲尔·汉德勒(Phil Handler)和我应该是仅有的在委员会实际上干满"12 年"任期上限的两个人。

科恩：对于今天的这个谈话，主要问题是社会科学在国家科学基金会中的角色。你就任国家科学委员会的这些年，真是很关键的年份。

布鲁克斯：是的，我也这么认为。

科恩：1960 年，国家科学基金会设立了一个独立的社会科学部。十年前基金会初创时,研究资助几乎完全集中于物理、数学、工程学、生物及非临床医学等学科。在 50 年代的大部分时间里,通过对授权法案中"以及其他科学"这句话的宽泛解释,开始了对社会科学的象征性支持。那时,社会科学是归在"精神生物学"(psychobiology)、"人类学及相关科学"和"社会－自然科学"中得到资助的。直到 1958 年,基金会才正式设立了社会科学办公室来资助人类学、经济学、社会学以及科学史和科学哲学方面的研究。两年后,社会科学办公室重组为社会科学部,1960 年至 1975 年一直作为独立部门发挥着作用。

担任社会科学办公室主任的是社会心理学家汉克·里肯(Hank Riecken)。重组后,他担任社会科学部助理部长(Assistant Director),任此职务一直到 1964 年被任命为教育副部长(Associate Director for Education)。

布鲁克斯:看起来是这样。重要的是,社会科学在某种程度上一直得到国家科学基金会的资助。　179

科恩:是的,只是数额很小。

布鲁克斯:不过,在"伟大社会"计划实施期间,对社会科学的资助陡然增加,几年时间里几乎翻了两番。

科恩:是这样。我手边的笔记显示,1967 年,俄克拉荷马州民主党参议员弗雷德·哈里斯提议以国家科学基金会为范本,设立一个国家社会科学基金会。对于另设一个社会科学基金会,不仅国会议员中应者寥寥,就连社会科学家自己在国会听证会上作证时也表达了严重的担忧。设立一个独立的社会科学基金会因此未获授权,而是通过了 1968 年的《达达里奥－肯尼迪修正案》,修改了原先的国家科学基金会章程。新的立法允许基金会资助应用研究,并将社会科学纳入正当资助范围。对于这些变化,国家科学委员会怎么看?

布鲁克斯:国家科学委员会就鼓励和运用社会科学是否可取而进行的争论,大部分内容我已经记不清了。但弗雷德·哈里斯参议员那项提议所引起的反响,我却记得特别清楚。你说得没错,大多数社会科学家都反对哈里斯的计划。社会科学研究委员会主任彭德尔顿·赫林(Pendleton Herring)和其他很多人都不想另设一个基金会。他们更愿意在国家科学基金会和其他政府部门中提升社会科学的地位。我不记得国家科学委员会对社会科学有什么反对或真正的抵触,他们只是有些担心社会科学会变得过于政治化。国家科学委员会和国家科学基金会主席一直很担心这一点,认为社会科学容易掀起政治风波。国家科学委员会和国家科学基金会一直在避开政治意味浓厚的主题和项目。即使在政治学领域,也只是倾向于支持经验性和定量性的民意测验和调查研究工作,而不支持任何特定的政治观点。

180　　　**科恩**:非常正确。国家科学基金会几乎从设立之初就在支持社会科学。在里肯任主席之前和任职之初,我在基金会中发挥着非常积极的作用。那段时期国家科学基金会通过数学、物理学与工程学部为所谓的"社会心理科学"提供资助。我们支持的学科主要有人类学和考古学、数理经济学、社会学以及科学史和科学哲学。

布鲁克斯:记得那是什么时候吗?

科恩:那是 50 年代中期,得到了物理学家雷·西格(Ray Seeger)的好意指引。该部部长哈里·阿尔珀特(Harry Alpert)是一名社会学家,后来成为俄勒冈大学研究生院院长。能记起的是,那时一些非科学界人士被增补进了国家科学委员会。

布鲁克斯:我记得其中包括圣母大学校长特德·赫斯伯格(Ted Hesburgh)神父,只是不知道他是由于学术原因还是作为一般顾问入选的。

科恩:无论担任什么职务,他当然总能做出重要贡献。

布鲁克斯:委员会中有些人和他一样可以被称为社会科学家,但我认为他们并不是真正作为社会科学的代表入选的。

科恩:对于在国家科学基金会下面设立一个独立的社会科学部,你个人有没有什么看法?

布鲁克斯:我非常赞同在国家科学基金会中有更多的社会科学代表。

科恩:你就职于国家科学委员会的时间段,与社会科学部的衰落有没有交集?

布鲁克斯:没有。1975年,我离开委员会一年后,诸社会科学才经过重组被纳入生物、行为与社会科学部。

科恩:对我来说,整件事最有趣的方面也许是,从来没有任何大的动作来阻止社会科学在国家科学基金会中的式微,或者在那之后来恢复社会科学部。

布鲁克斯:是的,每个人似乎都安然接受。

科恩:我们转到另一个话题。你也知道,对于社会科学是不是科学,一直以来众说纷纭。最近我看了关于这个问题尤其是科学的界定标准问题的大量文献,许多都出自社会学家之手。回答了

181　科学的界定标准问题之后，文献作者们接着考察社会科学尤其是社会学能否满足这些标准。几乎所有社会科学家都认为社会学是一门科学，而大部分自然科学家却不同意。你认为呢？

布鲁克斯：我一直认为，对一门科学最好的界定标准就是，作为一个知识体系，它的理论能被证伪。在我看来，卡尔·波普尔（Karl Popper）所界定的可证伪性虽然不能被推得太远，却是区别科学与其他活动的一个重要特征。比如，我并不认为丹尼尔·贝尔（Dan Bell）研究的那种社会科学是"真正的科学"（尽管对其中很多内容我都非常欣赏），因为无法证明它是错的。我自己也与社会科学密切合作，做了大量研究。必须承认，我一直感到很不舒服的是，撰写出来的成果大都很少考虑替代假说。正是这个特征让我认为，科学的基本标准应当是理论的可证伪性。换句话说，一门科学中的理论和观点应当有可能被证据和分析所证明或否证。

科恩：或至少按照这种方式来创立理论和观点。

布鲁克斯：对的，以能被否证的方式来创立。当然，这一点也有可能被强调过了头。

科恩：是的，一个明显的例子是生物进化。波普尔本人对于进化论就有很多摇摆。他有很长一段时间都认为，既然进化论无法被证伪，它就不是科学理论。后来他改变了看法。

布鲁斯克：当然，正如伯尼·戴维斯（Bernie Davis）经常说的，进化论从来不是一个完全可靠的理论，直到分子生物学的出现第一次给出了所有生命相互关联的微观证据。达尔文的进化论有些类似于物理学中的热力学。在我看来，达尔文对基本生理机制的探索还不够深入，还不能让人完全确信事物无法由其他假说来解释。顺便说一句,这也正是波普尔和他的标准所面临的难题。即使他的标准总体上是正确的,如果不加区分地应用于所有理论,也将无法获得任何进展。

科恩:赞同。现在我们来谈谈这本书的主题:社会科学与自然科学的关系。现在我们已经考察了这个一般话题的许多方面,但我还想和你谈谈与公共政策相关的一些方面。为此,我们不妨从1966年著名的《科尔曼报告》入手。这份报告之所以引人注目,不仅是因为作为一份社会科学报告它直接影响了政策,还因为它实际上直接由国会授权发起。通常,这样的报告都是应政府行政部门的某个机构之邀编制的。

布鲁克斯:我相信是这样。

科恩:我最近正好在重读《科尔曼报告》,也在看科尔曼的新书《社会理论的基础》(*Foundations of Social Theory*),哈佛大学出版社出的。对于这本大部头,我最感兴趣的是书中几乎没有谈到社会进步、社会问题和社会政策,它更像是一本讲统计热力学的书。这真是太不寻常了。看看其他社会学家的同类作品,比如威尔·奥格本的经典著作或者《胡佛报告》,几乎总能发现其中的双重关怀:一方面进行社会科学分析;另一方面努力影响政策,改善社会状况,或者至少唤起对某些社会问题的关注。在这方面,社会学明显不同于自然科学,自然科学的主要目标是认识或理解自然,甚至是控制自然,但不是改善自然。

布鲁克斯:试图改善自然的是工程学,它是对知识的应用。

科恩:说得好!我们可以在自然科学与工程学之间划一道界线。这让我想到了一个基本问题:你是否认为在社会科学尤其是社会学中少了这么一条界线？我想探究的是，社会"科学"与社会"工程学"之间的混淆，或许是考察社会科学是否是科学时的一个影响因素？这种混淆是否一直影响着在公共政策问题上应用或弃用社会科学？换句话说，你是否认为，社会科学家对于社会科学在政策问题上不受待见的抱怨，与他们未能将知识问题与游说问题区别开来有关？自然科学家会不会认为，也许社会学家更关心的是"社会"而不是"科学"一词？

布鲁克斯：要看情况。我认为科学界对于这个问题的看法是不一致的。在我看来，有两种社会科学家，他们的主张都很正当。詹姆斯·科尔曼代表了一个极端。从你对他那本书的评价来看，他似乎在那个方向上走得更远，也就是说，认为社会科学家的任务就是描述现实，剩下的问题就随它去吧。但是，必定有一些科学家认为社会科学更接近于工程学，事实上，有时社会科学几乎被等同于社会工程学。

记得在国家科学委员会时，有一个小插曲让我感到非常不快，那时社会科学在国会中正如日中天。国家科学委员会的一些成员来到国会作证，大意几乎是说，社会科学在国家科学基金会资助下取得的那些成果将使我们能够改造社会。让我惊讶的是，如此态度竟然没有激起国会议员的强烈反感，毕竟一般来说，他们一直把对社会的改造视为自己的禁脔。这件事我之所以记得特别清楚，是因为他们作证时我就在现场。我之所以感到非常不快，是因为这等于在声称，社会科学将使我们能够操纵社会。20 世纪 60 年代，特别是 60 年代末，有段时间社会科学中有一种自负，当时许多人认为社会科学的确有可能改造社会。虽然优秀的社会科学家大都否认这种观点,但还是有许多不同的声音。

科恩: 我认为这一点非常重要。我在本书导言中说过,《美国社会学评论》(*American Sociological Review*)创刊号就强调了它的双重目标:报告在理解社会这门科学中的进展,同时直面社会问题。随着对社会现象的认识不断增进,这种社会伦理学或者说社会工程学的特征也日益明显。目标的这种摇摆犹豫在某种程度上与医学中的情形有些相似。

布鲁克斯: 是的。

科恩: 你曾告诉我,你认为对美国公共政策产生影响的最重要的社会科学报告是冈纳·米达尔(Gunnar Myrdal)的《美国困境:黑人问题与现代民主》(*The American Dilemma:The Negro Problem and Modern Democracy*)。

布鲁克斯: 是的。

科恩: 能详细说说吗? 我同意你的看法,但重读报告之后,我发现它并不是作为科学研究发布的。报告没有声称提供了最新的科学发现。在很大程度上,它只是在陈述米达尔的个人看法,虽然他广泛引用了一个由研究型社会科学家组成的委员会多年的研究成果。的确,支持论点的论据很充分,但读起来有点像一份扩充了的道德宣传册,在控诉社会对某个特定阶层及其成员的所作所为。而《科尔曼报告》则基于科学调查,作为一份科学报告发布。它的结论来自统计数据而不是道德激情,看起来像是工程学研究,完全不像道德宣传。对于这两份报告引起的不同效果,你怎么看? 就对于公共政策的纯粹影响来说,有没有很大不同? 换句话说,社会科学的"科学"内容对政策问题有什么影响?

布鲁克斯：这个问题很难回答，但很重要。《科尔曼报告》在当时无疑影响巨大，虽然事后看来，有人认为这种影响的某些方面可能不大合理，比如《科尔曼报告》暗示，国家卫生和公众服务部的"起步计划"（Head Start）收效甚微。不过这份报告的基调，或者说多数人从报告中得出的一般结论是，并无充分证据表明对教育系统进行干预是有效的。比如科尔曼发现一个事实，中小学生人均在校支出与其学业表现事实上没有关联。

像你说的，社会科学中有既关注知识也重视按特定方式行动的传统。这种反思导向了对政策与科学关系的一般性考虑。科学在政策中扮演的角色之一就是尽可能客观地呈现各种政策方案最可能出现的结果。有些人甚至会说，这应该是科学家对政策过程的唯一贡献：不是推荐政策，而是根据手头现有的材料，尽可能准确地预测各种政策方案的可能结果。这就是吉姆·科尔曼运用的传统。我自己的看法是，两种传统我们都需要，只不过人们应该对自己遵循哪一种传统更为坦诚。

我喜欢在自然科学和工程学之间进行类比，也经常说，在整个"科学和社会"领域的确有两种不同的传统。它们都很重要，也都有用武之地。一个是"科学、技术与社会"传统，这一派学者主要感兴趣的是科学、技术与社会之间的互动。另一个是"科学政策"传统，它更像工程学，学者们更关心政策设计。我说过，两种传统都有用武之地，它们显然在预测各种政策的后果这一共同方向上彼此关联。工程学也是这样。在工程学中，人们用科学来预测各种设计方案的运行。离开了对设计方案的运行进行预测这种意义上的科学，工程学也就不存在了。如果无法预测各种政策的后果，就不可能有科学政策。因此我认为,这两种传统在整个体系中都很重要,无论是谈论自然科学还是社会科学,情况都是如此。

科恩:这一点很重要。现在我书架上就有一套丛书,大概有四十本,还没有出完。它们主题相同,都在叹息应用型社会科学尚未被视为政策研究,也就是说还没有影响政策。有人担忧,社会科学研究或政策研究,只有在决策者发现其研究结果支持既定观点时才会派上用场。因此社会学家有一种持续的不安,他们发现政策目标不是由他们的研究决定的。对这个问题你有什么想说的?

布鲁克斯:我要说的看法还是要回到科学与工程学之间关系的那个类比。事实是,科学并不决定人造物的设计。把人送上月球并不是一项科学工程,但如果无法预测各种人造物的运行,就不可能完成。如果人造物体量庞大,构造复杂,可能无法简单地在建造后加以检验,这就有必要根据分析以及对零部件的检验等来推断它们的运行。这方面的一个典型就是 1975 年核能管理委员会发布的《拉斯穆森报告》(*Rasmussen Report*),题为《反应堆安全研究:美国商业核能工厂意外风险评估》(*Reactor Safety Study: An Assessment of Accident Risks in U. S. Commercial Nuclear Power Plants*)。这份报告用到了概率风险分析系统。如果异常复杂系统中的风险得到了检测,各个组分的故障率就能用经验来检验,但整个系统还是无法检验。这只能通过分析来完成,总是要用到对一系列事件的统计独立性的假设,这些假设是无法从经验方面来充分检验的。对于一系列可能引起灾难的事件,概率风险评估(Probabilistic risk assessment)总是要进行一些关于统计独立性的假设,这些假设无法充分检验。如果这些事件真是独立的,则只需将各个概率相乘,结果通常很小,因为重大事故涉及前后相继的许多事件。从现场试验的组件故障(包括人工误差造成的影响)中,人们可以相当有把握地估算个体事件发生的概率,但有因果牵连的巧合故障的概率,则只能通过发挥想象力或者进行局部试验来估算。但在检验之前,必须先想象可能发生的事件,这就是概率风险评估永远无法做到完全"科学"的原因。

187　　　　对政策分析有朝一日能影响政策的期待,则是一个略有不同的问题。没有人喜欢被告知其政策无法运行。问题在于,对结果的预测只是基于概率,很有可能会出现偏差。出现概率最大的结果可能并不是实际发生的。很少能够证明某一项政策无法运行。你只能说,这项政策很可能将无法运行,或者反之。社会科学家们关于政策的叹息或许是有道理的。

　　　　关于能源政策分析对实际能源政策的影响,就我所知,马丁·格林伯格(Martin Greenberger)的《措手不及》(*Caught Una-wares*)一书所作的分析是最出色的。格林伯格得出的一个结论是,能源报告的政治影响力与学者所评估的报告学术质量成反比。他认为,质量最高的一份出自福特基金会所资助的那些报告,由汉斯·兰兹伯格(Hans Landsberg)主持,发布于 1979 年,题为《能源:未来二十年》(*Energy, The Next Twenty Years*)。同年,该报告又作为核能源与替代能源系统委员会的研究成果发表,题为《过渡期的能源——1985－2010:核能源与替代能源系统委员会总结报告》(*Energy in Transition, 1985—2010, Final Report of the Committee on Nuclear and Alternative Energy Systems*)。福特基金会的报告受到专家的极高评价,但几乎立即就消失于公众视野,未留下一点涟漪。同时期发布的一份极有影响或者说短期内极有影响的报告,是由哈佛商学院的斯托博(Stobaugh)、耶金(Yergin)等人编制的。在格林伯林的调查中,学者们对它评价很低。核能源与替代能源系统委员会的研究得到的评价介于其间。

因此,你的问题没有简单的答案。事实似乎很明显,一份报告的影响力取决于它的风格和呈现形式。在某种意义上,支持一个政策问题所需要的证据越坚实,就越难以大众易于接受的方式来呈现政策结论。这当然是问题的一个重要部分。

科恩:问题的一部分是否与你对自然科学与工程学的类比有关? 你的说法是,设定目标的是工程学,而不是自然科学。期待那些政治政策或社会政策的决策者在决定目标而不是执行政策来实现目标的阶段听取社会学家的意见,或许只是徒劳的希望。

布鲁克斯:嗯,社会科学分析永远不会带来变革。这样的分析也许能在一项政策设计构思完成之后,为考察它能否达到目标提供一些帮助,但政策自有一种综合性和想象性,这些特征与分析无关。政策设计是想象活动的结果,更像一件艺术品或工艺品,即使其中也有分析的成分。所以说政策设计中有相当高的工艺成分,不论讨论的是哪个领域的政策。争论的大部分内容都指向如何使工艺与分析联系在一起。诚然,分析应当能够有助于评估设计出来的政策,但政策设计中总有想象的成分,它并不一定直接出自分析。恐怕对你的问题我没有给出很好的答案。

科恩:没有简单的答案。不过这本身就是一个很有趣的结论。

关于"社会科学"与"自然科学"的注释

在本书的某些部分,"自然科学"和"社会科学"(或"诸自然科学"和"诸社会科学")分别指物理科学和生物科学(以及地球科学)加上数学,以及今天所说的社会科学或行为科学。[①] 大致说来,上述区分与德语所说的"Naturwissenschaften"和"Sozialwissenschaften"相对应,并且流行于英美世界。用"自然科学"和"社会科学"这两个术语来讨论 19 世纪中叶之前的时期是有些时代误置的,因为它将后来严格的范畴和价值强加于较早的思想。今天,"关于社会的科学"(science of society)意味着一门很像物理学或生物学的学科,但是在 18 世纪甚至一直到 19 世纪,它仅仅意味着一个系统知识体系。当麦考利(Thomas B. Macauley)说"政治科学是一门实验科学"时,他仅仅是指这门学科是一种基于经验的系统知识体系,休谟和伯克也在同样意义上使用"实验"(experimental)和"科学"(science)这些词(见 § 1.1)。这些例子提醒我们,时代误置地使用像"科学"或"实验"这样的术语会有危险。

读者会注意到,在本书各处,物理科学和生物科学被称为"自然科学",这个词也可以包括数学。1982 年在柏林科学中心由多

---

① 关于哪些学科应被纳入社会科学或行为科学,今天并未达成共识。参见 § 1.1。

伊奇(Karl Deutsch)和普拉特(John Platt)召集的一次会议上,我曾介绍过我对自然科学与社会科学互动的研究,并且引入了"数学以及自然科学和精确科学"与"社会科学"的二分,但为了行文简洁,我将"数学以及自然科学和精确科学"简称为"科学"。[①] 在对我论文的第一个评论中,英克尔斯(Alex Inkeles)批评了这种用法。他说,我"明显"暗示了这两个创造活动领域的价值差异,一个是"科学"——"自然的"和"精确的"——另一个是"社会的"。这个批评有其合理性,因此我开始使用"自然科学"一词(及其复数形式"诸自然科学"),以避免任何贬抑含义,尽管这可能带来某种含糊不清,因为"自然科学"可能会错误地暗示"自然史"或生命科学。但我一直认为,若要为"自然"科学找一个反义词,它将不是"社会科学",而会是"非自然"(unnatural)科学;这又暗示"社会"科学的反义词应是"反社会"(anti-social)科学。

190

"社会科学"这一名称产生并流行于 18 世纪末。"社会科学"的引入有两个不尽相同的方面。首先是这个术语的实际出现,其次是关于社会的知识被视为一门物理科学和生物科学意义上的"科学"时这个概念的出现。本书很大一部分内容都是在考察,自科学革命时代以来(见第二章)我们所说的社会科学是如何利用既有的自然科学的。很多例子表明,不同的思想家以不同的方式来构想其学科与当时的自然科学和数学的关系,不论他把自己的活动归入何种名

① Karl W. Deutsch, Andrei S. Markovits, & John Platt (eds.): *Advances in the Social Sciences. 1900—1980: What, Who, Where, How?* (Lanham [Maryland]/New York/London: University Press of America; Cambridge [Mass.]: Abt Associates, 1986), pp. 149—253.

目。因此,为了说明的方便,我也许会有些时代误置地用"社会科学"(以及"道德科学")一词来描述他们有关政治理论或治国方略、国家或社会的组织、自然法、国际法、经济学等相关主题的思想和著述。

我不知道是谁最先使用了"社会科学"(social science)和"关于社会的科学"(science of society)这些词。1785 年 9 月 10 日,美国政治家亚当斯(John Adams,后成为美国第二任总统)在一封从伦敦写给杰布(John Jebb)的信中提到了"社会科学"。一年前,在一封写给塞里西耶(A. M. Cérisier)的信中,他称赞法国学者(也包括塞里西耶)已经"转到了政府主题";他判断说,"关于社会的科学远远落后于其他技艺和科学、贸易和制造业。"亚当斯则在更早的1782 年 6 月就宣称"政治学是神圣的科学"。①

我并不认为是亚当斯发明了这些表述。然而,正如我已经提到的,"科学"一词在当时并没有它后来在 19 世纪获得的含义。我们会认为与科学(在自然科学的意义上)最接近的对应者是自然哲学,但自然哲学更类似于我们的物理学加天文学以及一部分化学。(关于这个话题,参见 § 1.1。)

根据贝克(Keith Baker)的说法,"社会科学"(science sociale)一词真正付诸纸面,最早的记录是孔多塞 1781 年写的一本小册子。② 据说大革命之前的重农主义者已经广泛使用"社会技艺"

191

---

① Charles Francis Adams (ed.): *The Works of John Adams*, vol. 9 (Boston: Little, Brown and Company, 1854), pp. 512, 523, 450.

② Keith Michael Baker: Condorcet: *From Natural Philosophy to Social Mathematics* (Chicago: The University of Chicago Press, 1975), Appendix B: "A Note of the Early Uses of the Term 'Social Science'".

(art sociale)一词,所以向"社会科学"的转变也许发生在 1791 年之前。① 无论如何,在一项 1792 年 1 月提交给立法议会公共指导委员会的草案中,孔多塞使用了这个新词。在 1792 年之后的著作特别是《纲要》(*Esquisse*,译文标题为《人类精神进步史表纲要》[*Outlines of an Historical View of the Progress of the Human Mind*,London,1795])中,②孔多塞也引入了"社会科学"一词。面对这个难以表达的新词,英译者决定将"社会科学"(science sociale)译为"道德科学",③在 19 世纪的英国,这个词被广泛用来指社会科学。④ 在法国,其对应词"sciences morales"在 19 世纪初也广为使用,比如在大革命之后建立的法兰西学院中,有一个"学术院"(class)名为"道德与政治科学学术院"(Sciences Morales et Poli-

---

① Keith Michael Baker:*Condorcet:From Natural Philosophy to Social Mathematics*(Chicago:The University of Chicago Press,1975),Appendix B:"A Note of the Early Uses of the Term 'Social Science'",p. 391.

② 贝克(Keith M. Baker:*Condorcet,from Natural Philosophy to Social Mathematics*,ch. 4,esp. pp. 197—202)出色而简洁地阐述了孔多塞的"社会科学"观点。在 p. 201,贝克讨论了孔多塞的"社会科学"概念,指出孔多塞将希腊政治理论("仿佛是一种关于事实的科学,一种经验科学")与"一种基于一般原理(这些原理源于自然,并且得到了理性的承认)的真正理论"作了对比。毫不奇怪,孔多塞在阐述过程中将"政治科学"与"社会科学"一起介绍。

③ 对于相反的情形,即密尔《逻辑体系》的德文译者引入"精神科学"(Geisteswissenschaften)作为"道德科学"的德文对应,参见这篇"注释"的第二部分。

④ 例如,1881 年经济学家埃奇沃思(Francis Ysidro Edgeworth)称经济学是一种"道德科学";同一本著作中,他还用法语词"mécanique sociale"[社会力学]来称呼社会科学,希望这个词有朝一日能够作为拉普拉斯"mécanique céleste"[天体力学]的对应而"拥有自己的位置"。参见 Francis Ysidro Edgeworth:*Mathematical Psychics:an Essay on the Application of Mathematics to the Moral Sciences*(London:C. Kegan Paul & Co.,1881).

tiques)。

"社会科学"进入美国英语是在特拉西(Destutt de Tracy)《论政治经济学》(*Treatise on Political Economy*, Georgetown, [Washington] D. C., 1817)的一个英译本中。此翻译由杰斐逊(Thomas Jefferson)发起,特拉西曾将当时还不能在法国出版的手稿寄给了他。杰斐逊显然核对了翻译,并撰写了一份说明,肯定了几个新词的使用,其中就包括"社会科学"。① 在英国英语中,"社会科学"似乎是经由一条迂回的道路而出现的,其中包括努涅斯(Toribio Nunez)(Salamanca, 1820)对边沁文选所作的西班牙语翻译。努涅斯将"社会科学"(ciencia social)引进了标题——《边沁的精神:社会科学的体系》(*Espíritu de Bentham: Sistéma de la ciencia social*)。边沁后来称赞努涅斯使用了"ciencia social"一词,即"你非常恰当地用来称呼 *social science* 的科学"。②

布兰福德(Victor Branford)出色地总结了这一发展史:

　　在维柯的"新科学"与孔德的"社会学"之间,社会科学、关于社会的科学(孔多塞)、人的科学(圣西门)等各种类似短语的渗入似乎标志着科学向人文研究领域扩展的一种普遍趋

---

① Gilbert Chinard: *Jefferson et les idéologues* (Baltimore/Paris: The Johns Hopkins Press; Paris, Les Presses Universitaires de France, 1925), pp. 43—44;另见 Keith Michael Baker: Condorcet: *From Natural Philosophy to Social Mathematics* (Chicago: The University of Chicago Press, 1975), Appendix B: "A Note of the Early Uses of the Term 'Social Science'", pp. 393—394。

② I. H. Burns: *Jeremy Bentham and University College* (London: University of London, Athlone Press, 1962), pp. 7—8。

势。与孔德同时代的密尔(J. S. Mill,只比孔德年轻八岁)明

确指出,从其他研究——无论是科学研究还是哲学研究——
中划分出一门一般的社会科学的时机已经成熟。为此,他本
人还提出了一个特别的名称。1836 年,密尔用社会哲学、社
会科学、社会的自然史、思辨政治学、社会经济学等一些同义
词界定了这一研究分支的范围和性质。密尔的这篇文章(《论
政治经济学的定义和方法》)出现于他完成"实证哲学"六年之
前。密尔不像孔德那样对历史有浓厚兴趣,因此对社会科学
的设想必定与孔德极为不同。但在"实证哲学"出现之后,密
尔对社会科学的看法发生了重大改变。①

在 19 世纪的英国,对"道德科学"的运用非常广泛。在密尔的
《逻辑体系》(*A System of Logic, Ratiocinative and Inductive*,
London,1843)中,第六卷"道德科学的逻辑"讨论了适合社会科学
的方法论。但在文本当中,密尔同时用"社会学"(Sociology)和"社
会科学"(Social Science)两个词来区别于政治科学、政治经济学或
历史学。在第九章开头,密尔起初在手稿中写道:"'社会科
学'……,以后我将和孔德一道用更紧凑的术语'社会学'(Sociolo-
gy)来称呼它。"但细细想来,他觉得很难原谅这个由拉丁词根和希
腊词根复合而成的新词。因此出版的版本讨论了"社会科学……,

---

① 　Victor Branford:"On the Origin and Use of the Word Sociology," in *Socio-logical Papers* (London:Macmillan and Co. , 1905), pp. 5—6 quoted in L. L. Bernard & J. Bernard *Origins of American Sociology:The Social Science Movement in the U-nited States* (New York:Thomas Y. Crowell Company, 1943), p. 3.

用一个方便的不规范词称之为'社会学'。"①到了 19 世纪末,"道德科学"这一名称已被剑桥大学等地用来指称现在所知的哲学。

在法国文化中,自 19 世纪初以来一直很常用的"道德科学"现已不再使用。奇怪的是,据不切实际地捍卫法语纯洁性的埃蒂安布勒(Etiemble)所说,导致"道德科学"变成"人文科学"(sciences humaines)的因素是对"美国人分类"(la classification yanquie)的迷恋。也就是说,他认为"人文科学"是一个作为美国"社会科学"在法语中的对应而被引入的新词。根据埃蒂安布勒的说法,美国人在这个名称之下"集合了历史学、人文地理学、普通心理学和病态心理学以及不同的社会学分支"(但似乎不包括经济学、人类学和政治学)。杜普雷(Dupré)《法语百科词典》(*Encyclopédie du bon français*)的编者们指出,"人文科学"一词也许有些笨拙,因为它并不包含人体解剖学和生理学。他们认为,尽管"道德科学""更合逻辑"(虽然有些过时甚至"保守"),但"由于没有更好的",还是应当采用这个新名称。②

正如我所提到的,在德国,通常的区分是"自然科学"与"社会科学"。但是在 19 世纪末和 20 世纪初,"自然科学"与"精神科学"

① John Stuart Mill: *A System of Logic, Ratiocinative and Inductive*, 2 vols., ed. J. M. Robson (Toronto: University of Toronto Press; London: Routledge & Kegan Paul, 1974—Collected Works, vols. 7—8), p. 895.

不应认为孔德构造出这个合成词是出于无知,因为他很清楚自己正在将一个希腊词根和一个拉丁词根复合在一起。但他想不出其他办法能让这门新科学把它的研究对象界定为社会(使用了来自拉丁语名词"socius"的词根"socio-"),他通过这个词与生物学、地质学、生理学、矿物学等学科名称在结尾词根上的相似性而宣称其科学地位。

② Fernand Keller & Jean Batany (eds.): *Encyclopédie du bon français dans l'usage contemporain*, vol. 3 (Paris: Editions de Trévise, 1972), p. 2344.

的区分也被普遍使用,大致是自然科学(包括数学)与人的科学(或者说是艺术学和人文学科加上社会科学)的区分。[①]　目前德国的用法中还包括"社会学"(Soziologie 或 Sociologie)。[②]

＊　　　＊　　　＊

使用"社会科学"而非"诸社会科学",反映了 18 世纪末和 19 世纪大部分时间的历史氛围。正在兴起的学科分支,即我们所说的经济学、社会学或政治学(与政治理论或政治史相对),当时仍被视为一般"社会科学"的一部分。

在 19 世纪的美国,对这个一般学科的信仰——连同改善社会的目标——在一场强大的社会科学运动中找到了表达,该运动声称"旨在创立一种关于人类社会和人类幸福的专门的统一科学"。[③] 这场社会科学运动被认为"试图以非政治的方式来产生一种社会理论和方法论,从而充当一种思想工具来改善人类的命运"。[④] 1865 年,美国社会科学促进会最终成立,它以英国社会科学协会为典范,并且明显仿照美国科学促进会为自己命名。19 世纪 80

---

①　使用"精神科学"一词的复杂历史参见本注释第二部分的讨论。

②　另见 L. H. Adolph Geck: "Über das Eindringen des Wortes 'sozial' in die Deutsche Sprache," *Sozial Welt*, 1962, 12: 305—339。

③　L. L. Bernard & Jessie Bernard: *Origins of American Sociology: the Social Science Movement in the United States* (New York: Thomas Y. Crowell Company, 1943), p. 3.

④　L. L. Bernard & Jessie Bernard: *Origins of American Sociology: the Social Science Movement in the United States* (New York: Thomas Y. Crowell Company, 1943), p. 4.

年代,随着美国历史学会和美国经济协会的成立,然后是政治学家们单独组织起来,专业化的学科分支开始脱离母体组织。1909 年,各个学科的兴起使这个一般的社会科学协会走到了尽头。①

在美国,还有人尝试为所有社会科学建立一个作为中央管理机构的组织,这种努力造就了社会科学研究委员会(Social Sciences Research Council)。该委员会不同于旧的社会科学协会,它并没有提出一个关于统一的一般社会科学的理想,而是各门社会科学的一个合作组织。从传统上讲,社会科学包括五大基础学科:人类学、经济学、政治学、心理学和社会学。1923 年,当社会科学研究委员会作为国家研究委员会的对应被组织起来时,其核心成员由代表这五个学科以及历史学和统计学的专业协会所组成。②历史学有时被归入社会科学,有时被归入人文科学。③ 霍曼斯(George Homans)的"社会科学"清单包括"心理学、人类学、社会学、经济学、政治学、历史学,可能还有语言学"。④

由编者塞利格曼(Edwin R. A. Seligman)执笔的《社会科学百

194

---

① L. L. Bernard & Jessie Bernard: *Origins of American Sociology: the Social Science Movement in the United States* (New York: Thomas Y. Crowell Company, 1943), ch. 8.

② L. L. Bernard & Jessie Bernard: *Origins of American Sociology: the Social Science Movement in the United States* (New York: Thomas Y. Crowell Company, 1943), p. 546.

③ L. L. Bernard & Jessie Bernard: *Origins of American Sociology: the Social Science Movement in the United States* (New York: Thomas Y. Crowell Company, 1943), p. 658.

④ George Homans: *The Nature of Social Science* (New York: Harcourt, Brace & World, 1967), p. 3.

科全书》(1932)中的第一篇文章提出有三类社会科学——"纯社会科学"(最早的社会科学,依历史顺序为政治学、经济学、历史学、法学,还有后来的社会科学,依历史顺序为人类学、刑罚学、社会学和社会福利工作);"半社会科学"(伦理学、教育学、哲学、心理学);以及"具有社会意涵的科学"(生物学、地理学、医学、语言学和艺术学)。在接替它的《国际社会科学百科全书》(1968)的导言中,编者希尔斯(David L. Sills)承认(pp. XXi — XXii),对于"什么是社会科学?"这个问题,无法给出最终的答案,因为社会科学的范围因时期而异。希尔斯呼吁关注某些争论,比如历史学是一门社会科学还是人文科学的一部分,心理学是一门社会科学还是自然科学。他报告说,编者们决定把"大多数专题词条"专用于人类学、经济学、地理学、历史学、法学、政治学、精神病学、心理学、社会学和统计学。

另一组学科是"行为科学",这个名称在 20 世纪 50 年代被普遍使用。这个术语之所以被传播和接受,一个主要因素是福特基金会在一个资金充足的大型项目中使用了它,先是非正式地、后来则正式称之为"行为科学"。根据贝雷尔森(Bernard Berelson)的说法,通常认为,行为科学包括"社会学,人类学(减去考古学、专业语言学以及体质人类学的大部分内容),心理学(减去生理心理学),以及生物学、经济学、地理学、法学、精神病学和政治学的行为方面"。[①]

---

① Bernard Berelson, "Behavioral Sciences," *International Encyclopedia of the Social Sciences*, vol. 2 (1968), pp. 41—42. 另见 Herbert J. Spiro: "Critique of Behavioralism in Political Science," pp. 314—327 of Klaus von Peyme: *Theory and Politics*, *Theorie und Politik*, *Festschrift zum 70. Geburtstag für Carl Joachim Friedrich* (The Hague: Martinus Nijhoff, 1971).

195　　　《行为科学和社会科学》(*The Behavioral and Social Sciences*,1969)所考察的主要学科领域是:人类学、经济学、地理学、历史学、语言学、政治学、精神病学、心理学、社会学,以及数学、统计学和计算的诸方面。① 这与《将知识转化为行动》(*Knowledge into Action*,1969)中的说法形成了对比,它说"从历史上讲",人类学、经济学、政治学、心理学和社会学这五门社会科学一直"处于中心地位"。讨论"社会现象"的学科据说还有人口学、历史学、人文地理学、语言学和社会统计学。②

社会科学(Sozialwissenschaft)

和精神科学(Geisteswissenschaften)

在 20 世纪,可以用"Sozialwissenschaft"和"Gesellschaftswissenschaft"这两个词来指社会学(sociology)和社会科学(social science)。有时"Gesellschaftslehre"或"Soziologie"被用作社会学的直接对应词。然而到了 19 世纪下半叶,"自然科学"(Naturwissenschaften)与"精神科学"(Geisteswissenschaften)的区分开始被广泛使用,被理解为分别包含自然科学(包括数学)和人文科学(社

---

① *The Behavioral and Social Sciences : Outlook and Needs* (Washington; National Academy of Sciences, 1969), pp. xi, 19.

② *Knowledge into Action : Improving the Nations's Use of the Social Sciences*, p. 7.

会科学与人文学科）。^① 一些思想家和学者，比如狄尔泰（Wilhelm
Dilthey)在 1883 年和罗塔克（Rothacker)在 1926 年指出，“精神科
学”一词的发明或至少是其传播要归功于希尔（J. Schiel)。1849
年，希尔在他翻译的密尔《逻辑体系》的德文版中用这个词来指“道

---

① 参见 Erich Rothaker: *Einleitung in die Geisteswissenschaften* （Tübingen:
Verlag won J. C. B. Mohr [Paul Siebeck], 1920; reprinted with detailed foreword
(1930); E. Rothaker: *Logik und Systematik der Geisteswissenschaften* （Munich/Berlin: Druck und Verlag von R. Oldenbourg, 1926—*Handbuch der Philiosophie*, ed. Alfred Baeumler and Manfred Schroter, numbers 6 and 7, collected in part 2, 1927; reprint, Bonn: H. Bouvier & Co. Verlag, 1947), esp. pp. 4—16。

还可参见 Albrecht Timm: *Einführung in die Wissenschaftsgeschichte* （Munich:
Wilhelm Fink Verlag, 1973), esp. pp. 37—48 and 137—140; Beat Sitter: *Die Geisteswissenschaften und ihre Bedeutung für unsere Zukunft* （[n. p.]: Schweizerische
Volksbank, 1977), esp. pp. 13—17; Wolfgang Laskowski (ed.): *Geisteswissenschaft
und Naturwissenschaft: Ihre Bedeutung für den Menschen von Heute* （Berlin: Verlag
Walter de Gruyter & Co., 1970); Wolfram Krömer & Osmund Menghin (eds.): *Die
Geisteswissenschaften stellen sich vor* （ Innsbruck: Kommissionsverlag der
Österreichischen Kommissionsbuchhandlung, 1983—Veröffentlichungen der Universitöt
Innsbruck, 137); Hans-Henrick Krummacher (ed.): *Geisteswissenschaften—wozu?:
Beispiele ihrer Gegenstände und ihrer Fragen* （ Stuttgart: Franz Steiner Verlag,
1988); Erich Rothaker: *Einleitung in die Geisteswissenschaften* （Tübingen: Verlag
von J. C. B. Mohr [Paul Siebeck], 1920; reprint, with detailed foreword, 1930); E.
Rothaker: *Logik und Systematik der Geisteswissenschaften* （Munich/Berlin: Druck
und Verlag won R. Oldenbourg, 1926—*Handbuch der Philosophie*, ed. Alfred Baeumler & Manfred Schröter, nos. 6—7, 1927; reprint, Bonn: H. Bouvier & Co. Verlag,
1947), esp. pp. 4—16。另见 L. H. Adolph Geck: “Über das Eindringen des Wortes
‘sozial’ in die Deutsche Sprache,” *Soziale Welt*, 1962, 12: 305—339。

德科学"。^① 在翻译第六卷的标题"论道德科学的逻辑"（On the Logic of the Moral Sciences）时，希尔的确写的是"论精神科学或道德科学的逻辑"（Von der Logik der Geisteswissenschaften oder

---

① 更近的历史研究，包括"精神科学"在密尔译本之前的用法，参见 Alwin Diemer：" Die Differenzierung der Wissenschaften in die Natur-und die Geisteswissenschaften und die Begründung der Geisteswissenschaften als Wissenschaft," pp. 174—223（esp. pp. 181—193）of A. Diemer（ed.）：*Beiträge zur Entwicklung der Wissenschaftstheorie im 19. Jahrhundert*（Meisenheim am Glan：Verlag Anton Hain，1968—Studien zur Wissenschaftstheorie, vol. 1）；A. Diemer："Geisteswissenschaften," pp. 211—215 of Joachim Ritter（ed.）：*Historisches Wörterbuch der Philiosophie*，vol. 3（Basel/Stuttgart：Schwabe & Co. Verlag，1974）。

关于狄尔泰，参见 H. P. Richman：*Wilhelm Dilthey：Pioneer of the Human Studies*（Berkeley/Los Angeles/London：University of California Press，1979），esp. pp. 58—73；以及 H. P. Rickman：*Dilthey Today：A Critical Appraisal of the Contemporary Relevance of his Work*（New York/Westport ［Conn.］/London：Greenwood Press，1988 - Contributions in Philosophy, no 35.），esp. pp. 79—82。在后一著作中（p. 80），Rickman 错误地说，是狄尔泰"将'精神科学'一词作为对密尔'道德科学'的翻译而引入进来"；正如我所指出的，是希尔 1849 年在他翻译的密尔《逻辑体系》的德文版中引入了这个词。

另见 Wilhelm Dilthey：*Einleitung in die Geisteswissenschaften*，vol. 1（Leipzig：Verlag von Dunker & Humblot，1883），esp. pp. 5—7，这部著作重印于 Dilthey's *Gesammelte Schriften*，vol. 1（Leipzig/Berlin：Verlag von B. G. Teubner，1922；reprint，Stuttgart：B. G. Teubner Verlagsgesellschaft；Göttingen：Vandenhoeck & Ruprecht，1959，1962），esp. pp. 4—6；它有许多译本，包括 Louis Sauzin（trans.）：*Introduction à l' étude des sciences humaines*（Paris：Presses Universitaires de France，1942），esp. pp. 13—15；Ramon J. Betanzos（trans.）：*Introduction to the Human Sciences*（Detroit：Wayne State University Press，1988），esp. pp. 77—79，also pp. 31—33；Michael Neville（trans.）：*Introduction to the Human Sciences*，ed. Rudolf A. Makkreel & Frithjof Rodi（Princeton：Princeton Unviersity Press，1989—Selected Works，vol. 1），esp. pp. 56—58。另见 E. Rothaker：*Logik und Systematik der Geisteswissenschaften*（Munich/Berlin：Druck und Verlag von R. Oldenbourg，1926—*Handbuch der Philiosophie*，ed. Alfred Baeumler and Manfred Schroter，numbers 6 and 7，collected in part 2，1927；reprint，Bonn：H. Bouvier & Co. Verlag，1947），p. 6.

moralischen Wissenschaften)。在正文中,他一般会用"精神科学"
来翻译"道德科学"。① 但"精神科学"在密尔《逻辑体系》1849 年德
译本中的出现似乎并没有明确确立这一用法,因为后来贡佩尔茨　196
(Theodor Gomperz)对密尔《逻辑体系》的翻译并没有使用这个术
语,他在 1873 年把第六卷的标题翻译成"论道德科学的逻辑"
(Von der Logik der moralischen Wissenschaften),在正文中也使
用了这个对应词。② 此外,迪默(Alwin Diemer)已经表明,"精神科
学"早在 1787 年就已被使用,1824 年差不多有了这个词的现代通
用义,1847 年卡里尼奇(E. A. E. Calinich)对"自然科学方法和精
神科学方法"的区分显然已经证实了其现代含义。③

　　黑格尔主义者视"精神科学"为"精神哲学",因此是一个单数
名称。复数形式的"精神科学"似乎是作为一组相互关联但却独立
的学科的"精神科学"观念发展的一部分而被广泛使用的。亥姆霍
兹(Hermann von Helmholz)在 1862 年所作的一次学术讲演特别

---

　　① John Stuart Mill: *Die inductive Logik*, trans. J. Schiel (Braunschweig: Ver-
lag von Friedrich Vieweg & Sohn, 1849). 这本书很稀有,我一直没能直接查阅。它的
第二版扩充了标题:J. S. Mill: *System der deductiven und inductiven Logik*, 2 vols.
(Braunschweig: Druck und Verlag von Friedrich Vieweg und Sohn, 1862—1863);特别
参见 vol. 2, pp. 433, 437—438。

　　② John Stuart Mill: *System der deductiven und inductiven Logik*, trans. Theod-
or Gomperz, vol. 3 (Leipzig: Fues's Verlag [R. Reisland], 1873—Gesammelte
Werke, vol. 4), esp. pp. 229, 233—234.

　　③ Alwin Diemer: "Die Differenzierung der Wissenschaften in die Natur-und die
Geisteswissenschaften und die Begründung der Geisteswissenschaften als Wissen-
schaft," pp. 183—187; Alwin Diemer: "Geisteswissenschaften," pp. 211—215 of
Joachim Ritter (ed.): *Historisches Wörterbuch der Philiosophie*, vol. 3 (Basel/Stutt-
gart: Schwabe & Co. Verlag, 1974), p. 211.

有意思,因为他在数门自然科学上都做出了杰出贡献,对哲学和美术也有研究。在讲演中,亥姆霍兹较为详细地讨论了"自然科学"与"精神科学"的各种关系,指出了它们的差异和相互关联。① 然而,在"精神科学"这个概念的发展和传播过程中,狄尔泰也许是最重要的人物。② 对于狄尔泰的这个术语,英译直到最近还往往是"人文研究"(human studies),但现在越来越被译为"人文科学"(human sciences)。③ 今天,可以多多少少把"精神科学"看成与

---

① Hermann von Helrnholz: "Über das Verhältnis der Naturwissenschaften zur Gesamtheit der Wissenschaften," *Philosophische Vorträge uud Aufsätze*, ed. Herbert Hörz &. Siegfried Wollgast (Berlin: Akademie-Verlag, 1971), pp. 79—108; Hermann von Helmholz: *Das Denken in der Naturwissenschaft* (Darmstadt: Wissenschaftliche Buchgesellschaft, 1968), pp. 1—29; trans. Russell Kahl &. H. W. Eve, "The Relation of the Natural Sciences to Science in General," *Selected Writings of Hermann von Helmholz*, ed. Russell Kahl (Middletown [Conn.]: Wesleyan University Press, 1971), pp. 122—143. 关于这个话题,参见 David E. Leary: "Telling Likely Stories: The Rhetoric of the New Psychology, 1880—1920," *Journal of the History of the Behavioral Sciences*, 1987, 23: 315—331。

② H. A. Hodges: *The Philosophy of Wilhelm Dilthey* (London: Routledge &. Kegan Paul, 1952; reprint, Westport [Conn.]: Greenwood Press, 1974), esp. pp. ⅹ ⅺ-ⅹⅹⅲ; Michael Errnarth: *Wilhelm Dilthey: The Critique of Historical Reason* (Chicago/London: The University of Chicago Press, 1978), esp. pp. 94—108, 359—360; H. P. Rickman: *Dilthey Today: A Critical Appraisal of the Contemporary Relevance of his Work* (New York/Westport [Conn.]/London: Greenwood Press, 1988-Contributions in Philosophy, no 35.), esp. pp. 79—82; Erich Rothacker: *Einleitung in die Geisteswissenschaften* (Tübingen: Verlag von J. C. B. Mohr [Paul Siebeck], 1920, esp. pp. 253—277.

③ 参见 Rudolf A. Makkreel: *Dilthey: Philosopher of the Human Studies* (Princeton: Princeton University Press, 1975), esp. pp. 35—44; H. P. Richman: *Wilhelm Dilthey: Pioneer of the Human Studies* (Berkeley/Los Angeles/London: University of California Press, 1979), esp. pp. 58—73。

"人文科学"或"人的科学"（和法语中的"sciences de l'homme"和"sciences humaines"有点类似）等价。这个名称包括哲学、语文学、文学研究、法学、历史学、政治学等传统学科，以及人类学、考古学、心理学、经济学、社会学等新学科。其他领域，比如神学和教育学，也可以通过进一步细分而包括进来，比如民俗研究和艺术史，甚至会被视为独立的学科。

索　引

（索引页码为原书页码，即本书边码）

图书在版编目（CIP）数据

自然科学与社会科学的互动 /（美）I. 伯纳德·科恩著；
张卜天译.—北京：商务印书馆，2016（2022.1 重印）
（科学史译丛）
ISBN 978 - 7 - 100 - 12406 - 5

Ⅰ.①自… Ⅱ.①I… ②张… Ⅲ.①自然科学—关系—
社会科学—研究 Ⅳ.①N05②C05

中国版本图书馆 CIP 数据核字(2016)第 170608 号

科学史译丛

自然科学与社会科学的互动

〔美〕I. 伯纳德·科恩 著

张卜天 译

商 务 印 书 馆 出 版
（北京王府井大街36号 邮政编码100710）
商 务 印 书 馆 发 行
北京中科印刷有限公司印刷
ISBN 978 - 7 - 100 - 12406 - 5

2016 年 11 月第 1 版　　　开本 880×1230　1/32
2022 年 1 月北京第 4 次印刷　　印张 8¾
定价：58.00 元

《科学史译丛》书目

第一辑（已出）

第二辑（已出）

第三辑（已出）

第四辑